U0671654

本书系国家社科基金项目

"生命伦理学语境中的道德地位问题研究"（项目号：19BZX118）研究成果

中国社会科学院创新工程学术出版资助项目

道德地位的理论
与
实践研究

李亚明 / 著

社会科学文献出版社
SOCIAL SCIENCES ACADEMIC PRESS (CHINA)

目录
CONTENTS

绪　言

伦理学探讨有关善的生活的基本问题，例如什么是道德上好的或不好的，正确或错误的，以及道德主张如何能够得到论证，等等。在一些案例中，回答上述问题是相对容易的，例如纳粹医生的暴行、恐怖袭击，以及塔斯基吉梅毒实验等，都是明显的道德上错误的行为，甚至可以被视为错误行为的典范。因为在这些案例中，人的基本自由和福利受到了严重侵犯，而行为者可能给出的支持这一侵犯行为的理由的重要性，根本无法同行为所侵犯的利益的重要性相提并论。对人类个体的基本自由和福利的保护是最为根本性的道德诉求，标志了一个得到公认的绝对不能够受到侵犯的领域。

然而，在另外一些例子中，做出道德上对与错的判断似乎没有那么容易，妇女是否可以堕胎？失去自主能力的临终患者要求医生协助自杀的请求是否应当得到许可？我们是否有权折磨恐怖分子以让他们提供关乎无辜受害者生命安全的重要信息？我们是否可以将动物用于可能造成其巨大痛苦的医学实验？历史上，人们对这些问题一向有着截然不同的看法。对这样的问题做出道德判断，需要我们在近乎同样合理的道德诉求之间进行取舍。在多数情况下，理性地做出这样的取舍是非常困难的。唯一可行的方法是首先确立一种最终级的价值，在此基础上，对现实中的各种重要价值进行分析和排序。例如，在安提戈涅的故事中，如果人性被认可为终极的价值，那么对人性的尊重显然可以压倒对于某些无视人性的法的尊重，从而使我们能够将安提戈涅的行为论证为道德上正确的。只要我们希望合理地做出道德判断，就不得不对终极价值进行追问。

这种终极价值应当具有普遍性。尽管关于何种价值将被论证为终极价值的问题始终存在不同观点，当代科学的发展导致我们对于普遍法则的需要越发急迫。人们已经可以通过技术手段轻易地影响到他人，甚至人们的行为可能对那些与其毫无交集的人施加重大的影响。例如，一种文化中的人所设计的智能机器人可能为另一种文化背景中失去自主能力的患者提供基本医疗照护，或者，某个人所主导的基因编辑将会影响人类的基因池，从而使持有不同审美或价值理念的人不得不接受他们的后代具有某些这位设计者个人所青睐的特征。如果没有遵循某种普遍性的伦理规范，那么以上活动就很可能构成侵犯。为当代科技的研究和应用提供伦理上的依据，我们就不得不建立一种超越文化界限的普遍性的伦理原则。

普遍原则的确立一向非常困难，但并非不可能。过去几十年间，有关人的尊严的丰富而富有成果的探索就很好地回应了这个问题。尊严是至高的、不可侵犯的价值，以道德上正确的方式对待一个人，至少不能侵犯他的尊严，这包括尊重并维护人的尊严所要求的基本权利；在有必要以人的尊严对权利进行限制的案例中，应当尊重尊严的道德要求。例如，在有关对后代进行基因增强的伦理判断中，所谓道德上正确应当首先被理解为尊重后代的自主性、同一性，以及完整性等来自其尊严的要求。事实上，我们已经看到自主性、同一性和完整性等术语在有关新兴科学技术的伦理研究中越发频繁地出现，有效地推进了相关问题讨论，也推进了我们对于尊严概念本身的理解。尊严已经被视为应用伦理研究中的基础性价值。以尊严为依据的普遍行为法则正在形成。

然而，科学的发展也为尊严的维护增加了越来越严重的困扰。即便我们将人的尊严确立为终极价值，并对于维护自主性、同一性，以及行动性等特征的义务达成了普遍的共识，我们还是很难在现实中据此做出道德抉择。如果通过"换头术"使一个肢体残疾的人重新获得自主支配身体的能力，同时剥夺了行为者承担道德责任所必需的基本能力，这样的手术是否破坏了自主？在已经付诸实践的治疗技术中，具有相似后果的治疗方案已经带来了大量两难困境，例如，情感的生物医学增强以及深部脑刺激等技术，都可能在加强或恢复了人的自主能力的同时，使患者"不再是"自己，随着一个连续性的自我受到瓦解，自主性也在某种意义上失去了存在的基础。

科学技术在保护和发展人的必要善的行动中，已经表现出巨大力量。甚至超人类主义者主张，就像我们可以使用科技手段改造外部世界一样，我们也可以用科技手段直接改造我们自身，尝试将人各方面的功能增强到任何我们能想象的程度，超越人类现有的存在形式的极限，克服衰老甚至死亡，并最终使人类的境况发生重大改变。但是，这种怀有美好愿望的设想却引发了一部分人的强烈担忧，甚至有人认为超人类主义是"世界上最危险的想法①"，因为在生物层面对人的增强可能从根本上触动人的本质或人性②。新技术往往同时既维护了重要的人类特征，又能够对这些特征构成根本性的破坏。我们常常不能确定一种实践维护了还是破坏了人的尊严这一至高价值。

理解这一问题的关键在于意识到尊严具有两种不同的含义，普遍尊严是所有人类个体先天地、普遍地、平等地具有的，而获得性尊严是个体通过自身努力而获得的，是个体因为在不同程度上发展了人类的典型特征而在不同程度上具有的。普遍尊严要求的是基本的尊重，例如不能侵犯普遍尊严的拥有者生存所必需的基本自由和福利，获得性尊严的拥有者应得更高程度的尊重。尊严概念总是在这两种意义上使用的。近三十年以来的相关研究中，尊严的这两种含义都受到了普遍认可。

此外，尊严概念对于尊严拥有者对人和对己的方式提出了不同的要求。涉及另一个尊严拥有者的行为，应以不侵犯其基本的自由和福利为标准；而尊严的拥有者对自身的要求，则应当以是否维护和发展了他的内在价值为标准。普遍尊严和获得性尊严是内在联系的。能够追求获得性尊严是一个人具有普遍性尊严的原因，具有普遍尊严的人都有义务发展自身的获得性尊严。说一个人具有尊严，往往指的是他既具有普遍尊严，又具有获得性尊严，既具有内在价值，又在某种程度上发展了这种内在价值。这就是为什么自主地做出"舍生取义"的决定使个体在最大程度上发展了他的尊严，体现了一种美德，但是我们却不能非常合理地对其他的尊严所有者提出这样的要求。尊严拥有者有义务发展自身的内在价值，而对于他人的抉择，只要是合乎道德的，我们就无权干涉。尊严对人和对己提出的要求是不同的。

因为尊严概念含义的复杂性，我们可以借助它更充分地分析问题，但很难依据这个概念对行为给出简单的指导。应对复杂的现实问题，我们需要一个更加单一、明确的标准。这一实践性的目标使另一个概念显示出重要意义，那就是道德地位概念。道德地位的含义和尊严非常相近。两个概念常常在相同的意义上使用于相同的语境，但它们之间还是存在重要的区别，这一重要区别使得道德地位概念的实践性和规范效力明显地高于尊严概念。

两种含义的尊严在功能和性质上截然不同，普遍尊严是一种不容侵犯的地位，是每一个尊严的所有者平等地拥有的、不能分为不同等级的，不能增加或者减少的，而获得性尊严作为一种值得追求的价值，反映了个体自我发

---

① Francis Fukuyama, "Transhumanism," *Foreign Policy* 144, 5 (2004): 42–43.

② Francis Fukuyama, *Our Posthuman Future: Consequences of the Biotechnology Revolution* (New York: Farrar, Straus and Giroux, 2002), p.101.

展的程度，以及对于完善的人类生活的实现的程度，因此，这种意义上的尊严是不平等的、可以分为不同等级的，是根据个体的努力程度可能增加也可能减少的。两种含义并非全都具有很强的规范效力，标志了一个不可侵犯的领域的尊严无疑是规范性的，但标志了一种值得追求的价值的尊严则不是。

与此不同，道德地位仅仅显示了对待任何一个应受道德地对待的存在物所应当达到的最低标准。和尊严概念一样，道德地位也对行为者提出了某种"应当"，说一个存在物具有道德地位，意味着一个存在物具有道德地行为的能力，所以该主体的行为不同于一种自然现象，我们可以并且应当将其行为评价为道德上正确的或错误的，应受赞扬的或者应受责备的。然而在最主要的意义上，道德地位的拥有者对自身提出的"应当"仅仅有关于基本的道德义务，而无关于"舍生取义"的英雄行为，具有道德地位仅仅意味着，该存在物"应当"理解理由，"应当"对他人的理由做恰当考量。可见，不同于尊严概念仅仅当它被理解为普遍尊严，并且仅仅作为尊严拥有者对他人提出的要求时，才是规范性的，道德地位概念在任何含义上都是规范性的，无论作为对己或是对人的要求，道德地位都是规范性的。

道德地位对其拥有者提出要求，但并不依据这一要求对之拥有的道德地位进行层级划分。如果我们要依据存在物的行为将道德地位划分为不同层次，那也就意味着不同层次的道德地位的拥有者所受的评价不是来自同一标准，这显然与常识不符。道德地位要求的是最基本的义务，是行为规则的底线，因而必然体现了一个普遍性的标准。在这个意义上，道德地位在任何一种意义上都不是一个能分为不同层次的概念。

因为以上同尊严之间的区别，道德地位相比尊严具有更直接的规范效力，这使得道德地位概念更加适合于被用作行动的依据，可以更加有效地应用于规范性道德原则的建构。道德规范性的建立在于提出明确的道德命令，而不仅是值得参考的建议。不可侵犯、不可丧失的那一类尊严显示了义务，但作为一种价值的尊严更多地描绘了一个值得终生追求的理想的人生境界。它是发展人类美德的终极目标，但不是判断对错的明确尺度。道德地位概念显示了行为的底线，更清晰地对应着对与错的观念，

因为尊严的两种含义有本质差别，我们不能在不同情境中无差别地使用这个概念。为了表述的准确，在每一种语境中，我们至少需要表明所指的是哪一种含义的尊严，例如，要表明某种行为造成了一种严重的侵犯，还是某种行为仅仅没有让行为者实现作为人的更高的价值；要表明人不容侵犯，还是某人具有一种特别值得尊敬的性质，等等。但道德地位概念的应用不会带

来类似问题。即便也包含了两方面要求，它仅仅表示一个存在物属于哪一个类别，以及这样一个类别的成员至少应当或不应当受到什么样的对待。这也就是为什么使用道德地位进行表述，会在很多时候让我们觉得问题的表述更合理。

有关于尊严概念应用的另外一个障碍在于，尊严概念在日常语言中受到普遍使用，因而我们在日常语言中建立起来的对这个术语的直觉会影响我们基于这个概念而进行的哲学探讨。当有人说到动物的尊严或机器人的尊严，会让很多人觉得尊严概念没有得到恰当使用，原因在于，尊严往往被认为是一个专门用于人类的术语。虽然本书中的观点认为动物不具有道德地位（它们具有道德可考量性），但动物是否具有道德地位的问题至少是一个表述恰当的问题。与此不同，问动物有没有尊严则会被很多人认为是一个荒谬的问题。因为尊严总是在某种程度上和美德联系在一起，而动物并不具有发展美德的潜力。尊严受到侵犯往往会伴随着情感上的伤害，人工智能即使能够拥有情感，那种情感也必定不同于人类情感，因此，在相关讨论中使用"道德地位"这一表述能在更大程度上减少困惑。只有当问题得到了恰当的表述，才能够得到充分探讨和合理地解决。

尊严概念显示了各种人类典型特征具有的重大道德意义。而道德地位概念使我们能够在规范性研究的框架下阐述这些典型特征，并且，这一阐述能够在规范性判断中起到核心的作用，因而将人对自身的认识同规范性判断更直接地联系在一起的。基于以上原因，我们有理由在某些语境下，将一个规范性功能更加明确的有关人的本质的概念用于道德义务的论证。当然，道德地位的含义同尊严也具有很大部分的重合。在某些层面上，人具有道德地位的原因同人具有尊严的原因是相同的，就最基本的义务而言，尊严和道德地位的要求也是一致的。道德地位概念无法脱离尊严概念而得到充分说明。相比于对道德地位概念的专门论述，对尊严概念的分析和研究更加丰富，也更加系统。对道德地位的阐释应当借鉴尊严概念的相关论证。

第一章

道德地位的含义

道德地位就是一个存在物应受道德考量的原因。如果一个实体具有道德地位，那么我们就不能仅仅以我们喜欢的方式来对待他；我们有道德义务在我们的慎思中，为他的需要、目的、选择或福利赋予一定的权重。① 并且，同样重要的是，说我们在道德上有义务这样做，不仅仅是因为保护他的需要将有利于我们自己或者有利于其他人，而是因为，他的需要本身就具有道德上的重要性。

在最重要的意义上，道德地位概念意在规范和调整人与人之间的关系。对道德地位的说明必须回答我们应怎样对待人类同伴的问题。很多学者这样定义他们对于道德地位概念的使用："一个实体具有道德地位，当且仅当他们能够在道德上受到错误对待。"② 一个实体具有的道德地位向我们显示，以某些方式对待这个实体可以被认为是"道德上错误的"，他的福利会影响有关你的或者他人的行动的道义的地位。与之相对，对于不具有道德地位的实体，我们对待他的方式则无所谓道德上正确或道德上错误。道德地位概念的重大意义在于，他使得我们的行动成为能够得到许可的，或必须的，又或者必须无条件地受到禁止的。

在当前的应用伦理研究中，道德地位是一个受到频繁援引的概念，并且常常被作为一个规范性概念来使用，其规范性效力受到了普遍认可。当我们要回答以克隆方式出生的孩子的父母有何权利，生殖系基因干预中人的特性

---

① Mary Anne Warren, *Moral Status: Obligations to Persons and Other Living Things* (Oxford: Clarendon Press, 1997), p. 3.

② H. M. Gray, K. Gray, and D. M. Wegner, "Dimensions of Mind Perception," *Science* 5812 (2007): 619; Justin Sytsma and Edouard Machery, "The Two Sources of Moral Standing," *Review of Philosophy and Psychology* 3, 3 (2012): 303 – 324.

是否可以被预先决定，以及人类增强中的人类特征改变的限度是什么等问题，保护自主、维护基本人权等要求并不能提供足够清晰的指导。我们要从更加基本的价值出发反思新技术带来的问题。道德地位就是这样的基本价值，它有助于澄清自主的含义以及人权框架的发展所应依据的内在逻辑，其道德要求可以指导规范性理论的构建，并为技术研究和应用中的道德责任问题提供清晰论证。随着新的技术和社会的发展，道德行为影响的范围、道德责任的内容，以及道德保护的对象都变得与以往不尽相同。人们对于这些问题有着广泛讨论，而其中多数的问题都可以通过对于道德地位概念的探讨而得到回答。

一个清晰的道德地位的概念将在基础理论和现实问题中建立有效的连接。历史上的不同阶段，人们所受侵犯和威胁的最主要的形式随着政治体制、各种经济的和生态的挑战，以及新技术的出现而改变。当前生物医学技术的发展正在对人施加前所未有的控制，其影响的后果难以预料。面对前沿生物医学发展带来的不可预知的风险，以及前沿科技的应用的高度复杂性，我们常常很难直接通过道德哲学理论来解决问题。因此，在当前的应用伦理研究中，很大一部分研究在一定程度上脱离了道德哲学层面的探讨，诉诸"原则主义"、"重叠共识"、"初步印象"或者"特殊主义"等方法来解决问题。这些研究非常有价值，但是这些方法的合理性最终还是需要道德哲学层面的论证，其理论中包含的困难，比如特殊情境中自主原则与行善原则的优先性问题，也只有通过道德哲学层面的研究才能解决。

道德地位概念能够有效地应用于现实问题的讨论，同时也直接地与各种传统的道德哲学理论相连。道德地位概念是当代生命伦理研究中的重要概念，也是元伦理学和各种规范伦理学理论中的重要概念。各种伦理学理论对道德地位的来源、含义和道德要求的阐释，是形成规范性观点的重要依据。通过对道德地位的系统论述，道德哲学基础理论可以为生命伦理问题提供更明确的指导。通过道德地位概念的系统研究，基础性的道德哲学理论可以在生命伦理研究中发挥应有的重要作用。

国内外关于道德地位问题的讨论都非常热烈。对道德地位的研究是在 20 世纪 70 年代从动物道德地位的研究开始的，随后相关主题扩展到胚胎的道德地位、大脑受损者的道德地位等。随着人工智能越来越多地参与人类生活并具有越来越丰富的能力，人工智能是否具有道德地位的问题也开始吸引人们的关注。也有一些研究就道德地位概念本身进行探讨，例如研究了道德地位的基础，以及道德地位是否分为不同层级的问题，理性能力与道德地位的关系一向是讨论的重点，很多学者参与了有关理性本质是否可以作为道德地位的基础的探讨。由于将道德地位在很大程度上视为一种社会建构，有学者呼吁，我们应更多地关注产生某种道德地位资格的社会环境。然而，已有的研究中尚缺乏对道德地位概念的充分论证和系统说明。

一　不同理论传统中的道德地位概念

值得注意的是，无论是在历史上还是在当代，道德地位是一个不同的传统或理论体系会给出不同观点的问题。各种伦理传统中都包含对于道德地位问题的论述。对于谁拥有道德地位，道德地位要求什么，以及某一行为是否侵犯道德地位的不同判断，显示了各种伦理传统的核心观点。并且，相对于不同传统主要观点分歧，道德地位是一个更加基础性的概念。如果在道德地位概念上存在共识，不同传统在同一问题上也可以对某一现实问题发展出相似的判断。对同一伦理传统的道德地位观念做出不同解读，则会导致同一伦理传统的支持者在应用伦理研究中持有不同观点。道德地位概念为我们理解不同伦理理论的分歧和共识提供了重要视角。

常常被援引的有关道德地位问题的两种不同立场，来自功利主义和道义论。依据功利主义传统，遭受痛苦是我们应当试图避免的一种根本性的负面结果。按照这种观点，人们在道德地位的归属问题上唯一合理的考虑，是一个实体是否可能遭受痛苦。因此，只有能够遭受痛苦的实体才有可能具有道德地位。

功利主义思想反映了一种受到广泛认可的立场。为什么一类实体可以受到道德上错误对待，另一类则不能？很多人首先想到的答案是一个实体是否具有利益。因为具有利益使得对这个实体的道德关怀成为有意义的。芬伯格（Joel Feinberg）在1974发表的作品在这个问题上非常有影响，芬伯格认为，具有利益对于道德地位是根本性的。[①] 为了获得道德地位以及与之相伴的依据道德考虑而被对待的那种权利，一个实体是否具有利益是一个决定性的判别标准。它应当具有一个它自己的"善"或"福宁"。

当代的功利主义者辛格（Peter Singer）以及雷根（Tom Regan）发展了这一观点，并基于功利主义有关道德地位资格的判断原则提出，道德地位的拥

[①] Joel Feinberg, "The Rights of Animals and Future Generations," in *Philosophy and Environmental Crisis*, ed. William Blackstone (Georgia: University of Georgia Press, 1974), pp. 44 – 68.

有者的范围应不仅限于人类，还应当包括动物。我们有道德义务对非人动物给予尊重的对待，所有导致杀害哺乳动物的实践都是值得反对的。这一观点得到了一部分人的赞同。绝对素食主义者（vegan）在世界范围内的普遍存在印证了这一态度。不同于素食主义者（vegetarian），绝对素食主义者不食用动物，也不使用任何动物制品。

辛格等功利主义者的观点不仅将动物纳入道德地位的保护范围之中，甚至他们还提出，鉴于有些动物感受痛苦的能力要远远高于智力障碍或处于植物状态的人类这一事实，我们应当认可有些动物的道德地位高于有些人类个体。辛格曾将道德地位描述为一个依据某些变量而在程度上递增的事物，而递增所依据的变量，正是一个存在物所表现出来的感受能力。[1] 因为人和非人动物在认知能力上存在重叠，尝试在认知能力的基础上画出一条道德的界线，将会导致我们要么将严重智力障碍的人或胎儿排除在道德地位拥有者的范围之外，要么把一些非人生物包括到道德地位的保护范围之中。这样的观点与人的道德地位绝对地高于动物的直觉相矛盾，也威胁到人与人之间基本权利的平等。

有反驳意见指出，功利主义混淆了道德患者（moral patient）和心理患者（psychological patient）的区分。道德地位的概念在根本上是评价性的，因为它包含对特定实体的道德价值的肯定。依据术语的标准使用方式，我们以将"道德患者"和"道德地位"作为同义的词语，并且用"道德患者"指称那些具有道德地位的实体。相反，心理患者仅仅是指该实体有遭受痛苦或者感到快乐的能力，[2] 这是一个描述性的概念，因而必须跟道德地位这个评价性的概念区分开。它并没有回答为什么这些痛苦或者快乐值得我们关注，甚至成为我们自身行为抉择的依据。

如果实体具有道德地位仅仅因为其具有利益，那么道德地位的要求将自然地指向对利益的保护而非对特定实体的保护。这会对道德地位的要求形成一种引导，在很多情境中引导我们做出伤害个体利益的道德抉择。利益是可以直观感知并且可以度量和计算的，因而功利主义的道德抉择通过每一种行动方案所产生的最大多数人的最大利益的数量来判断一个行为在道德上的正确性。如果一个行动产生的利益的总和大于其他备选行动方案，那么这个行动就是道德上正确的。显然，这种观念会造成集体对于个体利益的侵犯。

---

[1] Peter Singer, "Speciesism and Moral Status," *Metaphilosophy* 40, 3-4 (2009): 567-581.

[2] Geoffrey P. Goodwin, "Experimental Approaches to Moral Standing," *Philosophy Compass* 10, 11 (2015): 914-926.

功利主义也常常导致我们对于应如何行动的问题得出荒谬的结论。如果两个人已经在沙漠里走了几个小时，体格更大的那个人显然脱水更为严重，最后一滴水为其带来的益处可能大于给体格较小者带来的益处。从功利主义的视角看，体格较大者喝掉最后一滴水，将导致整体的利益达到最大。或者说，世界将变得更好。因此，功利主义者就会由此推导出体格较小者将水让给体格较大者的道德义务。然而，在常识上，如果没有其他特殊的条件限定使道德图景更加复杂，无论谁喝掉最后一滴水都不是道德上错误的。又比如，假设我今天可以工作，也可以休息，如果我工作可以让世界更好，那么休息这个无罪的选择就是道德上错误的。根据整体利益的计算，纯粹的自我牺牲也是道德上许可的，甚至主动地伤害或者限制自己的利益以满足整体利益之和的最大化，将是道德上值得称赞的。[①]

在功利主义视角下，我们事实上难以论证个体的内在价值。罗尔斯曾经对功利主义在道德地位问题上的论证方式提出明确的反对意见，认为它只能将人的道德地位所提出的要求视为似乎对社会有益的虚假幻象。人是理性的、具有自我目的的自主的行动者，可以对自己的人生做出独特的规划并付诸实践。在很多情况下，我们也会基于理性的慎思，自愿地牺牲自我利益，例如我今天的节约、付出、自我约束等，会在未来的某个时候给我带来我想要的那种回报。然而，功利主义对于个体当下的利益进行限制的同时，并不保证在今后的某个时间点让该个体得到回报。对于有自主规划生活的能力的行动者，这种态度显然构成了对于其内在价值的不尊重。

另外一种对于道德地位的主要看法源于道义论的传统：具有自主能力的生物具有内在价值，应当被当作目的而不是手段。康德认为，人是道德法则的立法者，是服从他自己确立的法则的理性存在者，因而他们可以和自己的欲望保持距离，可以对呈现在他们面前的各种欲望和冲动进行表象，只有经过了反思的欲望和冲动才能成为行动的理由。依据理由行事的能力是理性行动者的本质特征，也是其具有道德地位的原因。以这种方式，康德将拥有道德地位同拥有自主联系在一起。自主是人的道德地位的基础，也是任何具有理性本质的存在物的道德地位的基础。在康德的论证中，人作为自主的存在物具有的内在价值，是一个无条件的、不能比较的价值。康德的三个定言命令公式阐释了人具有道德地位的原因，也阐释了人的道德地位可以对他人和自己施加什么样的义务。以符合人的尊严的方式对待人就是不把他们仅仅当

---

① Seth Lazar, "Moral Status and Agent-Centred Options," *Utilitas* 31, 1 (2018): 83 – 105.

作手段同时也当作目的。

　　具有自主能力的存在物的价值来自自主能力的价值。在道德形而上学的奠基第一次明确地提到尊严概念的时候，康德没有使用"人的"尊严的表述；取而代之，他使用的表述是"理性生物的"① 尊严。第二次提到尊严时提出，"在目的王国中，每个东西或者有价值或者有尊严"②。后来，康德也提到过"充分履行了自己责任的人"③ 的尊严。拥有道德地位的不仅限于人类，而是目的王国的成员，除了人类以外，还包含上帝和天使等其他可能的理性存在物。相应地，人的尊严只是理性生物的一般尊严的特例。至少在《道德形而上学的奠基》所表达的观念里，我们可以做如是理解。

　　在康德的传统之中研究的学者，推进了对这一论断的阐释：自主，或者根据理性设置目标的能力，是无条件地有价值的，是其他任何事物价值的来源。这一声明表现为很多具体形式。理性地选择或者评价任何东西，一个人必须首先假定一个人自己的理性能力具有至高价值，并且，作为扩展，一般的理性能力具有至高的价值。④ 在这种观念下，理性的行动者必须意识到理性能力的至高价值，是评价其他任何事物的条件。并且这一认可通常以授予具有理性能力的生物充分道德地位的形式而显现出来。

　　功利主义对于利益的推崇在某些情况下会导致个体实体的内在价值遭受贬损，但道义论对理性能力的价值的推崇并不一定导致类似的情况。因为，不同于利益严格地区分为不同主体的利益，自主能力则是我们共同分享的。尊重他人并不仅仅是对他人身上的自主能力的尊重，同样也是对自己的自主能力的尊重。任何能够拥有道德地位的存在物是对其自身的伦理约束的主导者，能够理解并反思理由，能感受到自己是否受到了公正的对待，也能感受他是否公正对待了他人。

　　当然，以特定人类能力为基础的道德地位观念都会面对这样的问题，即是否不具有自主能力的人类个体就不能获得道德地位，或者，如果道德地位是一个可以分为不同等级的概念，是否婴儿、智力残疾的个体，以及植物人

---

①　Immanuel Kant, *Groundwork of the Metaphysics of Morals*, trans. Mary Gregor and Jens Timmermann (Cambridge：Cambridge University Press, 2011), p. 97.

②　Immanuel Kant, *Groundwork of the Metaphysics of Morals*, trans. Mary Gregor and Jens Timmermann (Cambridge：Cambridge University Press, 2011), p. 97.

③　Immanuel Kant, *Groundwork of the Metaphysics of Morals*, trans. Mary Gregor and Jens Timmermann (Cambridge：Cambridge University Press, 2011), p. 109.

④　Christine M. Korsgaard, *The Sources of Normativity* (New York：Cambridge University Press, 1996), pp. 17 – 18.

具有一种低于正常人类个体的道德地位？对这些问题的不同回答，将导致我们在很多具体情境中做出截然不同的道德判断。在当代应用伦理研究中，有学者认为不具有自主能力的人类个体不能拥有道德地位，这可能将柳溪肝炎病毒实验论证为道德上正确的，或论证有限的生存资源的不公正分配，这种观点也可以论证人类增强是维护个体道德地位的重要手段。本书第四章将说明以上观点没有正确地应用康德的道德地位观念。对于自主能力同规范性判断相关的方式，我们有各种不同的理论方案。例如，每个人都至少应当具有发展自主性的潜力，而这种潜力同样能够为道德地位进行论证。

在给人赋予了道德地位的同时，康德认为动物因为没有理性，不能被授予目的王国的立法成员的地位。根据康德的观点，它们不能要求像人一样的内在的，与道德相关的尊严，我们对动物没有直接的伦理义务。很多观点认为，伤害非人动物是道德上错误的，因为这样做会培养残忍的习惯。① 康德也表达了这样的观点。但这并不意味着动物拥有道德地位，正如康德所说，道德患者是目的本身，而不仅仅是一个手段。如果动物真的拥有道德地位，那么我们无须诉诸上述理由论证对它们的伤害是错误的。对于具有道德地位的实体的伤害是错误的，仅仅因为这样做会直接地侵犯他们的利益。相应地，不去伤害他们的道德义务也是直接的义务。如果道德地位是一个存在物因为自身的原因而具有的地位，那么动物就不具有道德地位。

除了功利主义和道义论，契约主义对道德的论述也体现了特定的有关道德地位的立场。契约主义想要从理性行动者之间假想的互惠协议中得到全部的道德原则，同时这一协议也就是个体的充分道德地位的依据。这种观点是，所有有能力达成协议的人，将会同意受到约束并且约束别人，以一种各方都同意的方式对待别人。这种观点对下述问题给出了很好的解释，即为什么达成并且遵守这种互惠协议，为自己要求道德地位的能力以及通过假设责任和义务尊重他人道德地位的能力，能够给一个个体授予道德地位。② 授予道德地位的能力恰恰就是道德原则的来源，行动者自身对于道德给出了具体的内容，诠释了"意识到道德地位"意味着什么。

① Peter Carruthers, "Animal Mentality: It's Character, Extent, and Moral Significance," in *The Oxford Handbook of Animal Ethics*, ed. Tom L. Beauchamp and R. G. Frey, (Oxford: Oxford University Press, 2014), pp. 373 – 406.

② "The Grounds of Moral Status," First published Thu Mar. 14, 2013; substantive revision Wed Jan. 10, 2018, https://plato. stanford. edu/entries/grounds-moral-status/.

二　关于道德地位的共识性意见及其反思

在伦理学研究中，人们常常在不同的意义上使用道德地位这个概念，不同学者对于道德地位概念的理解有所不同。依据两个重要的伦理思想体系，即功利主义和道义论，我们对于谁应得道德地位会得出不同的回答。依据对于功利主义和道义论的不同解读，也会得出不同回答。同时，混合不同伦理传统的观点似乎也是可行的。在混合的观点中，来自两种伦理传统的因素都具有重要性。甚至某些没有受到规范性辩护的因素也进入了人们关于什么实体有道德地位的思考。例如，一个实体是否有害或者是否受人喜爱。

其中，有些观点则可以被归于错误的观点，因为这样的观点或者包含着逻辑上的矛盾，或者会推导出违反直觉和常识的结论。有关道德地位的讨论应关注那些不包含明显错误的不同观点之间的争论。根据这些观点，我们可以归纳出当代有关于道德地位概念的普遍共识。

说一个实体拥有道德地位，也就是说，我们如何对待他是一个道德问题，而不是一个无关于道德的问题。该实体的利益具有道德上的重要性，是伦理决策中所必须考量的。正是在这个意义上，我们认为道德地位是权利的基础。如果我们对待他的方式违背了他的道德地位的要求，那么我们的行为就是道德上错误的。并且，拥有道德地位的实体因其自身的原因而应当受到道德地对待。这个"应当"是由实体自身的内在价值而得到论证的。伤害一个道德患者在道德上是错误的，并不是因为这与其他实体的利益攸关，而是说该实体的利益本身具有道德上的重要性，它因为其自身而重要，而不是仅仅具有间接的或工具性的重要性。如果"应当"仅仅来自该实体与其他具有内在价值的实体之间的关系，那么我们就不能认为他具有道德地位。这个说明留给我们很多问题。

第一，拥有道德地位的实体的内在价值来源于何处？或者说，实体具有的什么样的性质可以为其授予这样的内在价值？这关系到具有道德地位的主体的范围究竟应当划在哪里。道德地位的范围决定我们对谁具有道德义务，而道德义务是人们之间相处的最低基本原则。因此，选取哪一种理论作为我们划定道德地位的范围的依据，并不是一个不同文化环境和背景中的人可以有不同选择的问题，而是一个应当通过充分论证而确立起一个普遍性标准来回应的问题。对这一普遍性标准的论证可能最终归于失败，但这是我们必须去尝试的，因为这是确证普遍性的道德义务唯一合理的方式。

　　第二，如果我们可以确定是某些特征为一个实体赢得了道德地位，那么，在更大程度上具有这一特征是否意味着该实体可以在更大程度上拥有道德地位？道德地位应当随着为实体赋予道德地位的那种特征的强弱，而有程度上的变化吗？我们对于人类胚胎或者胎儿的态度密切地与此相关，我们发展医学目的及非医学目的的人类增强的理由也常常与此相关，在有关未来的人工智能会不会具有一个超越人类道德地位的更高的道德地位这个问题的讨论中，学者们也常援引相关的道德哲学理论。可见，对这个问题的回答具有重大的现实意义。

　　第三，如果道德地位的确可以分为不同程度和层次，那么这意味着什么？我们说拥有道德地位意味着一个实体应受道德地对待，而道德的基本要求是十分稀薄的，仅仅涉及最基本的义务，在这种情况下，说某实体具有更高的道德地位是说我们应当给予他高于道德所要求的那种水平的更高程度的尊重吗？说一个实体的道德地位高于另一个是否意味着在二者根本利益相互冲突的时候，为了维护道德地位较高一方的基本利益而牺牲道德地位较低一方的基本利益并非是道德上错误的，甚至是道德上正确的？如果是这样，说一个存在物具有道德地位就不能保证一个实体在道德上无条件的重要，因为如果它具有的是较低程度的道德地位，具有较高程度的道德地位的实体的利益没有同其发生冲突，就是认为它具有重要性的必要条件。当这个条件不满足的时候，也即当利益冲突发生的时候，它的道德上的重要性也就不再受到认可，或者只能在有限的程度上受到认可。那么，在某些情况下，无视某些具有内在价值的存在物的根本利益，可能就是道德上正确的。

　　一个人可能会赞成人类胚胎干细胞研究，即便它会造成胚胎的毁灭，基于这个人对于正遭受疾病困扰，并有可能被干细胞技术治愈的那些人格人（person）的道德义务，他可能认为这些人的利益对他而言更加具有道德上的价值。但是，如果认为胚胎具有内在价值，是一种能够和人格人相比的价值，那么这个人可能会得到一个不同的结论，并且认为胚胎应当受到道德上的保护。① 在很多现实问题上，赞成哪一方的观点将完全取决于道德地位是否分为不同程度的问题，人类胚胎所拥有的各种人类特征都在程度上明显地低于正常的人类个体，如果道德地位的层次和这种特征的程度相关，我们显然有理由支持干细胞研究；如果道德地位是不分层次程度的，那么这些理由就不能

---

① Lisa Bortolotti, "Moral Rights and Human Culture," *Ethical Perspectives* 13, 4 (2006): 603 - 620.

成立。

第四，如果道德地位不能分为不同的层次。那么当同样具有道德地位的存在物的基本利益相互冲突的时候，我们是否有进行调停和仲裁的理论依据，对于道德地位的论证本身是否能够提供这样的依据？

第五，道德地位要求道德的对待。什么样的对待可以被认为是"道德的"？对这个问题的回答也许应当参考我们对于另外一个问题的回答，即道德地位的基础和来源是什么。当我们知道道德地位是因什么而来的，我们自然也知道它要求什么。如果某种性质是人的内在价值的来源，并且因此是人的道德地位的来源，那么，对于这种特性的侵害就是具有这一特性的实体的道德地位所阻止的，即便这种侵害的行动可能增进该实体在某些方面的利益。例如，假设可以证明道德自主性是我们的内在价值的来源，如果某种技术能够增加生活的便利，但是却会损害我们做出自主选择的能力，那么应用这样的技术就是道德上错误的。相反，如果一种技术能够显著增加或者能够保护我们的道德自主能力，即便它会给我们的福利带来些许损害，技术的应用可能也不能被认为是道德上错误的。

第六，如果道德地位是因为一个实体的某种特性而来的，那么，道德地位的要求除了要道德地对待他，即对他履行基本的道德义务，不侵犯他的基本利益，是否还包括要保护和促进这种特性在他身上的维持和发展？这种保护和促进是否是我们对于道德地位的拥有者的义务？能力理论引起了广泛的讨论和关注，我们保护和发展核心能力的义务就是这样同人的道德地位相关的。

关于道德地位的基础，一类受到普遍认可的观点是：道德地位是实体具有的道德能力所赋予的。不同学者对于这一观点的表述和论证方式不一样，但我们可以论证，这正是很多重要传统和当代主要相关理论的核心观点。例如，将"自主""理解理由的能力""具有实践同一性"等作为道德地位的基础的理论都可以归于这类观点。如果一个实体因为具有道德能力而被赋予了一个崇高的地位，并且因为这个地位使他人对其负有了道德义务，那么该实体自身是否同样因为具有这种能力而具有一种义务？即他是否具有使用这种能力的义务？如果充分道德地位赋予主体一种不能权衡的价值，就意味着其拥有者也必须尊重这种价值，而不能合理地放弃这种价值。维护充分道德地位不仅要求尊重自主，也对自主构成了限制。具有道德地位不仅仅意味着可以要求他人道德地对待，同样也意味着，该实体自身的行为应当受到道德的评价。

如果是这样，不仅如前文所述，道德地位可以授予权利，同时道德地位也可以对权利进行限制。道德地位的要求可以是人类的义务，而不仅是人类的权利。在新近的应用伦理学研究，特别是欧洲的应用伦理研究中显示，人们已经广泛地在上述意义上应用这个概念，学者们把个体的道德地位作为其应当负有的各种义务的来源，并明确提出，面对当代科学和社会的发展，我们应当意识到我们自身的道德地位并服从其对我们自身的要求。

三　谁拥有道德地位？

围绕道德地位概念，存在广泛争论。其中最重要的争议是有关于道德地位的范围和层级问题的。我们应当如何划定能够拥有道德地位的存在物的范围？这首先取决于道德地位的基础是什么，当我们将这一基础确定为某一特性，根据这一特性是作为一个自然类别的类本质特性而为一个类别赋予了道德地位，还是仅仅为表现出了这一特性的个体赋予了道德地位，我们对于道德地位的范围的判断将会迥然不同。这一判断及其论证反映了我们对于道德义务的来源的根本性看法。

将何种特性确立为道德地位的标准将决定我们在重要现实事件中的道德判断。关于道德地位的标准，不同文化持有不同意见，不同的伦理传统也会给出不同结论。然而，相关理论体现出某些共同点。例如，不同文化背景中的人或者持有不同道德观念的人至少都普遍地认可，认知能力没有受到损害的成年人类个体具有最高等级的道德地位。同时，多数人都会同意，认知能力没问题的人类婴儿、有严重认知障碍的成年人也具有最高的道德地位。在常识上，婴儿以及认知能力受损的成人——无论受损的是他们智力的还是情感，他们的道德地位都不仅高于多数动物，而且，他们具有充分的道德地位。相反，一些具有一定的情感和智力能力的动物是否具有道德地位的问题则无普遍共识。① 例如，即便猿猴这种聪明的动物在很多方面的能力都高于大脑受损的人类，但有关它们是否具有道德地位的问题，不同的人有不同的直觉。近五十年以来道德哲学研究的历史证明，在这样的问题上达成共识似乎是非常困难的。

即便我们在某些问题上能够达成共识，对达成共识的观念进行论证也是

---

① "The Grounds of Moral Status," First published Thu Mar. 14, 2013; substantive revision Wed Jan. 10, 2018, https://plato. stanford. edu/entries/grounds-moral-status/.

一个困难的工作。一方面，在绝大多数人看来，塔斯基吉梅毒实验、柳溪肝炎病毒实验，以及各种惨无人道的纳粹医学实验，显然都是道德上不能允许的。不仅如此，这些医学实验可以理所应当地被视为严重错误的范例。然而，另一方面，纳粹医生怎么解释极限低温实验？柳溪肝炎病毒实验的主持者如何解释这一对残疾儿童造成巨大伤害的实验？他们最有可能给出的解释，是这些实验对象并不是我们的伦理共同体的成员，或者，他们缺少充分的理性能力，因而缺乏作为一个人的充分道德地位。究竟谁有资格拥有道德地位？我们应当在哪些特征的基础上给予特定的存在物以道德考量，并认为自己理所应当对其承担道德义务？对道德地位的基础的阐释直接关系到道德地位论证的成败，也能为智力障碍的人、深度昏迷的患者，以及胚胎、胎儿等是否拥有道德地位的问题提供明确的意见。

（一）　具有道德地位的存在物的范例

鉴于有关道德地位的判定标准一向有各种不同观点。我们可以从争议较少的案例和观念开始展开分析，尝试建立起一个对于道德地位的来源和基础的理论，并根据这一理论在各种复杂的、充满争议的现实情境中的应用，来反思、评价和修正这一理论。对于生态系统、动物，人类胚胎，以及无思维能力的成年人类个体是否有平等道德地位的问题，多少存在争议。这些实体是否具有内在价值似乎并不是一个容易得到清晰证明的问题。因此，我们可以首先思考我们对于谁拥有道德地位这个问题最无争议的回答是什么。

几乎所有人都会同意，任何一个认知能力完好的成年人类都具有完全的道德地位。当然，在历史上，外国人、少数民族、女人的道德地位曾长时间受到否认，甚至很多人认为，以上群体根本就没有任何道德地位。如果他们被授予了一些地位，也不是充分的道德地位。这也就是为什么女性曾为获得和男性同等的政治以及社会权利而付出了巨大的代价。然而，诸如此类的斗争在当代社会中已经取得了显著成果，有力地改变了社会文化观念。如今以上各种曾经的"边缘群体"已被纳入人类道德共同体之中，他们的道德地位很少受到明确的、直接的否认或者贬低。1948年的《世界人权宣言》中提出，"人人生而自由，在尊严和权利上一律平等。他们赋有理性和良心，并应以兄弟关系的精神相对待"。这一表述至少可以理解为，那些具有理性和良心的人类个体毫无疑问都是我们道德共同体的一员。

理性是人的道德能力的基础，理性能够成为人的内价值的来源这一观念，在非常大的程度上塑造了人们对于道德地位的本质的看法。具有理性的人类个体具有深思熟虑并做出决定的能力，能够将自己视为他们各式各样的经历的独特主体，能够做出自主的选择，能够对自己的决定负道德责任。这样的能力使他们具有内在价值。因而他们凭借其自身的原因而应受尊重的对待。正因如此，传统上，道德地位被视为人格人（person）的特权，这里的"人格人"指的不是人类，而是人类中具有理性能力，能够做出自主决定的那些个体。例如，按照当代的契约论，订立契约的各方是道德的人和理性的人，具有前后一致的目的体系和产生正义感的能力。既然他们具有对拥有道德地位而言必要的性质，那么如果我们愿意，我们可以说人具有平等的尊严。这意味着，这些和我们订立契约的人都满足由最初契约状态所表达的道德人格的条件。从这个观点来看，他们是相同的，所以他们要像正义原则所要求的那样被对待。①

虽然人格（personhood）概念的内涵一直处于演变之中，人格的观念一直以来都位于有关道德地位的讨论的核心。然而，这个概念常常被理解得过于苛刻因而非常难以应用。依据这个人格的标准，什么样的个体是"非理性的"？或者，谁缺少必要的理性？如果患者缺乏理性能力，医护人员协助患者死亡是合乎道德的吗？公正的观念可以应用于这样的患者吗？根据这种有关人格的看法，对胚胎和没有理性能力的人进行实验是可以允许的吗？如果只有具有理性能力的人格人拥有道德地位，那么在道德上，柳溪肝炎病毒实验的受害者似乎并没有受到侵犯。理性的人格观念可能导致和道德常识不符的判断，这也就是道德地位的人格标准受到强烈批评的原因之一。②

同时，人格的判定也存在困难。一个行动者可能具有自主的能力，但尚未发展出这种能力，或者暂时没有使用这种能力，在这样的情况下，如果我们根据一个存在物通过其行为所展示的能力判定其道德地位，就会导致我们不能做出公正的判断。为了避免做出道德上错误的判断，以及相应的重大的道德上的代价，贝勒菲尔德（Deryck Beyleveld）曾提出"表面行动者"的概念，并认为我们应当出于审慎原则，给"表面行动者"也赋予同其行动者身份得到了确证的那些人类个体同等的道德地位。

贝勒菲尔德提出，我可以直接地接触我的精神状态，我直接地知道我是一个行动者。问题是我不能直接地接触到除我之外的任何其他生物的心灵。当我推断出另外一个生物是一个行动者，我做此推理的基础是我观察到这个

---

① John Rawls, *A Theory of Justice* (Cambridge: Belknap Press, 1999), p. 289.
② Tom L. Beauchamp, "The Failure of Theories of Personhood," *Kennedy Inst Ethic* 9, 4 (1999): 309 – 324.

生物全面展示了一个行动者应有的特征和行为。然而，如果一个生物仅仅是一个表面上的行动者，可能实际上不过是一个完全没有意识的、受到程序控制的机器人。再多的经验证据也不能证明它不是机器人。① 由此可见，用来证明一个生物作为行动者的地位的经验证据，依赖于既不能证实也不能证伪的形而上学假设。其他行动者不能完全确定该生物究竟是不是行动者。我们不能依据这个生物展示的特有能力的程度，判定其是否具有道德地位。因而在道德地位判决标准的实际应用当中，这样的生物应当被当作可能的行动者。

当然这并不是说，一个人可以不否认自己是一个行动者的同时，否认存在除他自己之外的任何行动者。虽然他必须承认他永远也不能确定地知道另一个表面上是一个行动者的生物，实际上是不是一个行动者。但是我们应当意识到，"X 是一个行动者"的假定，以及"X 不是一个行动者"的假定在道德上的分量并不是同等的。如果我错误地假定 X 是一个行动者，我可能必须约束我对于普遍权利的行使，但是我不必否认我自己，或者其他任何行动者作为普遍权利的拥有者的地位。但是，如果我错误地假设 X 不是一个行动者，那么我恰恰否认了一个行动者作为普遍权利所有者的地位。② 两害相权取其轻。侵犯一个权利拥有者的普遍权利是具有更大权重的道德上的错误，因而我们有充分的理由出于审慎的考虑而避免这样的情况。

当然，这种论证可以在继承范例式的道德地位的判定标准的同时，合理地扩展道德地位的范围，将更多的存在物纳入道德地位的保护之中，从而得出更加符合常识的道德判断。但是我们已经看到，这一理论实际上仅仅同意给予"表面行动者"道德的对待，并没有认可他们的确具有道德地位，因而，事实上，它并没有对于"表面行动者"的道德地位给出论证。

（二）能够授予内在价值的心理特征

理性不是一个在实践中容易应用的标准。鉴于此，有学者提出，我们可以把视线转向人格对应的典型心理特征，并发展一个体现了一般行动者心理特征的标准，用于判定一个存在物的道德地位。这样的标准可以合理地拓展

---

①　Deryck Beyleveld, "The Moral Status of the Human Embryo and Fetus," in *The Ethics of Genetics in Human Procreation*, ed. Hille Haker and Deryck Beyleveld, (London: Ashgate Pub Ltd., 2000), pp. 59 – 85.

②　Deryck Beyleveld, "The Moral Status of the Human Embryo and Fetus," in *The Ethics of Genetics in Human Procreation*, ed. Hille Haker and Deryck Beyleveld, (London: Ashgate Pub Ltd., 2000), pp. 59 – 85.

道德地位的范围，从而将不具有充分理性能力的、非典型的行动者也纳入道德的保护范围之内。我们可以将这一努力的方向概括为：对于那些能够授予存在物以内在价值的心理特征的探寻。即试图寻找既有资格授予道德地位，又具有更大的普遍性、能够为更大范围的存在物所拥有的心理特征。当然，这里道德地位的范围的扩展必须是合理的，而不是为了扩展本身而扩展，这就需要我们对这种心理特征和生物的内在价值之间的关系做充分论证。

有学者曾试图将"拥有意图"确立为这样的心理特征。"拥有意图"就是拥有对于最低程度的自主行动性而言必要的基本信念和选择。说行动者具有意图，是说他们的行为可以基于对信念、欲望、偏好、情感以及其他有意图的状态而得到解释和预测。① 尽管有些存在物的能力水平可能不能满足理性慎思和道德行动性的标准，但有意图的行动者可以在某种程度上运用他们的理性和自主能力，带着偏好的目标去行动。"拥有意图"的标准跟传统的对于理性和自主的强调的区别在于：它仅仅要求，对于理性慎思和道德行动性所要求的能力的最低程度的充分应用。

对道德地位的说明常常和是否能够负有道德责任联系在一起。有充分能力的成年人对于他们的行为有责任，与之相对，年幼的孩子和精神受损的成年人可能不被认为应对他们的行为负有道德责任，因为他们缺乏将他们自己思考为一个独立个体，以及评价不同的行动理由的能力，他们只有一个很有限的自主的慎思和道德行动性的能力。但是，这些只有有限的自主能力的人，仍旧能够充分表现某些作为自主的前提条件的能力：他们能够对于严重影响他们的福利的环境具有简单的信念和选择，让他们能够按照他们的信念和选择行事。斯特罗尼（Kim Sterelny）曾提出，一个行动者，如果能够满足以下四个条件，就能够被认为具有偏好和选择。这四个条件是：第一，一个意向性活动的意义是根据欲望的内容改变行动者行动的环境，而不一定是得到一个即时的回报。第二，行动者对他们的环境的不同特征非常敏感，特别是根据他们的选择而改变的目标；第三，行动者可以学会他们想要什么，不仅仅是如何得到，所以他们能够得到新的选择；第四，动机有不同来源，因而行动者给他们的选择排序。② 依据这样的标准，即便是人类胚胎，也可以在其存在的很长时间阶段中被认为是具有道德地位的，同样，这一标准也可以将道

---

① Lisa Bortolotti, "Moral Rights and Human Culture," *Ethical Perspectives* 13, 4 (2006): 603 – 620.

② Kim Sterelny, *Thought in a Hostile World: The Evolution of Human Cognition* (Oxford: Blackwell, 2003), pp. 149 – 151.

德地位赋予智力障碍的成年人。

如果不能过一种意向性的生活，不能具有欲望、希望和目标，即便是非常有价值的事物或生命，也都不能具有道德地位。例如植物，它们有潜在的生长的倾向，但这一倾向并不是其自身的目的，在这个意义上，说植物受到了错误地对待是一个空洞的表述。植物不能受到错误对待。① 相应地，只要某类存在物还是最低意义上的自主的行动者，即他们具有对于影响他们的福利的那些事态的选择，在这些选择的基础上行动，以实现他们的目标，他们就应得直接的道德考量。以理性人格作为道德地位判定依据的理论的一项重要考量在于，对具有这些能力的人授予道德地位或保护他们的利益，有助于保护他们具有的能力的运用。不可否认的是，不具有充分理性能力的个体仍然有某种力量，虽然跟发育健全的人相比是削减了的力量，但这种力量的充分运用是理性行动性发挥作用的必要条件，因此，这种力量也需要得到保护。具有自身目标的存在物的选择均具有道德权重。

也有观点曾提出，在意（caring）的能力是道德地位的基础。这种能力不同于理性，但比理性更适合于作为道德地位的判断标准。② 据此，年幼的孩子因为他们的在意的能力具有道德地位，一些大脑受损患者因为失去了在意的能力缺乏道德地位。

发展心理学的发现证明，一个孩子在其人生中的第二年展示了对某个人持续的关心行为。当这个人抑郁的时候，他们给予言语或者身体的安慰，给予建议，以多种方式试图帮助，或者至少让这个人转移注意让她好过一点；他们还试图保护她不遭受伤害。③ 通常，这个人就是孩子的妈妈。孩子会使用他们妈妈的情感的感觉来指导他们的推理和行为。幼儿的理性能力上没有发育健全，他们并没有在充分的意义上具备康德所论述的自主能力，也不是真正意义上的人格人，但他们因为在意的能力表现了与他人相连接的行为倾向，有明确的意图，并能够通过行为表达出来。相比之下，在康德的意义上具有充分资格的人格人，则有可能并不具备和他人正确连接的能力，也不能意识到自己的意图。

例如，前额叶皮质有损伤的患者，在包含智力测试、知识基础、记忆、

---

① Justin Sytsma and Edouard Machery, "The Two Sources of Moral Standing," *Review of Philosophy and Psychology* 3, 3 (2012): 303 – 324.

② Agnieszka Jaworska, "Caring and Full Moral Standing," *Ethics* 117, 3 (2007): 460 – 497.

③ C. Zahn-Waxler et al. , "Development of Concern for Others," *Developmental Psychology* 28, 1 (1992): 126 – 136.

语言、注意力、基本推理等内容的心理测试中可能表现正常，甚至可能表现很好。这样的患者在手段－目的的推理和解决问题的过程中没有表现出任何不正常；他能够在特定情境中提出一系列行动的选项，也能够想出每一种选项的结果。然而在对所有选项进行分析之后，他还是不能做出选择。这导致他们不能工作，不能维持人际关系，也不能坚持自己的计划。也就是说，他不能在生活中的任何方面进行持续的目标导向的行为。并且，他们显著地不能在情感上受到影响，例如没有个人性的感觉：即便他是事件的主角，也不能在本该心满意足的情境中体验快乐或者满足，不能在不幸发生时体验到受挫的痛苦和无力感；对成功没有骄傲，对失败没有失望。对于引起了他的不幸的行动者，他也不会感到生气；他们不再寄希望于任何事情，也就是不再在意任何事了。①

　　在意的能力对于拥有道德地位似乎是必要的。显而易见，相比于一个漫无目的的生物，具有自我意识的生物的目的和选择可以在道德考量中占据更大权重。有自己明确的意向、目的和利益，才能使得所谓来自他人的"尊重的对待"具有明确意义。当然，我们不是说有大脑损伤的患者可以被剥夺基本人权，我们可以基于他成为发育完全的人的潜力，或者基于他作为一个能够在意的人的过去的地位，又或者，基于他作为以在意为特征的人类群体的一员的身份，而给予他尊重地对待。但是，相应地，如果他不具有发展在意的能力的潜力，也不曾是一个能够在意的人，并且，它不属于一个能够在意的自然类别，那么，无论该个体展示了多么强大的理性能力，根据这种观点，他也不能拥有道德地位。

　　有些学者将道德地位的标准确立为一种更加普遍化的特征，即拥有感觉。关注非人动物福祉的哲学家经常将他们对边缘人类和非人动物的尊重的对待基于这样的事实：这些非人动物与能力欠缺的人类都具有某些重要的心理特征。这是一个我们可以经验确证的事实。在辛格为非人动物做出的辩护中，他认为所有"有感觉能力的存在物（sentient being）"都具有道德上相关的利益。在这些观点中，如果个体能够依据他们的信念和选择行事，或者具有感觉能力（sentience），并且因而具有避免痛苦感受的倾向，那么他们就是我们的直接的道德考量的合法的客体。是否这些个体也具有理性和自我意识的能力则是无关紧要的。在所有的生物中，我们并不仅仅关心是否人类具有道德

---

① Antonio R. Damasio, *Descartes' Error: Emotion, Reason, and the Human Brain* (New York: Putnam's, 1994), p. 44.

地位，动物的道德地位也在相关研究中受到广泛地考虑。关于家畜治疗、野生动物管理、动物园建造和设计的探讨中，有很大一部分是基于这些动物的道德地位。

然而，动物的道德地位总是引发很多困惑。一方面，将道德地位的标准归于心理能力的理论往往都不得不承认某些动物的道德地位。一个理论能够为婴儿和认知受损的人的道德地位提供充分说明的同时，要论证我们可以合理地不把同样的道德地位给予具有相比婴儿和智力残疾成年人类更高水平的心理能力的动物，是非常困难的。另一方面，虽然动物具有值得道德考量的多种心理因素，但是，排除那些让道德图景变得更加复杂的诸多原因，在其他条件平等的情况下，当我们面临选择拯救一个人或一只鸡免于残酷折磨，仅仅因为人所是的那类生物，我们就必须选择人。

这样的道德常识和直觉向我们揭示，无论是具有意图，具有在意的能力，还是具有感觉，如果我们将人和动物共有的心理特征作为道德地位的基础，同时我们还要坚持认为，人因为生而为人就在道德上具有一种高于其他动物的地位，那么，我们就不得不认可道德地位是一个可以分为不同层级的概念。然而在后边的章节中，我们将会论证，这样一种分层级的道德地位理论将导致道德地位的概念本身无法得到充分论证。因此，如果我们不接受和动物具有同等道德地位，我们就不得不否认动物具有道德地位（但不需要否认动物具有道德上的可考量性）。

（三）道德地位的基因基础

要将道德地位授予人类，仅仅授予人类，并且同时授予所有的人类成员，是非常困难的。很多这类论证都最终归于物种主义，因而可以合理地被视为一种偏见，而不被视为一种得到充分论证的道德哲学理论。如果我们要保持物种中立的态度，就要识别出一个和道德地位相关的、可以导出道德要求的经验特征，该特征为人类所特有，仅仅为人所有，并且为所有人类个体普遍地具有。但这一工作的难点在于，几乎没有能够应用于所有人类的相关经验上的特征。最有可能符合这一条件的特征，比如能动性，也并不能应用于所有的人。无脑儿和植物人甚至缺乏真正的感觉，很多人，包括新生儿，都缺乏真正的主体性。

廖（Matthew Liao）提出，有一种方案似乎是可行的，那就是将道德地位归于特定的基因基础，也就是人类的基因。道德能动性是根据道德推理来行动的能力，而道德能动性的基因基础是产生道德能动性的物理代码。对于人来说，这一系列编码位于他们的基因组。道德能动性的能力基于理性或同情这样的心理能力，这些能力无疑具有基因的基础。理性和同情是道德能动性的两个关键的组成部分，会根据一个可以清晰预见的历程在所有正常的人类身上得到发展。①

人类具有相似的基因，因而每一个人类个体都具有道德行动性的基因基础。即便是很多没有意识的人也有这样的基因基础，因为他们曾展示过道德能动性。很多无脑儿出现的原因并不在于基因，而是环境因素，比如缺乏叶酸。所以我们可以假设很多无脑儿也有这样的基因基础。② 并且，那些有轻度基因发育迟滞的，比如患有唐氏综合征的人类个体，也典型地展示了一些道德能动性。

当然，在有些情况下，基因基础的缺失不是环境因素导致的而是来自基因缺陷，这样的存在物是否也具有道德行动性的基因基础呢？廖认为我们应当关注如下区分：构成某一特征的基因缺陷和破坏某一特征发展的基因缺陷是不同的。例如，一个人生来就没有手，可能因为缺乏让人长出手的那种基因，也可能缺乏长出手的基因的表达所需要的特定环境条件，比如产前的营养缺乏。在前一种情况中，这个人没有长出手的基因基础，在后一种情况中，他还有长出手的基因基础。具有严重缺陷的人的基因缺陷并不是道德能动性的基因基础的缺陷，而是道德能动性的发展条件受到破坏导致的缺陷。所以说绝大多数具有基因缺陷的人很可能有道德能动性的基因基础。因此，我们可以得出这样的结论：所有我们可能遇见的活着的人类都有道德能动性的基因基础。③ 以这种方式，我们可以把道德地位给予所有人类，并且只给予人类。

这个论证受到广泛援引，但也有观点指出，廖的论证并没有找到一个道德上相关的特征，能够为道德行动性的基因基础赋予道德权重。廖认为基因物质同道德行动性有关，因而具有某种内在的道德重要性，而不是仅仅具有工具的价值。然而，廖在论述中强调，道德能动性的基因基础导致了一种能力而不是行为特征。这就意味着，说人类具有道德能动性的基因基础，并不

---

① Matthrew Liao, "The Basis of Human Moral Status," *Journal of Moral Philosophy* 7, 2 (2010): 159 – 179.

② Matthrew Liao, "The Basis of Human Moral Status," *Journal of Moral Philosophy* 7, 2 (2010): 159 – 179.

③ Matthrew Liao, "The Basis of Human Moral Status," *Journal of Moral Philosophy* 7, 2 (2010): 159 – 179.

意味着他们会道德地行动。如果它仅仅能够使真正的道德行动性或道德行动性的潜力成为可能，那么它并没有那么有价值，因为，廖自己也认可，物质必须因其自身而具有价值。① 在他的论证中，人类的基因并不是因为其自身的原因而重要的。

此外，也有批评者指出，廖提出的"道德能动性的物质基础"能够授予道德地位的观点不能成立，因为他只是说明了道德能动性具有价值。例如，如果我们对机器进行恰当地编程，它们也就具有了所谓"道德能动性的物质基础"，因而能够拥有让其成为权利所有者的那种道德地位。这看起来是合理的是因为，我们通常自然地认为机器至少是潜在地能够表现道德能动性：计算机程序中"0"和"1"的排列通常会产生道德能动性。换句话说，物理代码的确是具有价值的，因为它们可以让一个实体得以拥有一些自身具有价值的东西，即真实的道德行动性。② 但我们不能因此而认为计算机程序本身具有非工具性的道德价值。我们认为"道德行动性的基因基础"具有价值，无非显示了我们认可道德能动性自身的价值而已。

四　道德地位是否可以分为不同层级？

是否应当在拥有道德地位的存在物的范围之中划分层级，构成了另外一个争论的焦点。对这个问题的回答在很大程度上取决于我们对于道德地位的基础的理解。将道德地位的基础归于个体显示出的特征，将很可能导致层级的划分，而将道德地位归于类的成员身份的观念则没有为层级划分留出足够空间。由此可见，有关道德地位的范围与层次之争，可以为我们揭示，有关道德地位的基础和来源的不同判断将导致何种后果，通过分析其后果的现实意义，我们也能够对这种判断的合理性进行反思。

关于道德地位是否可以分为不同等级，观点对立的两种立场可以归为"门槛式的道德地位（threshold conceptions of moral status）"和"层级式的道德地位（scalar conception of moral status）"。这两种立场显示了关于道德地位与某种典型能力的相关方式存在的不同看法。门槛式的观点认为，如果一种特征给道德地位提供基础，只要一个生物具有这种特征，即达到了一个门槛，

---

① Matthrew Liao, "The Basis of Human Moral Status," *Journal of Moral Philosophy* 7, 2 (2010): 159 – 179.

② Christopher Grau, "Moral status, Speciesism, and Liao's Genetic Account," *Journal of Moral Philosophy* 7, 4 (2010): 387 – 396.

就有资格具有这种道德地位。根据门槛式的观点，无论某些生物个体多么频繁地、多么好地展示这一特征，它们也只能与那些在较低程度上具有这一能力的其他生物拥有相同的道德地位。

坦恩鲍姆（Julie Tannenbaum）和佳沃斯卡（Agnieszka Jaworska）曾提出，"假设做出评价判断的能力是具有高等级的道德地位的充分基础，那么，任何具有这个能力的生物都拥有相同的道德地位。一个生物只能识别很多价值中的一种，只能在很少的情况下识别出这个价值，跟能识别出很多种价值并且在很多情况下能够识别出这些价值的生物具有同样的道德地位"。① "我们可以如此表述：如果 X 是具有 n 等级的道德地位的充分基础，这一地位不会被以下事实所改变，即一个生物拥有多少 X，能够多好地展示 X，或者生物具有的能够赋予更高道德地位的其他特征的数量。"② 这一立场显然不认可那些将更高的精神能力和更高道德地位连在一起的理论。就一种能力同道德地位相关的方式而言，只有"具有该能力"或者"不具有该能力"对该生物的道德地位有所影响。

相反的观点认为，道德地位是一个分为不同层次、程度的概念。不同程度的能力对应不同层次的道德地位。因此，不仅有或没有一种能力影响道德地位，在多大程度上具有这一能力同样直接地影响着我们对于该生物的道德地位的判断。这就是层级式的道德地位的概念。这种观点强调了一个生物个体能够多么频繁地以及多么好地展示某一特征，在道德上的重要性。如果具有一种能力能够导致道德地位的不同，那么在不同的等级上显示出这种能力的事实就不应当是全无道德意义的。一个生物个体在多大程度上具有那些能够赋予道德地位的特性，是否展示过这些特征，或者多么频繁地展示过，都直接决定着他具有多高层级的道德地位。因此，同样具有某种能力的生物可能不具有平等的道德地位。更高等级的能力授予更高等级的道德地位。阿纳森（Richard Arneson）曾指出，如果两个生物都具有特定的能力，但只有一个生物曾经运用过这种能力，那么这个生物将具有更高道德地位。③ 根据这种观

---

① Deryck Beyleveld, "The Moral Status of the Human Embryo and Fetus," in *The Ethics of Genetics in Human Procreation*, ed. Hille Haker and Deryck Beyleveld, (London: Ashgate Pub Ltd. , 2000), pp. 59 – 85.

② Deryck Beyleveld, "The Moral Status of the Human Embryo and Fetus," in *The Ethics of Genetics in Human Procreation*, ed. Hille Haker and Deryck Beyleveld, (London: Ashgate Pub Ltd. , 2000), pp. 59 – 85.

③ Richard Arneson, "What, if Anything, Renders all Humans Morally Equal?" in *Peter Singer and His Critics*, ed. Dale Jamieson (Oxford: Blackwell, 1999), pp. 103 – 128.

点，某些具有更高认知能力的动物就应当在道德地位上高于某些人类，比如有些类人猿的道德地位就应高于植物人或者智力有严重缺陷的人。

不同理论传统的道德地位观都可以被归于"门槛式"或"层级式"两种立场之一。道义论的观点似乎更适合于对门槛的道德地位提供一种说明。康德认为道德地位来源于一种值得尊重的内在道德价值。所有具有某种能力的存在物都具有这种内在的道德价值，这种能力为这一类存在物赋予了道德地位。即便不同的人所体现的这种能力有程度差异，一旦一个人具有了这种能够授予道德地位的能力，是否在更高的程度上具有这种能力就是无关紧要的。只要我们判定该存在物具有这一能力，他就是不可侵犯的。更好地参与互相负责任的实践的能力也不能使其更加不可侵犯。道义论没有给道德考量的不同程度留下空间。

《世界人权宣言》中表达的就是门槛式的道德地位概念。《宣言》第 1 条中提出："人人生而自由，在尊严和权利上一律平等。"属于人类物种这个简单的事实就可以让每一个人拥有平等的尊严。这里的人权概念是一个门槛式的概念。无论年龄、性别、种族……都具有平等的尊严和权利。这显示了作为人权基础的道德地位同样是门槛式的概念。我们赋予人格的那种道德地位的平等性可以容纳很多的不平等，包括授予道德地位的那些特征的不平等。说道德地位的概念是一个门槛式的概念主要就是想表达这个意思。契约主义判定道德地位的标准在于一个人是否有和别人相互负责的能力，而不是能多好地运用这一能力。因而，也表达了门槛之上皆平等的态度。后边的章节将对契约主义在道德地位问题上的立场进行进一步的分析，并论证当代的契约主义对道德地位提供了非常具有前景的论证方案。

与之不同，功利主义赞同层级式观点。在功利主义基于利益的说明中，道德地位依赖于善的度量。如果有一种善能够授予道德可考量性，那么具有更高的善或能在更大程度上实现福利的事实，应当总是同一个人应受到何种对待相关的。这个观点意味着，伤害一个存在物在道德上的错误取决于这样做会失去多少善。就像不同来源的善可以计算求和，相互比较一样，道德地位也可以基于这样的计算，呈现出不同的程度等级。

在道德地位可以分层级的观念之下，就产生了所谓"充分道德地位"和"非充分的道德地位"的区分。如果道德地位可以分为不同等级，那么最高等级的道德地位也可以称为充分道德地位。充分道德地位的拥有者可以拥有最多的权利，获得最高程度的保护。即便对于道德地位我们有着多元性的观念，但几乎不会有人否认，如果有必要将道德地位区分为"充分的"和"非充分的", 那么, 人或者至少是作为人格人的人具有充分的道德地位。

充分道德地位重要的本质特征之一就是不容权衡。充分道德地位是一种不容权衡的价值。同样, 充分道德地位所要求的权利不容权衡。充分道德地位是拥有者的一种不可替代的价值, 我们要无条件的尊重这种价值, 将这种价值视为最高的价值。康德为人赋予的尊严就是一种"绝对价值"。这种"绝对价值"不能被理解为一种同其他价值无异的价值, 不能同其他价值做交换。人的尊严禁止以利益的运算法则来权衡个体的价值。康德曾经对尊严所体现的这种"绝对价值"作如下描述, 即"在目的王国中, 一切东西要么有一种价格, 要么有一种尊严。有一种价格的东西, 某种别的东西可以作为等价物取而代之; 与此相反, 超越一切价格从而不容有等价物的东西, 则具有一种尊严"。①

可见, 尊严就是权衡利益的停止符号。在人的尊严没有被侵犯的情况下, 所有的利益和价值通常都是可以被相互比较的。然而人的尊严则标志了一个特殊的受保护的价值的区域, 与其相关的权衡或比较在道德上是不可接受的。罗尔斯在这一问题上赞同康德的观点, 他曾提出, 尊重人就是承认人有一种基于正义的不可侵犯性, 甚至作为整体的社会的福利也不能凌驾于此之上。这种不可侵犯性显示, 某些人自由的丧失, 并不会因为其他人享有的更大的利益而成为正确的。正义对于这些竞争的利益的优先性排序, 体现了康德说的超越所有价格的人的价值。②

所有具有充分道德地位的生物都被认为在相同的程度上拥有这种不可侵犯性。坦恩鲍姆和佳沃斯卡认为, 至少充分道德地位是一个门槛的概念。如果可以继续分层级, 那么该范围内的存在物就不具有最高道德地位。在其他条件不变的情况下, 所有具有充分道德地位的生物在道德决定的过程中应被平等看待, 这就导致了对公平的要求。比如, 当我们在具有充分道德地位的生物之间分配利益的时候, 排除其他目的、关系, 或者独立的利益要求, 我们应当公平地分配。③ 放弃支持一个具有充分道德地位的生物的重要利益是代价高昂的。比如, 如果一个人在具有充分道德地位的生物之间分配稀缺的资源, 比如饥荒救援物资, 并且这个人因为缺乏足够的资源, 不能保护所有人

---

① Immanuel Kant, Edited and Translated by Allen W. Wood, *Ground Work for the Metaphysics of Morals* (New Haven: Yale University Press, 2002), p. 53.

② John Rawls, *A Theory of Justice* (Cambridge: Belknap Press, 1999), p. 513.

③ Cf. John Broome, "Fairness," *Proceedings of the Aristotelian Society* 91 (1990): 87 – 101.

的关键利益，这种情况被我们视为一个重大的道德上的不幸。① "木樨草号事件" 的案例说明了，人即便为了维持自己的生命，也就是保护自己最根本的利益，也不能够侵犯另外一个人的道德地位的要求，平等地尊重其生命就是这一要求的主要内容。

相反，非充分的道德地位的价值并不是不可权衡的，各种具有非充分的道德地位的生物也不一定是平等的。对于不具有充分道德地位的动物，不需要考虑我们是不是公平对待了它的问题。例如，一个没有考虑到生活在这个国家的鸡的福利的国策不会被认为不公正。非充分道德地位的依据往往被认为是感受性。功利主义的理论分析感受幸福和痛苦的总量，根据不同的感受程度，区分道德地位的层级。较低的道德地位允许有权衡的余地。比如，如果我们赋予狗一定程度的道德地位，我们就要依据这一道德地位加于我们的义务对狗加以保护，但是，因为通常认为狗所拥有的道德地位不是最高等级的道德地位，当其生命同一个具有最高等级的道德地位的生命相冲突的时候，我们只能救助二者之一，我们应当选择救助具有最高等级的道德地位的生物，并且这并不会被视为一个重大的道德上的不幸。

道德地位是道德义务的依据。不同等级的道德地位对人产生的道德义务不尽相同。依据一个生物具有充分道德地位，还是仅仅具有非充分的道德地位，我们对待他的方式将会非常不同。我们不被允许为了其他生物及其利益，或者为了其他价值，去毁灭或者以各种方式侵犯一个具有充分道德地位的生物。比如，我们不被允许为了一个或者多个其他人，甚至为了公正和世界和平，而去杀掉一个无辜的人。但是，我们被准许为了公正和世界和平，或者为了救一个人，或者甚至五只其他的鸡，去杀死一只鸡。由此可见，如果在人类群体中做道德地位的划分，就会导致严重后果。

例如，在现实问题的分析中，很多功利主义者将易受伤害或拥有感受能力作为拥有道德地位的根据。因为人和动物都易受伤害并且拥有感受能力，所以这种观点不能论证人类的道德地位高于动物。当然，这是很多人乐于接受的观点。但这一理论还将推论出一种有违我们重要道德共识的观点，即如果提出因为人有更高级的感受能力而为人赋予更高的道德地位，那么我们就不可避免地会在人类之中也根据精神能力的不同而划分不同道德地位。这样的结果同基本人权平等的观念相悖。

有关是否应当在人类之中做道德地位的划分，存在所谓 "保护主义

---

① Agnieszka Jaworska, "Caring and Full Moral Standing," *Ethics* 117, 3 (2007): 460 – 497.

（preservationists）与修正主义（revisionists）之争"。道德常识似乎认为，所有人类的成员，无论能力如何，都应被给予充分道德地位。即便是婴儿和严重智力迟钝的人也具有充分道德地位，同时，具有非常相似或者更高的智力能力的非人动物却没有充分道德地位。这就是保护主义的道德地位观念。显然"保护主义"意在为人类的全部成员提供特殊的道德保护。保护主义者也尝试为这一特殊的道德保护提供论证，他们的论证着眼于普通成年人类具有的有价值的特征，并主要通过两种方式论证特殊群体的道德地位：对于婴儿和儿童，他们诉诸正常发展能够获得相关能力的潜力；对于严重智力障碍的人，他们通过诉诸物种本质、一个类的成员身份，一个物种或者一个类的典型形式等把他们纳入充分道德地位的范围中来。这样的观点受到了"修正主义"理论家的质疑。修正主义认为，道德地位必须是一个对于单个生物体具有的有价值的性质的回应，具有相似天赋的生物应当具有相似的地位。

保护主义和修正主义都通过诉诸作为充分道德地位的基础的有价值的精神能力支持各自的立场。然而，以这样的精神能力作为基础很可能是误导性的。如果依据能力高低将人类的道德地位分为不同层级，那么"木樨草号事件"肇事者的行为就有可能得到辩护，未来有可能出现的增强的人类对于普通人类必要善的剥夺也可能成为道德上正确的。因此，如果道德地位可以分级，至少不能应用于人类共同体内部，否则将会得出有违常识的结论。

事实上，人类平等的要求和对于特定价值的珍视可以很好地结合在一起。任何一个人的生命，之所以重要，是因为人具有道德地位，而这种道德地位的原因正是人的道德自主能力，这种能力就是能够识别并认可他人道德地位的能力。因此，否认他人道德地位的要求，同认为自己的生命具有重要性是相互矛盾的。即便一个存在物具有远高于我们的善的存在，就像我们高于老鼠那么多，也不能说明该存在物具有更高的道德地位。人不可侵犯而老鼠并非不可侵犯的原因，并不是人相比老鼠有更高的智力和能力，真正的原因是，人有"能够授予不可侵犯性的能力"而老鼠没有。道德地位的基础，是仅仅拥有能力，还是拥有能够授予道德地位的能力？我认为，我能够认识并认可他人的道德地位的这种能力，使我有资格进入道德共同体之中，并成为一个应当受到尊重的道德共同体成员。这一观点可以解释为什么在更高程度上拥有例如智慧、自主性或感知能力等特征不能授予更高的道德地位。

如果我们将道德地位的授予对象首先设定为物种整体，个体平等分享其所属类别的道德地位（前文曾论述过这一思路），则"门槛式"和"层级式"观念各自的理论缺陷都可以得到弥补。

不同物种因为不同的物种典型特征而被赋予不同等级的道德地位。这里我们应用的是层级式的观念：一种以更高的精神能力为特征的物种具有更高的道德地位，具有较低精神能力的物种则具有较低的道德地位。这里虽然认可了道德地位的不同层级，但是层级并不是可以细分至生物个体的。就像前边论述的，根据个体的行为表现判断其应受的对待是一种轻率的方式。存在着具有某一种能力却没有展示的个体，一个类的成员具有发展相同能力的潜力。以某一特征为类本质的物种中的每一个成员都能够表现这一特征或至少具有表现这一特征的潜能。出于审慎原则，我们有理由把这个类的全体成员同等对待。即我们应当首先以物种类别为单位划分道德地位。属于这样一个物种类别就是拥有特定道德地位的"门槛"。

无论是充分的还是不充分的道德的地位，都首先赋予一个类。通过将道德地位的拥有者设定为物种整体，我们既可以根据能力对道德地位进行区分，又可以保证同属一个物种的成员受到相同对待。例如，我们可以说，因为每一个人类个体都属于一个具有至高道德地位的类，分享类的道德地位，所以，即便有些人类个体没有体现道德能动性，我们也可以为每个人拥有的基本权利都绝对地高于任何非人动物的这一观念做出论证。当然，在这种观念之下，除人类之外的其他自然类别所具有的道德可考量性是否能够被称之为"道德地位"，还是仅仅只能称之为道德可考量性，是一个需要进一步探讨的问题。如果其他自然类别的地位并非我们所说的道德地位，而仅仅是应得道德可考量性，那么事实上就只有一种道德地位。充分的道德地位就是唯一的道德地位。道德地位就是一个全部或无的概念。

五 对于物种地位的平等分享

如果理性能力、心理能力和基因基础都不能为一种仅仅为人类所拥有并且为所有人类个体都普遍拥有的道德地位提供充分论证，那么，在现有理论中，就只有一种理论方案能够用于实现这一目标，即首先把道德地位赋予人类这个自然类别，而后论证，所有的人类个体都可以凭借其人类成员的身份平等分享这一"类的地位"。

中西方的很多伦理传统中都曾经描述了一种超越个体层面之上的人类整体的特殊地位。比如康德对尊严的论述中明确表达了这样的意思，即尊严不仅是个体具有的价值，也是全体人类分享的价值。儒家伦理思想同样表达了人类物种作为一个整体而具有尊严的观念。比如"'始作俑者，其无后乎！'

为其象人而用之也"①。土偶、木偶被用于殉葬，并没有使任何一个人类个体的尊严直接地受到侵犯，但是最初将土偶、木偶用于殉葬的人却被认为应遭受极为严厉的惩罚，就因为这种做法没有对人类的价值给予应有的敬意。

当代也有很多学者以不同方式表述了人类整体所具有的道德地位。美国政治学家乔治·凯特布（George Kateb）曾明确提出，人类的道德地位具有基础性的地位。在他看来，思考人的尊严首先要从作为一个整体的人类的尊严开始，而不是从人类个体的尊严开始。断言人类整体的地位，先于对于每一个人的平等的政治和社会权利的思考。② 德国著名生命伦理学家毕恩巴赫（Dieter Birnbacher）也曾提出，在某种意义上，人类的尊严是一个基础性观念。在其他所有意义上的人的尊严观念都来源于这个基础性的观念。它们都依赖于这样一个观念，即人仅仅因为是人就能够拥有一个特权地位。③

人类整体的道德地位具有区别于个体道德地位的特殊理论功能。毕恩巴赫在讨论人类克隆与人的尊严的关系时，提到了"应用于作为一个整体的人类的尊严（dignity as applied to the human species as a whole）"和"类的尊严（generic dignity）"这样的概念，并通过这些概念解释我们对于人类克隆的情感上的反抗。④ 费尔德曼（David Feldman）曾将尊严在法律上的应用区分为三个层面：人类个体的尊严、人类群体的尊严，以及人类物种整体的尊严（The dignity attaching to the whole human species）。在他看来，每一种层面的尊严的法律含义是有区别的。人类整体的尊严要求我们设定一些规则，区分人类和其他物种，保护人类物种的特殊地位和整体性。⑤ 在《生命伦理学和生物法中的人的尊严》一书中，贝勒菲尔德（Roger Beyleveld）和布朗斯沃德（Deryck Brownswor）通过论述"超越个体的人类尊严（human dignity that reaches beyond individuals）"，揭示了在有关新兴生物医学的伦理探讨中，尊严概念所扮演的不同于以往的重要角色，论证了尊严何以能够对人的行为做出限制。⑥

---

① 万丽华、蓝旭译注《孟子》，中华书局，2015，第8页。

② George Kateb, *Human Dignity* (Cambridge: Harvard University Press, 2014), p. 6.

③ Dieter Birnbacher, "Human Cloning and Human Dignity," *Reproductive BioMedicine Online* 10 (2005): 50 – 55.

④ Dieter Birnbacher, "Human Cloning and Human Dignity," *Reproductive BioMedicine Online* 10 (2005): 50 – 55.

⑤ David Feldman, "Human Dignity as a Legal Value-Part I," *Public Law* 4 (1999): 682 – 702.

⑥ Roger Brownsword and Deryck Beyleveld, *Human Dignity in Bioethics and Biolaw* (Padstow: T. J. international Ltd, 2001), p. 29.

当代生物医学技术对人的侵犯常常以维护人权和保护自主的名义出现，因而以保护自主为核心要求的个体层面的道德地位难以帮助我们对这种侵犯做出伦理评价。应对当代生物医学技术带来的伦理上的挑战，我们亟须确立人类整体层面的道德地位的观念。20 世纪 90 年代起，就有学者开始通过强调人类物种整体具有的道德地位来反抗一些生物技术的发展，比如基因增强、生殖细胞系干涉，以及生殖性克隆等。在这些案例中，受到威胁的不是个体的道德地位，而是人类的同一性和完整性的价值。

当然，要将人类的尊严确立为一个重要概念，我们需要对它进行充分论证。天主教从分享的人性的事实出发，而不是基于对理性能力的应用，划定了道德地位的标准，提出每个人都必须经历从受精卵到自然死亡的过程，都被认为拥有人的尊严。这个根本原则表达了对于人的生命的高度肯定，并且必须被置于生物医学研究的伦理反思的核心，在当代世界，这个原则会越来越重要。① 同为人类成员，更加根本性的特征将我们连在一起而不是对我们进行划分。有一些试图将来自人性和理性这两种立场的考量调和在一起的理论也表达了类似的观点，即在最基本的意义上，推理和做出自由选择的自然的能力是每个人都有的，即便有些人不能即刻展现这些能力。一个人作为人格人的存在来自他所属的基本实体的类别，即人类，并且这是最重要的意义上的尊严的基础。人格的基础是一个人所是的那类存在物……一个人无法失去他的最基本的人格尊严，只要他仍然作为一个人而存在。②

非宗教的理论尝试将人类的尊严的基础归于人类独有的类本质特征。比如美国生命伦理学家丹尼尔·苏尔马西（Daniel P. Sulmasy）认为，人类价值的来源在于语言能力、理性能力，爱、自由意志，道德能动性，创造性，幽默，把握有限和无限等类的特征。③ 福山曾提出，当我们去掉身上偶发的、突生的特质，在其下潜存着一些根本的生命品质，它值得要求最起码的尊重。④我们可以将这些赋予我们尊严之物姑且称为 X 因子。X 因子就是拥有道德选

---

① "Congregation for the Doctrine of the Faith," Sep. 09, 2022, https://docslib.org/congregation-for-the-doctrine-of-the-faith.

② Patrick Lee and Robert P. George, "The Nature and Basis of Human Dignity," *Ratio Juris* 21, 2 (2008): 173 – 193.

③ Daniel P. Sulmasy, "Dignity, Disability, Difference, and Rights," in *Philosophical Reflections on Disability*, ed. D. Christopher Ralston and Justin Ho. (Dordrecht: Springer Science & Business Media, 2009), pp. 183 – 198.

④ 〔美〕弗朗西斯·福山：《我们的后人类未来：生物技术革命的后果》，黄立志译，广西师范大学出版社，2017，第 151 页。

择、理性、语言、社交能力、感觉、情感、意识，或者任何被提出当作人的尊严之基石的其他特质的组合。① 儒家伦理将人类的尊严的基础归于某些道德潜力，提出天赋的恻隐之心、羞恶之心、辞让之心和是非之心"人皆有之"，是人类物种的本质特征，也是美德的来源，正是此"四心"让人成为天地间最珍贵的存在。② 不同的理论对人类本质特征的描述并不完全相同，但是都认可这样的逻辑，即人类作为一个自然类别拥有一些具有重大道德意义的类本质特征，这些特征为人类物种整体赋予了特殊的道德地位。

借助人类的尊严这个概念，我们可以为人人平等享有的个体尊严做出比较好的论证。《世界人权宣言》是现代尊严观念的来源，将平等的尊严赋予每一个人类个体。然而，到现在为止，我们都未能对于尊严平等做出很完满的论证。关于个体尊严平等的各种非神学的、物种中立的论证，无一例外地将人类个体尊严的根据直接归于个体能够展现出的某些特性，从而不可避免地将没有展现这些特性的个体排除在了尊严的保护圈之外。确立一种整体层面的人类的尊严有助于解决这个理论困难：人类作为一个类别具有特殊的道德地位，因此，每个人都能够凭借其人类成员的身份而平等地分享这种地位。

个体的地位就来自个体对于其所属的自然类别的价值的分享。也就是说，个体的尊严的基础是人类整体的尊严，而并不是个体所直接展现出的同尊严相关的人类特征。即便某些人类个体只能在很低程度上展现这些特征，甚至完全没有展现这些特征，他们也能够因为人类成员的身份而获得同其他人同等的尊严。如丹苏尔马西所说，人与人之间的不同不会威胁一个人的基本的道德地位，只要我们接受这样一种观念，即一个人的根本的道德地位植根于一个人最充分地和其他人分享的东西。③ 这样的观点可以很好地与常识相符。比如，狼孩没有社会化，没有正常的人类语言和精神能力，但多数人都会同意，狼孩的内在价值绝对地高于狼。人类整体的尊严为个体尊严提供了充分的基础，因而可以被视为道德地位概念最重要的含义。

将特殊道德地位首先授予整体，将能够给个体提供更好的保护，也能够确认人性具有的重大道德意义。生物个体的行为所体现的特征是表面性的和

---

① 〔美〕弗朗西斯·福山：《我们的后人类未来：生物技术革命的后果》，黄立志译，广西师范大学出版社，2017，第 172 页。

② Yaming Li and Jianhui Li, "Death with Dignity from the Confucian Perspective," *Theoretical Medicine and Bioethics* 38, 1 (2017): 63 – 81.

③ Daniel P. Sulmasy, "Dignity, Disability, Difference, and Rights," in *Philosophical Reflections on Disability*, ed. D. Christopher Ralston and Justin Ho. (Dordrecht: Springer Science & Business Media, 2009), pp. 183 – 198.

偶然性的，如果我们通过观察某个体的行为特征判断其是否应被授予道德地位，就很可能做出错误判断。充分道德地位授予不可权衡的价值和全部基本权利，对于个体意义重大。错误地假定某个生物不具有充分道德地位会让我们付出过于重大的道德代价。根据审慎原则，我们应将充分道德地位给予具有道德能力的生物类别。这样的观点可以很好地为人与人之间的平等进行论证，也可以显示人类共同本质的重要道德意义。

类的地位的观念也可以向我们揭示一个有关道德地位的重要含义。当我们感到受到侵犯，通常我们的感受可以概括为，没有被视为其所是的那类存在物，没有被作为这个类的平等成员而受到对待。例如，当一个人没有获得平等的就医、就业和入学的机会，他就受到了侵犯，这种侵犯就是没有像和他非常相似的人一样，拥有相同的机会。这样的对待表达了一个对于其所是的那类存在物的误解，好像他跟其他人并不十分相像，好像他并不属于这个类别。可见，道德地位和属于一个类别的身份有着直接的连接。

自然类别的观念在当代的哲学中变得越发重要，但是学者们尚没有仔细的研究"人类是一个自然类别"的观念对于应用伦理学具有的重要影响。自然类别的观念将会非常有助于阐明一些关于疾病和卫生保健的基本问题。甚至有学者提出，长远来看，一种植根于作为一个自然种类的人类的观念的医学哲学，将会是医学伦理的基础。[1] 回到本节开头的内容，我们可以看到，康德的理论和儒家的理论都通过将道德责任内化于对人性的描述当中，为充分道德地位进行了很好的论证，显示人性与道德地位之间存在的那种直接的关联。努斯鲍姆（Martha Nussbaum）也基于对人性的界定提出保护人的尊严的道德要求，虽然她的理论在论证上尚有欠缺，但这样的思路是一种非常具有前景的思路。自然类别具有重大的道德意义。

---

[1]　Daniel P. Sulmasy, "Diseases and Natural Kinds," *Theoretical Medicine and Bioethics* 26, 6（2005）: 487 - 513.

第二章

道德地位与其他重要概念间的关系

道德地位概念与伦理学中的诸多其他重要概念密切相关，在具体问题的分析中，道德地位是我们用于分析的主要概念，诸如"道德可考量""权利""尊严"等概念也常常会受到援引。甚至这些概念有时会在和道德地位相同的意义上被使用。以上概念的含义的确和"道德地位"概念有相似之处，但同时，以上概念和"道德地位"概念之间也存在重要区别，对这些区别的分析可以进一步揭示道德地位的本质特征及其理论功能的限度。

一　"道德地位"与"尊严"

"道德地位"和"尊严"都包含有关平等与价值的双重含义：一方面，因为一个类别具有某种典型的特性，所以这一类存在物中的所有个体都平等地不可侵犯；另一方面，该类别中的个体应当发展他们的某些特性以体现他们的价值，或获得更高的价值。

在平等地不可侵犯的要求上，道德地位和尊严几乎是完全相同的概念。在另一种含以上，道德地位和尊严都要求其拥有者发展其典型特征以追求更高价值。获得性的尊严明确地表征了这一追求的成果，即所谓"获得了尊严"或者"丧失了尊严"；相应地，作为一种价值的道德地位显示，具有道德地位的个体的行为应当受到道德评价：如果其行为体现了这一价值，那么行动者应受赞扬；如果其行为违背了这一价值，那么行动者应受谴责。与尊严不同的是，道德地位在任何一种意义上，都是不会丧失的。正是因为道德地位不会丧失，所以道德共同体之中，无人能够被免除道德评价。

（一）"道德地位"与"尊严"都具有双重含义

尊严，一方面指的是一个受到绝对保护的区域。部分实体因为具有内在价值而不容受到侵犯。这种意义上的尊严概念列出了一个实体因其内在价值而不应受到某种对待的最低标准；另一方面，尊严概念也描述了一种人类生活的理想状态，也就是人的内在价值得到充分发展所达到的那个"彼岸"。很多理论对尊严概念所做的分析都认可尊严概念同时包含上述两种含义：例如，苏尔马西（Daniel Sulmasy）将人的尊严区分为"内在尊严（intrinsic dignity）"和"卓越的尊严（inflorescent dignity）"①，安多诺（Roberto Andorno）在"固有尊严（inherent dignity）"和"道德尊严（moral dignity）"之间做出了区分，② 儒家的尊严观念明确阐释了尊严具有的两种含义，即"普遍尊严"（universal dignity）和"获得性尊严"（acquired dignity）。以上研究都对尊严的含义给出了相似的观点。

所谓"卓越的尊严""道德尊严"，以及"获得性尊严"等，都是人因为发展了那种为自身赋予了价值的能力，例如发展了道德能动性而取得的，依据发展的程度不同而为主体在不同程度上拥有，因而这一类尊严可以分为不同的等级，而最高的等级就展示了一个完善的人的形象，例如儒家理论中的"圣人"。与之不同，"内在尊严""固有尊严"，以及"普遍尊严"是不能够划分等级的，因为这一类尊严是仅仅凭借人类身份（或其他以道德能动性为类本质的自然类别成员的身份）就生而具有的，我们属于一个具有道德能力的自然类别，生而进入了一个被称为道德共同体的群体。在这个群体中，我们通过彼此交换行动理由的实践活动彼此关联起来，因而所有个体平等地相关。

尊严概念同时扮演两个根本性的角色，即平等的角色和价值的角色。③ 这两个角色在尊严概念的不同的使用中显示出张力，同时显示出包含在尊严概念本身之中的张力。④ 依据尊严扮演的不同角色，我们对于一个行为侵犯了还

---

① Daniel P. Sulmasy，"Chapter 18：Dignity and Bioethics：History，Theory，and Selected Applications，" in *Human Dignity and Bioethics：Essays Commissioned by the President's Council on Bioethics*，Mar.，2008，https：//bioethicsarchive. georgetown. edu/pcbe/reports/human_ dignity/chapter18. html.

② Roberto Andorno，"Human Dignity and Human Rights as a Common Ground for a Global Bioethics，" *Social Science and Publishing* 34，3（2009）：223 – 240.

③ Bryan C. Pilkington，"Dignity，Health，and Membership：Who Counts as One of Us？" *The Journal of Medicine and Philosophy* 41，2（2016）：115 – 129.

④ Gilbert Meilaender，*Neither Beast Nor God：The Dignity of the Human Person*（New York：Encounter Books，2009），p. 7.

是维护了人的尊严会得出不同道德判断。例如，一个有致命的心脏病的患者，是否可以认为自己应当停止服药，通过死亡来保证他不会患痴呆并因而进入一种有辱尊严的生活状态。[①] 过一种有尊严的生活是否意味着要避免不体面的（undignified）痴呆行为，还是说对于尊严的反思使得人的生命无论在有没有此种行为的情况下都是值得珍视的？尊严应用于最好的人类生活，也应用于所有过着人类生活的存在物。应用于所有过着人类生活的存在物的那种尊严的含义，才是"道德地位"所对应的那种含义。

道德地位强调的是一个存在物因其内在价值而不应当受到什么样的对待，例如不能侵犯他，其他道德行动者不能杀害他、折磨他，或者在关系到他重大利益的问题上，非常不公正地对待他。道德地位概念仅仅标志了一个受到道德保护的范围，它并没有像尊严概念那样明确地显示完美的人生应该是什么样的。有关人类应当如何完美地发展的问题，古今中外的理论家一向都会给出各种不同的见解，对于这些见解中哪一个更加"正确"的问题的论证是非常困难的，并且可能也并不是必要的；反之，道德地位所涉及的内容是能够达到普遍性共识的内容。在道德地位所要求的问题上，即便有不同意见，我们也可以对不同理论的是非对错进行清晰论证，甚至如果我们认为普遍性的基本道德义务还是存在的，我们就必须进行这样的论证，必须追寻一个最终答案。有关道德地位要求什么的问题，是可以也应当得到一致结论的。因此，在这个意义上，因为具有更加单一和明确的含义，并且其所要求的仅仅是最基本的道德义务，道德地位比人的尊严更适合用作一个规范性概念。

当然，拥有道德地位和拥有尊严在一个重要的意义上是一致的。即它们都说明其拥有者应当受到直接的道德考量，它们的拥有者都具有内在的价值，而不是因为外在的原因而被赋予的价值。

（二）道德地位概念内含着平等的要求

人类发展的终极目标，常常是一个可以无限靠近却又无法实现的状态。现实中并不存在道德上完美的人，然而如果我们努力，可以缩短我们和这种完美状态之间的距离，在实现这个终极目标的路上，有各种不同层次的发展水平，因此，显示一个个体在多大程度上实现了自我发展的那种尊严是分为不同层次的。例如，儒家伦理中描述的"君子"和"小人"的人格划分，以

[①] Adam Schulman, "Bioethics and the Question of Human Dignity," in *Human Dignity and Bioethics: Essays Commissioned by the President's Council on Bioethics* (Washington, D. C.: Government Printing Office, 2008), pp. 3 – 18.

及康德的"配享尊严"和"不配享尊严"的划分都显示了获得性尊严的不同层次。与之不同，道德地位是不能分为不同层次的。如上文中所说，道德地位象征着一种道德共同体的成员身份，这一身份的本质特征是需要跟共同体的其他成员交换道德理由，因而所有成员的成员身份是同时产生，对理由进行评判的原则是普遍性的规范性原则，在这个意义上，所有的共同体成员在任何情况下是完全平等的。

因为道德地位的本质就包含着平等的要求。说同样都是具有道德地位的存在物，但是却应当受到不平等的对待，是一个逻辑上错误的表述。道德地位强调的是一个存在物应受什么样的对待，即在现实具体情境里的道德权衡当中，我们应当为谁的利益赋予更大权重。它是一个实践性的概念，它决定在现实情境中，我们应当如何行动。如果一方具有道德地位，那么该方的基本利益就应当受到绝对的保护，相反，没有道德地位的一方的利益则可以在道德理由的权衡中被压倒。如果认为道德地位有高低之分，那么就可以在同具有道德地位的共同体中，贯彻刚刚描述的那种对基本利益给予区别对待的原则，即为了维护具有较高道德地位的存在物的利益，可以牺牲道德地位较低的存在物的利益，哪怕是最根本性的利益。

在这种情况下，我们不知道可以在何种意义上认为所谓"具有较低道德地位的存在物"具有道德地位？他的根本利益不能得到认可，意味着其他道德行动者不会就涉及他的行动向他进行论证，不会认为自己有义务给出一个他能够认可的理由。这样对待一个能够理解理由的存在物，已经构成了最严重的侵犯，因此无法认为该存在物被赋予了任何类型的道德地位。在道德上许可受到这样的对待，意味着该存在物没有道德地位。

一个实体拥有道德地位意味着如何对待这个实体是一个道德问题。如果我们认为存在普遍性的道德原则，那么道德地位就应被理解为一种要么可以在完全程度上拥有，要么完全没有的地位。也就是说，只有一种道德地位，即充分的道德地位。如果把所有的道德可考量性都理解为充分道德地位，就会造成论证上的矛盾，也会削弱充分道德地位的保护功能。

二 "道德地位"与"道德可考量性"

在多数情况下，认为道德地位可以分等级的理论并不是想要在人类群体之中进行不同道德地位的划分，而是意在论证非人动物，甚至植物也具有道德地位。如果我们不能论证道德地位可以区分为不同层级，那么就很难合理地通过道德地位概念给非人动物应得的道德保护提供论证，"道德可考量性（moral considerability）"则可以在相关论证中恰当地发挥作用。"道德可考量性"的概念常常用来为非人的存在物提供保护。

有很多将道德地位区分为不同层级的理论在认可人具有最高的道德上的重要性的同时，认为人类以外的存在物也应当获得某种道德保护。于是相应地，这一类的道德地位概念包含"充分的道德地位"和"非充分的道德地位"的划分。人拥有的尊严被定义为"至高的道德地位"①，即充分的道德地位。例如李（Patrick Lee）和乔治（Robert P. George）就曾经明确地将人的尊严等同于充分的道德地位，② 德格拉兹亚（David DeGrazia）在其著名的关于人兽嵌合体的伦理探讨中，也在相同意义上使用了至高的道德地位这个概念。③ 与之相对，非人存在物并不能拥有尊严这样的道德地位，如果它们因为某种来自其自身的原因而具有"道德可考量性"，它们拥有的就是某种非充分的道德地位。但这样的观点面对明显的困难。

一方面，基于一种相互认可的道德地位观念，上述的非人存在物的道德上的重要性并不能被视为一种道德地位。道德地位意味着彼此负有责任，这种责任体现为应当以彼此都可以接受的理由对涉及彼此的行为进行论证。对于公共理由的预设为论证双方设立了共同的标准，因而，与其他具有道德地位的存在物平等地相关就是"具有道德地位"这一表述的内在规定性。因此，道德地位不能够区分等级。我们无法合理地认为有些存在物具有"次一级的道德地位"。"次一级的道德地位"本身不是一种合理的表述。

如果道德义务是相互认可的过程中同时地、对等地产生的，那么不能履行这一义务的存在物的类型无法成为具有道德地位的共同体成员。人因为具有同情心，想要给予比如动物们基本的权利。但是在这种情况下，动物并非因其自身的原因应受或不应受某种对待，人对它们的关爱可能仅仅是为了缓解自身因目睹动物的苦难而产生的不良心理感受，或发展自身的美好品质和情操。即便我们确认，它们的痛苦是它们想要极力逃避的事物，我们也不能据此论证我们有缓解它们的痛苦的义务。

---

① Marcus Düwell, "Human Dignity and Human Rights," in *Humiliation*, *Degradation*, *Dehumanization*: *Human Dignity Violated*, ed. Paulus Kaufmann, et al. (Springer Science and Business Media, 2011), pp. 215 – 230.

② Patrick Lee, and Robert P. George, "The nature and basis of human dignity," *Ratio Juris* 21, 2 (2008): 173 – 193.

③ David Degrazia, "Human-Animal Chimeras: Human Dignity, Moral Status, and Species Prejudice," *Metaphilosophy* 38, 2/3 (2007): 309 – 329.

到目前为止，人类之外的其他的一切实体，比如动物、植物、生态系统，如果被认为有某种权利，那么实现这些权利的也是人。权利总是要求有人履行相应的义务。无论谁值得尊重对待，履行这一尊重义务的只有道德行动者，目前已知的存在物中，只有人类符合道德行动者的标准。人类是宇宙间所有道德义务的履行者。这是人类在道德上具有特殊地位的原因。道德地位的门槛应该是道德能动性等成为道德行动者的条件。拥有道德地位不仅意味着如何对待这个实体是一个道德问题，还意味着该实体的行为应受道德评价。到目前为止，成为道德行动者的能力是人类的特有。

此外，道德地位的内在规定性还包括，它是某一个存在物因为其自身的原因而获得的。例如，如果你不伤害一只狗的原因仅仅是你不能伤害狗主人的财产，那么这只狗就没有被给予道德地位；又比如，如果你保护环境的目的仅仅在于人类可以在未来生活得更加愉快和健康，那么，生态系统本身也没有被赋予道德地位。具有道德地位应当是有理由为了这个实体或者它的利益本身而行动，这个行动理由优先于所谓最佳利益总和的计算，优先于其他来源的利益，并且可能与利益总和的计算结果或其他来源的利益相冲突。

如果执意要论证动物和生态系统具有"道德地位"，那么就至少要说明它们具有什么样的内在的价值，它们为何因其自身而值得尊重地对待。这样的论证一向非常困难。有观点认为生态系统和谐美好，而这就是它的价值，然而这种价值仍然是经由人类的欣赏而成立的。也有很多观点提出动物因为具有感觉痛苦的能力，所以因其自身而内在地具有道德价值。从易受伤害到不能去伤害的论证是如何实现的？如果我们把能够相互交换理由的能力作为道德地位的基础，那么我尊重你的道德地位恰恰是我自己值得尊重的原因，因此认可自己的道德地位就不得不认可你的。相应地，将易受伤害性作为道德地位的基础则不能得到充分的论证，至少不能产生充分的、第一人称的行为理由。

当然，这并不意味着我们要专断地否定非人存在物值得受到道德关怀。它们同样具有道德上的重要性，但这种重要性不适合被表述为"拥有道德地位"，更恰当的表述方式是说它们具有"道德可考量性"。在通常意义上，道德地位与道德可考量性之间有着直接的因果关系。如果一个个体被授予道德地位，那么这个个体就值得直接的道德考量，并且被纳入我们的道德共同体当中。[①] 但是，反过来，具有道德可考量性并不意味着一个存在物具有道德地位。在这个意义上，层级式的道德地位观念混淆了道德地位和道德可考量性

---

① Lisa Bortolotti, "Moral Rights and Human Culture," *Ethical Perspectives* 13, 4 (2006): 603 - 620.

这两个不同的判断标准。

具有道德可考量性可能来自该存在物具有的感受能力。康德虽然否认了动物的道德地位，但是他明确表达了我们应当对动物有同情之心。因为，如果一个人习惯了残忍，那么他不仅会对动物做残忍的事，最终还会残忍地对待人。儒家文献中也有"以羊替牛"的典故。这并不是一种虚伪的态度。因为我没有看见羊，所以我对它的感同身受就不如我对眼前这只牛的感同身受来得那么直接，因此"以羊替牛"，会使我的愧疚减轻一些。同情和感同身受的能力是重要的道德动机，也是我们交换理由、评价和回应道德理由的基础之一。如果这样的能力对于道德本身的存在如此重要，并使我们道德行动者具有了特殊地位，那么我们有义务发展这种能力。对于非人动物的怜惜和关爱就是对这种能力的发展。出于这样的原因，我们有理由给非人动物授予"道德可考量性"。

非人动物或者生态系统的道德地位也可能来自它们和具有道德地位的存在物之间的关系。因为这只动物属于一个人，这一类动物的持续存在对于实现人的繁荣的生活而言是重要的，或者，生态系统的健康和稳定是人类存在条件，这些都可以作为授予"道德可考量性"的原因。人具有道德地位，所以人的利益具有重大的道德权重。在没有造成基本利益在不同人类个体间非对称性的转移的情况下，我们没有理由否定，并且有理由维护每一个人类个体的生存、繁荣、不受侵犯或伤害。没有道德地位的存在物同样有可能应当受到道德的考虑，因为，该存在物同具有道德地位的存在物之间的关系为它赋予了道德上的重要性。

从道德地位向道德可考量性的转移试图调和在有关道德地位的讨论中的极端观点，这些极端观点之间有着难以逾越的鸿沟，对有关我们对于非人格人、人类胚胎、非人动物以及环境等是否具有道德义务的讨论中，给出了截然不同的判断。我们不能就非人格人（non-person），例如边缘人类（marginal humans）或非人动物有没有道德地位的问题达成共识，但也许我们可以达成这样的共识，即他们具有道德可考量性。

"道德可考量性"常常被用于论证，为什么对于那些不一定是我们道德共同体中的实体，也应当给予道德考量。认可道德可考量性，是对那些不一定是我们道德共同体中的实体似乎应给予道德考量的事实做出说明的一种方法。然而，"道德地位"和"道德可考量性"间的区别是非常明显的：如果一个个体被授予道德地位，那么这个个体就值得直接的道德考量，并且被纳入我们的道德共同体当中。如果一个存在物没有道德地位，那么当它和其他具有内在价值的个体的利益发生冲突的时候，它所拥有的"道德可考量性"本身并不足以决定它应当被如何对待，以及它有什么权利。①

三　"道德地位"与"权利"

关于道德地位与人权之间的相互关系存在旷日持久的争论。这样的争论不仅对于理解道德地位的内涵意义重大，同时也关系到人权框架的未来演进。在有关谁拥有道德地位的讨论中，我们已经阐释了这样一种观点，即道德地位首先被授予了人类物种整体，每个个体因为人类成员的身份而平等地分享这一地位。相比于认为理性、自主性或其他典型人类能力直接授予个体以道德地位的理论，对于人类整体道德地位的论述揭示了道德地位作为道德共同体成员身份的本质，显示了与他人的平等连接对于我们自身的自主性的构成性作用，同时维护了人类成员之间的平等。人类整体的道德地位是个体道德地位得以确立的前提条件，也是个体发展的条件。人类整体的道德地位来源于人类物种特有的本质，其道德要求在于维护人类本质并促进其发展。

在应用伦理研究中，道德地位或尊严常被视为同人权、自主相似的概念，甚至被认为可以被人权和自主的概念所替换。通过分析作为一个整体的人类所具有的道德地位及其要求可以论证，道德地位不等同于人权，它是人权的基础；拥有道德地位也不等同于自主，尊重人的道德地位在很多情境下要求我们对自主行为进行限制。面对当代科学技术发展带来的伦理挑战，人类整体的道德地位将在生命伦理研究中发挥更重要的作用。

尊严一词可以用于划定最基本的道德义务，也可以用于表示一种价值，即理想的人类生活状态。与权利问题的探讨相关的显然是前一种意义上的尊严，在这种意义上，作为权利的基础的那种尊严和道德地位是等同的概念。同时，因为对于尊严的阐释在某些文化背景中构成了对于权利的论证的重要基础，例如，德国宪法中的权利的构建主要基于康德的尊严观，在有关权利问题的研究中，多数相关研究使用的是"尊严"这个表述，所以本节中将在相同的意义上使用尊严和道德地位这两个词，即能够授予平等人权，并为所有人普遍具有的内在价值。在道德地位和权利的关系问题上，更多地关注以尊严概念为线索展开的论证，将使我们获得更丰富的理论资源。

---

① Lisa Bortolotti, "Moral Rights and Human Culture," *Ethical Perspectives* 13, 4 (2006): 603 – 620.

（一）道德地位与人权关系的讨论

曾有一些观点将尊严等同于人权。比如德国学者赫斯特（Hoerster Norber）认为人的尊严和人权是含义完全等同的术语，主张将"尊严"这个概念从伦理学中除掉，用"人权"代替。① 在中国，人的尊严在宪法上的内容可区分为"不受支配""不受歧视""免于伤害""善的价值"四种类型，而这四种类型正是宪法全部基本权利种类的汇总。② 还有一些观点将尊严等同于一部分基本权利。如沙伯尔（Peter Schaber）将人的尊严等同于不被侮辱的权利。③ 另一些观点认为，尊严是拥有权利的权利。德国宪法中就将尊严规定为一种拥有权利的权利。④ 阿伦特（Hannah Arendt）也认同尊严是拥有权利的权利，主张每个人都应该有权有拥有公民权。⑤

与上述立场不同，一些重要的国际公约区分了尊严与人权，并显示人的尊严具有更加基础性的角色。如《公民权利和政治权利国际公约》在序言开篇中指出，公约所确认的权利"源自人的固有尊严"。《世界人权宣言》第22条提出，"每个人……有权享受他的个人尊严和人格的自由发展所必需的经济、社会和文化方面各种权利的实现"。这些表述显示尊严是人权的基础，而人权是维护人的尊严的手段和要求。成立于2007年的平等和人权委员会（Equity and Human Rights Commission）最早的委员之一克鲁格（Francesca Klug）也表达了类似观点，他曾明确指出："尊严概念取代上帝或自然而成为不可剥夺的权利的基础，这完成了自然权利向人的权利的转变……权利的根据在于所有人共同具有的基本的人性尊严。"⑥ 人的权利"奠基在对每个人内在尊严的正确评价的基础之上"⑦。

如果说尊严的确能够承担一个明显区别于人权的、更加基础性的角色，那么承担这一角色的一定是整体层面的人类的尊严。在有关个体尊严是否受

---

① 张国安：《人的尊严与生命伦理学》，《自然辩证法研究》2009年第6期。
② 齐延平：《人的尊严是世界人权宣言的基础规范》，《现代法学》2018年第5期。
③ 甘绍平：《作为一项权利的人的尊严》，《哲学研究》2008年第6期。
④ Christoph Enders, "A Right to have Rights——the German Constitutional Concept of Human Dignity," *Revista de Estudos Constitucionais, Hermenêutica e Teoria do Direito* 2, 1, (2010): 1 - 8.
⑤ Hannah Arendt, *The Oringins of Totalitarianism* (Cleveland: The World Publishing Company, 1962), pp. 296 - 297.
⑥ Francesca Klug, *Values for a Godless Age: The Story of the UK's New Bill of Rights* (London: Penguin, 2000), p. 101.
⑦ Francesca Klug, *Values for a Godless Age: The Story of the UK's New Bill of Rights* (London: Penguin, 2000), p. 12.

到侵犯的案例分析中，我们只能关注、权衡那些具体的、明确的利益，这些利益几乎可以完全等同于人权的要求。只有人类整体的尊严才能将各种更加抽象的，并且同样重要的人类利益纳入尊严的保护范围。

（二）人类的道德地位是权利的基础

首先，人权理论难以为缺乏基本精神能力的人的权利给出充分论证，而人类的尊严为人类物种的每一个成员赋予了内在价值，并因而要求对所有人类成员提供保护。

人权承载者的范围是一个始终充满争议的话题。各种对于人权的论证都难以超越特定精神能力的限制，这是普遍人权论证的一个困难。比如根据契约主义，人权的主体只能是拥有理性和利益的人；哈贝马斯将交往理性引入人权讨论之中，因而只有参与话语商谈的理性参与者能够直接地得到权利的保护；通过诉诸普遍性的道德直觉来论证普遍权利也面临相同的问题，无论是罗蒂（Richard Rorty）提出的"善感性"还是伊格纳季耶夫（Michael Igna-tieff）所说的"感受他人痛苦的能力"都不可能指向所有人，无法被我们感同身受的人也就不能被授予权利。这就是为什么胚胎、胎儿或者尸体难以凭借人权的概念得到充分保护。我们需要一种超越人权之外的根据，来确认这些人类形式的内在价值。

在多数法律规定中，胚胎和胎儿并不是人权的承载者。然而人们在直觉上都可以感受到，对未出生的人类的伤害同样是对人类内在价值的不尊重。对于这个问题，美国法学家罗纳德·德沃金（Ronald Dworkin）提出，未出生的生命同样拥有一种内在的价值，他们"因其自身而神圣"。[①] 反对流产就是因为人具有这种神圣性，这一反对与任何关于未出生的人的权利的论证无关。[②] 相似地，人的尸体通常让人产生一种敬畏的情感，然而自然人的权利能力终于死亡是当今各国普遍采用的规则，人权概念无法授予尸体因其自身而应受的尊敬。对于这些人类形式的保护义务只能诉诸人类的尊严概念而得到确立。麦克·罗森（Michael Rosen）曾经通过一个假想情景来阐释尊严的要求：哪怕是地球上最后一个幸存的人也会觉得有义务尊重地对待倒数第二个人的尸体，即便没有人意识到尊重，没有人因为尊重而受益。通过这个例子，

[①] Ronald Dworkin, *Life's Domination: An Argument about Abortion and Euthanasia* (London: Harper Collins Publishers, 1993), p. 21.

[②] Vera Lúcia Raposo et al., "Human Rights in Today's Ethics: Human Rights of the Unborn (Embryos and Foetus)?" *Cuadernos constitucionales de la cátedra fadrique furió ceriol* 62 (2008): 95 – 111.

罗森试图论证，这种尊重的义务是来自人的尊严的规范性要求，同权利或任何形式的利益都没有关系。① 福山也曾经提出："你可以烹调、吃掉或随意处置任何缺乏 X 因子（那些能够给人类赋予尊严的典型人类特征）的遗体，但如果你想要对人类做同样的事情，你便犯下了反人类的罪行。"② 即便是没有意识和生命的人的尸体，因为同样属于人类的生物学范畴，所以也是不容侵犯的。人类的尊严是所有生物学上的人类成员分享的价值，对于无精神能力的人类形式也赋予了同样的道德地位，并以一种非后果论的道德要求，将无意识的尸体纳入保护范围。

第二，人权聚焦于最基本的、最明确的对人的尊严的冒犯，而人的尊严则能够将更多无形的人类利益纳入我们的视野。权利是保护人的尊严的实践工具，因此它的有效性比全面性更加重要，否则就会影响它被认可以及被执行。因此权利不可能涵盖所有对人的价值的冒犯。这就是为什么很多生物科技的应用对尊严构成了伤害，但是却没有显著地侵犯人权。

人类增强技术对人类的潜在的伤害就在很大程度上超越了人权能够解说的范围，只能通过人类的尊严概念得到充分说明。在很多方面，人类增强技术的应用似乎促进了人的利益，使人权得到了更好地维护。然而正如戴维·维尔曼（David Velleman）所说，一个人的价值，跟他的生活给予他的伤害和益处的价值有着根本性的不同，跟他自己对自己的生活好与不好的评判也根本不同。这种价值就是人的尊严，并且在维尔曼看来，这种价值是人类全体共享的。③ 当我们开始关注全体人类成员所共享的价值，我们的视线就会超越技术对个体自由和其他利益的促进，注意到技术带来的隐形的侵犯和威胁。比如人类增强技术将不断地取消人类的有限性，从而令很多人类美德都失去了存在和发展的意义，导致人的内在价值受到贬损。又比如在一个只有部分人得到增强的世界里，人与人之间的主体间性将逐步受到破坏，过一种有道德的生活的心理基础也就随之消失殆尽。以这样的方式，人类的尊严的基础受到了侵蚀。

第三，相比人权，尊严可以给保护人类的实践更明确的指导。人权往往只能确认消极的自由。比如启蒙运动所提出的生命、自由、追求幸福的权利

---

① Philippa Byers, "Dependence and a Kantian Conception of Dignity as a Value," *Theoretical Medicine & Bioethics* 37, 1 (2016): 61–69.

② 〔美〕弗朗西斯·福山：《我们的后人类未来：生物技术革命的后果》，黄立志译，广西师范大学出版社，2017，第 151 页。

③ David Velleman, "A Right of Self-termination," *Ethics* 109, 3 (1999): 606–628.

不容侵犯，仅仅表明人类不能够受什么样的对待。又比如美国宪法第一修正案中有关国会不得制定某些法律的规定，以及第十四修正案中不得剥夺任何人生命自由或财产的规定，都不能准确告诉我们究竟该做什么。① 相比之下，基于人类本质的类的尊严概念则可以将对权利的保护理解为一种肯定性的任务。康德曾经提出，如果认为理性能力让人们获得了一种特殊的地位，那么也就产生了一种恰当地使用理性的义务。② 类似地，贝勒费尔德和布朗斯沃德将让人拥有尊严的典型特征归于人的自主性，他们同时也确认了发展自主性的道德义务。③ 根据格沃斯（Alan Gewirth）的理论，如果我们认为行动性是人类特殊地位的根据，那么，行动性的潜力也就相应具有了道德上的重要性。具有发展出行动性的潜力的婴儿必须被授予附加的权利来拓展他追求目标的能力。④ 由此可见，人类的尊严对我们提出明确的要求：要求我们保护人类本质并促进它的发展。努斯鲍姆的能力清单就发端于一种关于人类尊严的直觉观念。她提出，某些核心能力是过上有尊严的生活的最低要求，因而也是正义社会都应保证其公民拥有的关键权利。人类的尊严概念有助于督促我们采取积极的行动促进人的利益。

能力理论在最近 10 年中得到了很多关注。最开始，这一理论关注的是对人的平等性和生命质量的量度，近来，这一理论试图为伦理学和政治哲学中规范性问题提供基本框架。努斯鲍姆的能力理论对这一转变做出了贡献。然而，这一理论的很多方面尚缺乏充分论述，特别是有关伦理方面的假设。为什么对于基本能力的保护对我们具有规范性的力量？人的能力如何同人权框架相关？能力框架能够给其观点提供什么样的论证？这些问题并不是权利框架本身能够回答的。努斯鲍姆也诉诸人的尊严进行论证。

任何想要为基本的能力清单辩护的能力理论的信奉者，都需要一个规范性的标准，用这个标准指导能力的选择。努斯鲍姆一直都在为一种标准辩护，我们可以将其称为"人性"。她的观点是，我们寻找"真正是人的"生活的能力。这些标准是否论证了一系列政治权利和义务？将作为人的道德地位的

---

① 〔美〕玛莎·C·努斯鲍姆：《正义的前沿》，朱慧玲、谢惠媛、陈文娟译，中国人民大学出版社，2016，第 200 ~ 201 页。

② Oliver Sensen, "Kant's Conception of Human Dignity," *Kant-Studien* 100, 3 (2009): 309 – 331.

③ Patrick Capps, *Human Dignity and the Foundations of International Law* (Portland: Hart Publishing, 2009), p. 108.

④ Deryck Beyleveld, "The Moral Status of the Human Embryo and Fetus," in *The Ethics of Genetics in Human Procreation*, ed. Hille Haker and Deryck Beyleveld (London: Ashgate Pub Ltd., 2000), pp. 59 – 85.

来源的人的能动性，作为能力的标准，并以这个标准对各种不同的能力进行排序，能够为能力清单提供更合理的论证。①

不同于个体的尊严，人类整体的尊严没有个体的承担者，不能被解释为一种权利，但是人类的尊严构建起了人权框架所依据的核心价值。这是一种更加根本性的价值，可以为我们审视和完善人权框架提供指导，并且为人权框架的未来演进提供一个稳定的、持续的，可以参照的标准。

（三）人类的道德地位对自主性构成限制

尊重自主是生命伦理学中的重要价值，也是生命伦理学的基本原则之一，在当代生命伦理研究中，尊严和自主都被视为保护人类不受科技发展伤害的重要理论依据。然而，不同的理论对于自主的内涵有着不同的论述。探讨尊严同自主之间的关系，有助于澄清生命伦理学中的自主概念的确切含义，同时进一步揭示人类的尊严概念的道德要求。

在有关治疗、流产和死亡方式等问题的伦理探讨中，尊严的概念经常跟自主和自由选择的观念连在一起。在很多人看来，尊严就等同于自主。比如，德沃金就曾经将尊严概念定义为考虑并执行我们自己关于人生意义和价值的最根本问题的答案。② 2003 年，美国生命伦理学家麦克琳（Ruth Macklin）在《英国医学杂志》（British Medical Journal）上发表了《尊严是个无用的概念》一文，提出尊严的主旨就包含在尊重人的自主性这一生命伦理学原则之中。当我们意识到自主性的概念，尊严概念就失去了意义。③ 在这些观点看来，保护人的尊严不受侵犯，就不能限制人们的自主选择。

虽然在一些例子中，尊严的确等同于自主。但是，自主性并不能穷尽尊严所包含的丰富的意义，保护自主也不是人的尊严的全部要求。比如德沃金将尊严等同于自主，但同时又自相矛盾地提出，我们不能够允许别人做出放弃尊严的行为。在他看来，人们不总是十分了解或能够推进他们的最佳利益，因此以尊严的方式对待某人有时意味着通过强制性的干预保护其内在价值。又比如康德认为，人的身体是其尊严的承担者，因而是无价的，即便一个人

---

① Rutger Claassen and Marcus Düwell, "The Foundations of Capability Theory: Comparing Nussbaum and Gewirth," *Ethical Theory and Moral Practice* 16 (2013): pp. 493 – 510.

② Ronald Dworkin, *Life's Domination: An Argument about Abortion and Euthanasia* (London: Harper Collins Publishers, 1993), p. 166.

③ Ruth Macklin, "Dignity is a Useless Concept," *British Medical Journal* 327, 7429 (2003): 1419 – 1420.

对自己的身体有自主权，也不能将自己的身体用于任何交易。如果一个运动员让他的身体遭受有害的训练，一个模特成了色情演员，一个矿工通过工作毁掉了自己的健康，一个士兵仅仅因为雇佣去作战，跟与之作战的对方完全没有任何关系但却要冒生命危险，他们都出买了身体。这种方式与人的尊严的要求不符。① 由此看来，尊严既要求保护自主，也要求对自主进行限制。

对自主的限制在一国的或国际的法律文件中都非常普遍。比如，劳动法不允许工人放弃他们的基本权利和利益，或者接受接近于奴役的工作条件；如果合同包含一些条款对一方不公平地沉重，而对另一方不公平地有利，合同法就不承认这种合同的效力。② 在欧洲的臭名昭著的投掷矮人的案例中，很多法庭通过援引尊严的概念来反对所谓个体选择职业的权利，并且赞同限制一种被认为内在可耻的职业。

在有关生物医学的文书中，为了尊重尊严而限制个体自由的观念同样由来已久。《欧洲人权和生物医学公约》附加的解释报告提出，"人类尊严……是公约里强调的大部分价值的基础"；所有的条款必须根据该公约的目标——"也就是保护人权和尊严"而被理解；并且，尊重人类尊严的原则是条款 21（规定"人类身体及其部件不应该产生经济收益"）等条款的核心。又比如，人类遗传学公告委员会以及人类受精和胚胎学的咨询文件中认为，人类生殖性克隆引起了"关于人类责任以及人类的工具化的严重的伦理问题"，并且"人类尊严阻止了人被当作'工具'而使用"。③

在上述例子中，我们都出于维护尊严的理由对自主行为做出限制。作为一个整体的人类的尊严可以对这些情境中尊严如何可能受到侵犯给出说明。正如加拿大学者诺拉·雅各布森所说，在这些案例中，个体的人的尊严并没有失去，社会作为一个整体的尊严因为削减了人生的价值受到了损害。④ 美国图兰大学教授奥利弗·森森（Oliver Sensen）在比较康德和传统的斯多葛派的尊严观念的时候提出，尊严给出了一种义务，这个义务就是以一种和自身地

① Dietmar Hübner, "Scientific Contribution Genetic Testing and Private Insurance—A Case of 'Selling One's Body'?" *Medicine*, *Health Care and Philosophy* 9 (2006): 43 - 55.
② Roberto Andorno, "Human Dignity and Human Rights as a Common Ground for a Global Bioethics," *Social Science Electronic Publishing* 34, 3 (2009): 223 - 240.
③ Roger Brownsword and Deryck Beylevel, *Human Dignity in Bioethics and Biolaw* (Padstow: T. J. international Ltd, 2001), p. 30.
④ Nora Jacobson, "Dignity and Health: a Review," *Social Science & Medicine* 2 (2007): 292 - 302.

位相符的方式去生活的义务，并且这种义务先于一个人的权利。① 个体层面的人的尊严主要关注人的自主性的维护，而人类整体的尊严要求我们以符合人类本质的方式行动。如果我们的自主行为贬损了人类的价值，自主行为就应当受到限制。

面对当代生物医学技术的发展带来的挑战，甚至有学者认为，生命伦理学中的人的尊严，主要扮演的就是一种限制性的角色。比如布朗斯沃德和德里克在《生命伦理学和生物法学中的人的尊严》一书中提出，我们首要的任务是阐明和区别两个概念——"作为一项授权的人的尊严"和"作为一种约束的人的尊严"。在建立人权的国际文书中的尊严是作为一项授权的人的尊严；在新近的设定现代生物科技框架的文书中的尊严是作为一种约束的人的尊严。② 国际人权文书建立的特定历史背景显示了自主性未受尊重对于人的尊严带来的直接的侵害，然而当代前沿科技的发展，特别是生物医学技术的应用恰恰凸显了自主选择被无限地扩大给维护人的尊严带来的新的挑战。取得人的自主同意只能排除一种对尊严的侵犯，实际上还存在其他形式的对尊严的侵犯，比如科技应用导致的人的物化以及其他形式的对人的内在价值的贬损。新技术对人类生活正在施加越发深入的控制，面对技术带来的诸多前所未有的选择，我们需要回答我是谁以及我要成为什么样的人的问题，这些问题都不能脱离我们共同构成的文明社会所赖以维系的根本价值而得到回答。正是在这个意义上，布朗斯沃德和德里克提出，21 世纪的生物医学实践不应当被个体选择的奇思异想所塑造，而应当为一种超越个体层面的对于尊严的共识所引导。③

尊严具有一种公共的、客观的向度，这就是整体层面的人类的尊严。这是一个比传统的尊严观念更加抽象的概念。通过说明一种基于人类共同本质的类的道德地位，人类整体的尊严为个体的自主选择划出了界限。从 20 世纪 90 年代末开始，人类整体的尊严作为一个区别于个体尊严的尊严观念的重要意义开始逐步显现。人类的尊严向我们揭示，尊严不像是一个可以被放弃的地位，作为一种价值，尊严建立了一个人类个体的行为和态度可能没有达到的标准，没有达到这一标准的可能是他人，也可能是我们自己。只有通过诉

---

① Oliver Sensen, "Kant's Conception of Human Dignity," *Kant-Studien* 100, 3 (2009): 309 – 331.

② Roger Brownsword and Deryck Beylevel, *Human Dignity in Bioethics and Biolaw* (Padstow: T. J. international Ltd, 2001), p. 11.

③ Roger Brownsword, and Deryck Beylevel, *Human Dignity in Bioethics and Biolaw* (Padstow: T. J. international Ltd, 2001), p. 29.

诸人类整体的尊严概念，才能以尊严的名义保护人不受技术所带来的不适当的操纵，反抗某些技术应用对人的内在价值的贬损。当我们分析克隆中的父母的权利，基因增强中人类特征改变的限度，以及生殖系基因干预中人的特性不被第三方预先决定等问题，我们需要更多地诉诸这个概念。在这些问题上，处于危险中的不是现存的个体的尊严，而是我们赋予人类整体及其完整性的价值。人类的尊严已经成为反抗人类根本特征的改变的最后一道屏障。

个体层面的人的尊严在很大程度上可以等同于人权和自主性。而当代前沿科技带来的伦理挑战则揭示了某些超越人权和自主之外的，同样重要的，并且与人类长远发展关系更为密切的人类利益。只有从人类整体的尊严的观念出发，我们才能够将对这些利益的保护诉诸人的尊严所包含的至高道德要求。人类整体层面的尊严是人类作为一个自然类别而具有的一种特殊价值。这种价值不等同于人权，而是人权框架所依据的基础，能够为人权框架的未来演进提供指导。同时，这一价值在很大程度上外在于个体，并且要求所有个体的尊重，由此产生了尊严对于自主行为的限制。人类整体的尊严概念能够指导我们对科技的发展做出更为充分的伦理评价，并确立技术应用过程中人的道德责任。在有关新技术的道德判断当中，人类的尊严将承担一个区别于人权和自主原则的独特的重要功能。

（四）反思权利概念的局限

人权强调个体的不可侵犯性，但弱化了甚至消解了个体与他人之间的连接。这就是为什么近期的哲学和法律研究中再度出现了对人的道德地位进行研究的兴趣。在西方的自由主义传统之中，也有一些学者将尊严视为权利存在的基础。安乐哲提出，依靠施行法律并运用人权作为法律的辅助，远远算不上是一种实现人的尊严的途径，而且在根本上是违反、削弱人性的，因为它是通过弱化我们具体的责任，进而提供相互和解的可能性而来定义什么是妥当的行为。[①] 权利将人描述为单纯地追求和保护自身利益的存在物，一旦绝大多数人都成了纯粹理性自私的人，这个社会就陷入了理性所设定的"囚徒困境"，一群自私个人的理性行为产生了对于彼此都最不理

---

① Stephen C. Angle, "Human Rights in Chinese Tradition," in *Handbook on Human Rights in China*, ed. Sarah Biddulph and Joshua Rosenzweig（Massachusetts：Edward Elgar Publishing, Inc., 2019），pp. 14 – 31.

性的后果。①

从自由主义对于人性的消极假定，很难推导出人具有任何价值或者尊严。没有尊严或价值，很多权利的正当性都会遭受质疑。② 如果人仅仅珍视自身的利益，而没有对于更高价值的追求，例如珍视他人的内在价值并对其提供的理由进行慎思，那么人的内在价值就无法得到论证。如果人不具有内在价值，人的利益为什么具有道德上的重要性的问题也就无法得到回答。霍布斯在《利维坦》一书中表达的观点，终结了以人的义务的追寻为目标的传统的伦理学研究方向，并开创了自由主义传统。自霍布斯以来，自由主义理论在有关于道德和政治的论辩中显示了强大的力量，为维护个体的权益，反抗政府对个人的压迫提供了重要的论证，但是，这样的理论体系最大的问题在于，它不能凭借自身的结构为权利提供论证。毕竟，假如人与动物的唯一差别即在于有能力用更发达的理性损人利己，人究竟有什么资格要求他人尊重和保障他的权利?③

的确，我们必须认识到当个人和小群体面临巨大的威胁时，他们需要人权的明确有力的保护。④ 生命伦理学中对于个体自主权利的强调就是在塔斯基吉梅毒实验等个体权利受到严重侵犯的恶性事件发生的背景之下而出现的。个体的权利需要得到明确的描述和充分的肯定。但是个体的权利不是用来回答道德如何能够产生，以及道德的内容是什么等问题的最基本的概念。权利是需要通过更加根本性的概念来论证的。对于那些以权利作为基本概念来解决实践问题的理论，下述质疑非常具有代表性：如果以权利作为评价其他道德概念的标准，至少需要描述一下什么是权利，以及凭什么能将之作为标准来衡量其他事物。⑤ 权利不是自明的，如果没有那些使人类达到统一的概念，"权利话语"就是没有基础的。

虽然战后的权利运动的确促进了不利群体的社会、经济和政治地位，它

---

① Qianfan Zhang, *Human Dignity in Classical Chinese Philosophy*, *Confucianism*, *Mohism*, *and Daoism* (NewYork：Palgrave Macmillan, 2016), pp. 1 – 10.

② Qianfan Zhang, *Human Dignity in Classical Chinese Philosophy*, *Confucianism*, *Mohism*, *and Daoism* (NewYork：Palgrave Macmillan, 2016), p. 40.

③ Qianfan Zhang, *Human Dignity in Classical Chinese Philosophy*, *Confucianism*, *Mohism*, *and Daoism* (NewYork：Palgrave Macmillan, 2016), pp. 19 – 20.

④ Stephen C. Angle, "Human Rights in Chinese Tradition," in *Handbook on Human Rights in China*, ed. Sarah Biddulph and Joshua Rosenzweig (Massachusetts：Edward Elgar Publishing, Inc., 2019), pp. 14 – 31.

⑤ 范瑞平：《当代儒家生命伦理学》，北京大学出版社，2011，第 114 页。

们也把政治、法律和哲学探讨的关注点从有关人的尊严的含义这个核心问题上转移到权利问题上。但如果放弃了尊严这个理论基础，权利就不能得到论证，人权进一步发展的界限在哪里的问题也无法得到回答。很多学者在谈论人权的迅速扩增，这里的迅速扩增指的是通过引入新类型的人权来扩展人权概念框架的趋势。甚至还有很多人强烈要求进一步扩展这个概念框架，并且为这个框架引入新的角度以应对新的挑战。一个值得注意的发展方向，是将一种"代间的"向度包括到这个框架中来。的确，有关人权的讨论应当同"可持续性"问题关联起来。作为人类成员，最深刻的自我反思将我们和现存的以及未来的他人连在一起，而不是孤立开来，那正是个体人权发展背后的逻辑依据，以及对人权框架的发展进行限制的依据。没有这一依据，整个人权的概念框架都会受到损害。

第三章

作为共同体成员身份的道德地位

在中西方传统中有关道德哲学的大量文献里，我们可以看到三个不间断的主题：第一，道德哲学家描述了那些存在于一个人身上的能够让其受到赞扬或责备的品质；第二，道德哲学家探讨了一个人必须要履行的义务和责任，以及一个人不应当去做的事情；第三，反思人的品质和义务的理论需要把个体和社会群体结合在一起，探索群体的存在同个体的目的是如何相关的。品质、义务及个体与他人的关系是伦理反思和论述的永恒课题，而其中个体与他人的关系扮演着最为基础性的角色，离开了对这一关系的描述，品质和义务都将无从谈起。

一 能够赋予道德地位的人类能力

之前的章节中已经讨论过，什么才是那种能够作为道德地位的基础的能力。这种能力使一个存在物具有内在价值，而不仅仅是工具性的价值，因而，具有这种能力的个体值得直接的道德考量，他的利益具有直接的道德重要性。这种能力就是自主。自主意味着做自己的主宰，而不是仅仅受到作用于自我之上或者存在于自我之中的力量的作用而行为。这一能力使一个存在物能够成为自身行动的真正的创造者，从而能够为自己的行为负责。

上述对自主能力的阐述受到了比较普遍的认可，但是，这样的阐述并没有充分揭示自主的道德意义，也没有充分说明自主的行为是如何实现的。当代康德式的规范性研究将自主的实现同对于理由的抉择直接联系在一起。要做出自主的行动，我们就必须能够进行慎思，对呈现于我们面前的不同来源的理由进行评价和判断。比如，斯坎伦提出，内在道德价值建立在这样的能力之上，即通过给予和关注理由参与到相互义务中的能力。由此，斯坎伦对于尊重自主的原则给出了实践性的阐释：一个行为如果在其实施的那种境遇下会被一般行为规则的任何一套原则所禁止，那么，这个行为就是不正当的，而这种一般的行为规则是没有人能够有理由合理拒绝的明智的、非强制性的普遍一致意见的基础。① 相应地，斯坎伦选定了那些能够对理由做出判断的存在物，作为应当得到道德考量的那类存在物。他们可以对理由做出评判，并且在这个意义上，可以被错误地对待。② 罗尔斯的《正义论》中也表达了这样的观念，即我们有多种方式表达对于他人的尊重，其中重要的一种方式就是以一种他们认为能够被论证的方式来对待他们。③

通过揭示道德理由对于实现自主的重要意义，康德式的规范性研究显示了自主的人际间向度。自主的能力就是与他人交换理由的能力。有人将这种交换理由的实践能力称为"集体性的道德行动性"，人类个体通常被认为是典型的道德行动者。潜在的集体性的道德行动性是一个经常受到忽略的问题，但这个问题很重要，因为它突出了自主能力的人际间的特征，说一个行动者是一个道德行动者，就是说他有能力理解道德理由，也能够回应道德理由。④对于彼此的理由的理解和回应，让我们构成了道德共同体。

关于道德共同体成员身份包含什么？是什么让他人能够和我们进入共同体要求的那种关系？明确地被排除在共同体外的存在物缺少的什么，即是什么让他们不能和我们进入那种关系？当代理论家已基本达成共识。道德共同体之外的存在都缺乏理解、应用，以及回应道德理由的能力。同为道德共同体成员，意味着我们服从某些共同的规范性原则，即便这些原则不一定简单地告诉我们应当做什么，它至少要给出做出道德判断的方法。因为有这样的公共性的标准，我们的道德谴责才可能是有意义的。而谴责本身能够得到理解，正是因为谴责包含着道德理由的交流。甚至有人认为，如果一个人缺乏这种表达理由和交流理由的能力，那么一个人就必定不在道德共同体的范围

① Thomas Scanlon, *What We Owe to Each Other* (Cambridge：Harvard University Press, 1998), p. 153.

② Thomas Scanlon, *What We Owe to Each Other* (Cambridge：Harvard University Press, 1998), p. 179.

③ Bryan C. Pilkington, "Dignity, Health, and Membership：Who Counts as One of Us?" *The Journal of Medicine and Philosophy* 2 (2016)：115 – 129.

④ Toni Erskine, "Assigning Responsibilities to Institutional Moral Agents：the Case of States and Quasi-states," *Ethics & International Affairs*, 15, 2 (2001)：67 – 85.

之内，无法达成特定类型的关系。① 由此可见，道德共同体就是一个其成员交换并评价彼此的理由的群体，通过对共同理由的追寻，与他人的关系成了自我的构成性条件。一个行为者要将自身理解并建构为一个真正的自主的行动者，就不得不以特定的方式同他人相互关联。

这种思想清晰地表现在儒家对于道德自主能力的论证当中。儒家传统中同样认为人的道德地位来源于人的本质特征，而其所描述的能够为个体授予道德地位的特征，同样将个体和他人连在一起。孟子将这一特征表述为"四端"。"四端"是四种核心美德的起点，是人类普遍具有的道德潜力，使道德成为可能。但"四端"的发展需要环境和条件，其必要条件就是一个人的"四端"只有通过与他人的关系才能得以体现。正如倪培民所说，四端在本性上就是与"他者"相关的。我们无法冷酷地对待别人而同时不伤害自己的四端，也无法伤害自己的尊严而不同时伤害其他人，比如，我们伤害自身尊严的行为往往会使家人、朋友感到羞愧、难堪或痛心。② 我的内在的"四端"可以作为我的道德地位的基础的原因，就是在于它的关系的（relational）和外向的（outwardly directed）特征。③ 张千帆也曾指出，一个君子的正义预设了他意识清醒地认识到需要他尊重的那些他人具有相同的基本价值。尊重他人是他的自尊的自然延伸，一个人必须接受互惠的基本规则："己所不欲，勿施于人"，是孔子认定的适用于每一个君子的原则。如果一个君子想要被尊重，他必须首先尊重他人，并且把他人当作像他一样被赋予了可以得到充分发展的道德和智力能力的人。儒家伦理坚信，人只有在关系中才能被理解。④

在这个意义上，我们也可以认为，道德地位就存在于一种相互关系中。为个体赋予了道德地位的能力，就是个体所拥有的能够建立这样一种关系的能力。我们能够互相认可对方是值得尊敬的，是因为我们都可以理解理由，对理由做出反应，在涉及他人的行动时，我们可以对彼此的理由进行权衡。这就意味着，拥有道德地位并不仅仅说明一个实体值得被尊重地对待，拥有

① John Martin Fischer and Mark Rawizza, *Responsibility and Control* (Cambridge: Cambridge University Press, 1998), pp. 211 – 214.

② Peimin Ni, "Seek and You Will Find It; Let Go and You Will Lose It: Exploring a Confucian Approach to Human Dignity," *Dao* 13, 2 (2014): 173 – 198.

③ Peimin Ni, "Seek and You Will Find It; Let Go and You Will Lose It: Exploring a Confucian Approach to Human Dignity," *Dao* 13, 2 (2014): 173 – 198.

④ Stephen C. Angle, "Human Rights in Chinese Tradition," in *Handbook on Human Rights in China*, ed. Sarah Biddulph and Joshua Rosenzweig (Massachusetts: Edward Elgar Publishing, Inc., 2019), pp. 14 – 31.

道德地位同时说明，该个体的是可以受到道德评价的。道德地位具有对人和对己的双向的要求，在对他人提出道德要求的同时，对道德地位的拥有者本身做出了描述和判断。

二　道德地位对其拥有者自身提出要求

事实上，很多理论对于道德地位的含义和功能都表达了两个方面的看法：一方面，道德地位决定实体应受什么样的对待；另一方面，道德地位显示一个实体是否能够负有道德责任——拥有道德地位的实体是可以负道德责任的，而不具有道德地位的实体无须负有责任。常识也暗示了这样的观点，即一个生物的道德地位不仅对于他是否有权利，以及有什么权利等问题而言是至关重要的，道德地位也关系到他的行为是否应受道德评价。[①] 著名的德国伦理学家比恩巴赫曾表达类似观点，他在对尊严的两种含义的分析中提出，人的尊严意味着人道地对待他人，具体地说就是把他们作为人而不是物来对待，它为人赋予的一系列道德权利把种种消极的或积极的义务加于他人。而在尊严的另一种含义中，人的尊严意味着一种道德水平。以非常不道德的方式行为，特别是以侵犯他人尊严的方式行为，就会让人失去尊严，或者使尊严受损。[②] 在毕恩巴赫的表述中，道德地位能够对其拥有者自身提出要求的这种性质，受到进一步强调。

康德甚至将人对于自身的义务作为道德赖以存在的基础。康德曾明确提出，使人受到尊重的那种性质，就是使责任适合于一个人的那种性质：道德上的人格性就是一个理性存在者在道德法则之下的自由，一个"人格"仅仅服从自己给自己立的法则。[③] 在这个意义上，所谓人格就是其行为能够归责的主体。他提出，对自己的义务是"最重要的"义务，"如果不履行对自己的义务，其他义务就都不能得到履行"[④]。当然这并不是说在人的道德发展的过程中，我们必须首先意识到对我们自己的义务的重要性，之后才可能完成对他人的义务。康德所表达的是，一个人对自己的义务在如下意义上优先于其他

① Allen Buchanan, "Moral Status and Human Enhancement," *Philosophy and Public Affairs* 37, 4 (2009): 346–381.

② Dieter Birnbacher, "Human Cloning and Human Dignity," *Reproductive BioMedicine Online* 10 (2005): 50–55.

③ 詹世友：《康德人性概念的系统解析》，《华中科技大学学报》（社会科学版）2019 年第 1 期。

④ Robert B. Louden, *Kant's Human Being Essays on His Theory of Human Nature* (Oxford: Oxford University Press, 2011), p. 11.

义务，并且比其他义务更重要，即在努力实现对自己的义务的过程中，我们促进并实现某些根本性的价值，没有这些价值，道德本身就不能存在。在这些价值中，首要的是自主、自我立法，以及将人尊重为其自身的目的。我们认可他人的道德地位，并承担相应的义务的能力，使道德和道德地位成为可能，也是一个人内在价值的体现。①

儒家思想清晰而系统说明了一个行动者拥有道德地位的事实如何论证了其应承担的义务。儒家伦理通过强调发展道德潜能的义务，论证了我要维护我的道德地位，就不得不尊重他人，甚至还需要关爱动物。恻隐之心等人的典型特征是人类至高道德地位的来源，而恻隐之心的发展不仅要求同情他人，还要求不用残忍的方式对待动物，并且在某些情境下救助动物、植物，以及生态系统。人与人之间的义务被赋予了最重要的地位，只是因为人与人更加相似，这使得同情的产生更加容易，也更加合理。儒家认为尊重和关爱因亲疏而有程度的区别的立场，可以论证人与人之间的道德义务高于人对动物的义务，也可以论证对亲人的义务高于对陌生人的义务。即便亲疏有别，对不同的人的爱护和对于非人实体的爱护有着同一来源，即存在于自我之中的道德潜能。这也就是杜维明教授通过"天人和谐观"所要表达的那种观点，即以自我反思为中心而建立的同世界万物间的和谐状态。

根据这一观念，一个他者的道德地位不仅仅是因其自身的性质而被授予的，同时也是一个人要实现自己的内在价值就不得不认可的。因为个体特征的差异，如果将道德地位的基础归于个体特征，道德地位平等的论证就会遇到困难。将道德地位的基础归于类的特征避免了这种困难。然而，无论道德地位的基础是个体具有的特征，还是个体所属的自然类别的特征，两类方法还是在探讨一个存在物可以凭借什么被授予道德地位。与之相对，儒家对道德潜力的论述能够为探索道德地位的基础提供一种完全不同的视角：根据人的内在价值对道德行动者自身提出的要求，道德行动者必须认可并尊重每个人的平等道德地位，无论他人是否显示出具有任何与道德地位相关的特征。只有这样做，才能达到个体所具有的道德地位对其自身提出的要求。

道德地位不仅是对他人的要求，同样是对自我的要求。道德地位本质上不是我们因为某一实体表现的特征而赋予它的；自我和他人的道德地位是同时被意识到的：只要个体意识到自己的道德地位，他就不得不认可具有自主

---

① Robert B. Louden, *Kant's Human Being Essays on His Theory of Human Nature* (Oxford: Oxford University Press, 2011), p. 19.

能力的类别中所有其他个体的道德地位。如张千帆所说，对他人的尊重是自尊的扩展，并且是维护自身内在价值的必要条件。① 因此，是否将某些人排斥在人道考虑之外，不是对那些人是否为人的判断，而是对我们自己的文明程度的考验。我们对他们的尊重与其说是因为这些人也是人，不如说我们自己是人。② 即使对于那些貌似缺乏美德的人，我们也应该努力将他们包括在我们之中，而不是试着发现他们到底是不是我们的一员……一个有道德的人首先想到的是自我完善，给予别人最大的善意。③ 通过这样的论证，儒家伦理可以将道德地位的普遍性规范从外在的规定变成内在的道德水准，将本来是对他人提出的道德要求转变成了对于我们自身的要求。这样一种思想方法可以有效地避免仅仅将个体具有的某种天赋特征作为道德地位的依据所带来的理论困难，为人的内在价值提供了更加不可动摇的依据。

很多时候，认可那些远不具有充分人类能力的人和我们具有同等道德地位，会给我们带来单向度的义务，导致我们必须放弃某些自身利益。例如，在人类增强普遍应用的时代，人类的能力差异将会变大，增强了的人（或者后人类）和未被增强的人类的权利冲突越发激烈。就像布坎南（Allen Buchanan）所说，"如果大量增强的合作者以他们自己的想法塑造了经济和最重要的政治过程的主流，主流的合作框架将会使未增强的人的繁荣越来越难"④。甚至，如果增强了的人具有远比我们的更复杂的利益，就像我们的利益相比老鼠的利益，那么在必须做出选择的时候，为了他们而牺牲我们似乎是可以许可的。⑤

面对这样的冲突，将个体表现出的特征作为道德地位的依据，很难为能力程度大有不同的个体间的平等提供论证，对拥有者自身提出要求的道德地位观念则可以在这种情境中，为没有增强的人的平等道德地位提供辩护。尊重他人就是一个人对自己的义务。这是增强的人尊重未被增强的人的理由，

① Qianfan Zhang, "The Idea of Human Dignity in Classical Chinese Philosophy: A Reconstruction of Confucianism," *Journal of Chinese Philosophy* 27, 3 (2000): 311 – 312.

② Peimin Ni, "Seek and You Will Find It; Let Go and You Will Lose It: Exploring a Confucian Approach to Human Dignity," *Dao* 13, 2 (2014): 173 – 198.

③ Cf. Peimin Ni, "Seek and You Will Find It; Let Go and You Will Lose It: Exploring a Confucian Approach to Human Dignity," *Dao* 13, 2 (2014): 173 – 198.

④ Allen Buchanan, "Moral Status and Human Enhancement," *Philosophy & Public Affairs* 37, 4 (2009): 374 – 375.

⑤ Allen Buchanan, "Moral Status and Human Enhancement," *Philosophy & Public Affairs* 37, 4 (2009): 374 – 375.

也是任何人尊重能力更差的人的理由。分别地评价自我和他人的道德地位会造成自我的分离，将道德地位理解为相互认可则可以化解个体之间的对立、冲突和僵持，帮助我们形成一个相互尊重的社会，并实现我们自身的完善和发展。

对他人的认可在我们的人格的形成中扮演了一个建构性的角色，并且直接显示了我们的自主能力。当我们反思自身作为一个理性行动者的状态，我们就必然遇到了其他人——作为合法主张的产生来源的他人。对他人作为自主的规范性的来源的认可，限制着我们的行动理由的内容。通过将他人识别为有效主张的来源，我们得知我们的欲望并非因为是"我们的"而享有优先权。在康德看来，我们将这一认知感受为痛苦的。通过感受这个痛苦，我们意识到我们所是的那种方式和我们认可的理性行动者的理念之间的距离。痛苦的感觉来自对我们的局限性的理解。康德于是把尊重描述为"无能力达到对我们而言是法则的一个观念的那种感觉"①。然而，尊重同时也是一种美好的感觉，因为这样的局限可以被对抗，即便不能全然克服：这一过程反过来创造了一种提高了的自信或自我评价。在康德看来，这种提高了的自信和自我评价就是道德行为的动机。

尊重是我们对于彼此的一种反思性的、实践性的态度。② 它产生于我们考虑自己持续一个理性行动性的理想的能力。虽然人们常常将道德地位的基础表述为自主的能力，但是它所表达的并非认为彼此是自由的，它表达的是一种认为彼此负有责任的实践态度。我们认为我们自己能够在理性的基础上对自己的行为负责任。道德关系是由相互认可构成的。任何道德提议和道德评价都是基于相互负责。

三 共同体成员身份的规范性效力

道德地位所显示的双向义务，在自我和他人之间建立了一种对等的关系：我将他人认可为和我一样能够负有道德责任的个体，基于这样的认可，我将尊重地对待他人的义务加于自身；同样，因为我有能力理解并认可他人的道德理由，能够承担道德义务，他人就应当在认可我的道德地位的基础上尊重

---

① Carla Bagnoli, "Respect and Membership in the Moral Community," *Ethical Theory and Moral Practice* 10, 2 (2007): 113 – 128.

② Christine M. Korsgaard, *The Sources of Normativity* (New York: Cambridge University Press, 1996), p. 137.

地对待我。认识到其他人具有平等的地位让我们进入交换理由的对话图景。所谓尊重地对待，就是要求他人涉及我的行动要给我一个我能够认可的理由，而对于我所要做出的涉及他人的行动，他人也有资格向我要求一个他能够认可的理由。当我们将他人识别为我们的慎思的限制，就意味着我们建立的理由必须也是他们认可的理由。我们需要提供对方认为可理解的理由，也就是说，论证的形式应当是一个和他人的理想的对话。这种认可的形式并不来自一个比较或竞争，它显示的是一个对话的结构。

　　将对道德地位的尊重以及道德地位的要求理解为理由的对话，显示道德共同体成员之间的认可是相互的，并且是同时的，这就是授权以及相互限制权威性的关系。这个相互认可同时授予和限制权威。它是一种作为自由的经历，同时这种经历被具有同等地位的他人的认可所束缚。

　　我们需要向彼此论证我们的道德主张。通过交换和分享理由的能力，我们将彼此认可为这个道德共同体的一员。显然，理由可以通约就是这种认可的必要条件。公共理由，以及对不同来源的道德理由进行评价和裁定的规范性方法，将所有个体连接为一个道德共同体。一些学者反对康德的尊重概念，认为它是人们因为一种抽象的自主的观念而持有的态度，因而不能表达互相认可。事实上，康德对尊严的研究所使用的最主要的表述是人性的尊严（Dignity of Humanity），这个表述显示，人性是共有的，共有的人性为我们之间缔结了某种关系。① 这个共有的人性为我们设立了共同的发展目标，为我们之间理由的权衡提供了仲裁的标准，使道德共同体成为可能。

　　当然，这并没有强迫我们分享彼此的理由的具体内容。我们可以尊重地不同意他人的理由。尊重要求我们不将我们的观点强加于别人，只是要求我们与他人进行坦率的对话。我们可以讨论对方的目的，他关于福宁的概念，或者他运用实践理性的方式。对话的结果可能是不能达成共识。我们知道我们与之打交道的是有判断能力的行动者，他可以具有跟我们不同的，但是道德上允许的目的。这个道德多样性的立场来自尊重他人作为能够设立自己目标的人的态度。② 在一些情况下，通过清楚明白地表达不同意，我们同样显示了我们对于他人的道德地位的尊重。将尊重彼此的道德地位描述为对话的观

① Dietmar Von Der Pfordten, "On the Dignity of Man in Kant," *Philosophy* 84, 329 (2009): 371 – 391.

② Charles Taylor and Amy Gutmann, *Multiculturalism and "the Politics of recognition"* (Princeton: Princeton University Press, 1992), pp. 25 – 74.

点，支持普遍权威的主张，但并不要求道德理由的内容的同质。① 对话说明的目标不是给一系列理由授予一致性，而是解释我们基于什么样的基础，认为某些理由是权威性的，在更重要的意义上，普遍的权威性存在于我们对话的方式而不是内容之中。

相互认可的关系对自我而言是构建性的，自我对于这种关系同样是建构性的。这种相互认可是一种建立在个体所经历着的具体环境和事态中的关系，关系中的个体的自由体现于此。道德地位问题不可避免地需要第一人称的视角。内格尔曾提出，为了说明理由的内容的公正，我们必须把一个人自己放在一个不偏不倚的观察者的视角。② 他认为，任何声称是行动者的一个理由的东西，必须是可转移的，必须是一个观察者可以接受为一个理由或者不是一个理由的论辩。事实上，独特的行动者的视角和身份，并非一种偏见而有损公正，或是自己的利益的借口，相反，因确证了个体的自主参与，理由论辩和道德主张都具有了更充分的权威性。我们不能自由地质疑所有我们的角色和社会实践。如果我们能够自由地质疑我们的身份，我们将会失去进行选择的坚实的基础。③

公共关系于自我而言是构成性的，自我显示了个体在独特的情境中参与公共关系的方式。在这一关系中，自我和他人没有任何一方具有优先性。我们通过与他人交流成为个体，并且一起参加一个具体的共同体的社会实践。④ 如果我们将自主理解为一种要求质疑这种作为规范性来源的公共关系的能力，我们就曲解了自我决定。作为意识的一种性质的自主是我们在和其他人的关系中要求和实践的。任何充分的对于权威性的说明应当考虑自我和共同体之间的关系。我们不能认为权威性主张的来源和自我相关，除非它同时也跟他人有关。尊重是自由以及被对于他人的认可所束缚的双面经历。

彼此认可让我们形成了一个既尊重自我又认可彼此的共同体。对于很多研究者而言，道德、社会以及政治探寻的核心问题，都是对于共同体成员身份的考量。"我们"和"他们"的边界塑造了我们对于他人的道德和政治义

---

① Marilyn Friedman, "Autonomy, Social disruption and women," in *Relational Autonomy: Feminist Perspectives on Autonomy, Agency, and the Social Self*, ed. Catriona Mackenzie and Natalie Stoljar (Oxford: Oxford University Press, 2000), pp. 40 – 41.

② Thomas Nagel, *The Possibility of Altruism* (Oxford: Clarendon Press, 1970), p. 102

③ Michael J. Sandel, "The Procedural Republic and the Unencumbered Self," *Political Theory* 12, 1 (1984): 81 – 96.

④ Constance E. Roland and Richard M. Foxx, "Self-respect: A Neglected Concept," *Philosophical Psychology* 16, 2 (2003): 247 – 287.

务。亚里士多德认为，一个恰当的共同体，一个城邦的限度，就是你能认可的人。当代的康德式理论常常依据"一个充分的理性立约人意味着什么"①，或者"一个恰当的公正社会的成员"② 等来划定这一边界。道德地位的概念为探讨成员身份的概念提供了恰当的焦点，相应地，成员身份的考量也能够揭示道德地位概念的根本特征。

在安乐死和流产的例子中，谁是我们的一员的问题更加醒目。沃伦（Mary Ann Warren）的说明是，对于流产的论证依赖于这个胎儿是不是我们的一员，也就是，他是不是拥有对于人格而言足够的某种性质。③ 残障人士的道德地位，精神病患者的道德地位，各种少数族群的道德地位，以及对于各种重要社会福利的分配，至少部分上取决于涉及的个体是否被视为我们中的一员。如果错误地否认了一部分人类个体获得基本医疗卫生保健、学习和发展的机会的资格，就没能将他们识别为他们所属的共同体的成员。沃伦对这个问题的经典回应是：如果这个存在物是我们的一员——关于这意味着什么有很深的争议——我们会以一种不同于我们对待共同体之外的实体的方式来对待他。上述方式的不同会导致严重后果。

对于受到侵犯的事件，有关共同体的观念可能能够提供一种更好的解释。我们很多人习惯说，如果有人被杀了，那么人的尊严被侵犯了。但这一描述并没有充分触及这一事件的本质。因为，毕竟，尊严不仅为一个人应当或不应当受到什么样的对待划定了一条底线，同时尊严也显示了某种价值，并暗示着一种理想的人生状态。说尊严被侵犯因而成为一个相对含糊的概括，一个能对问题所在给出简明说法的解释是，一个人被谋杀就是没有被理解为他所是的那一类的存在物。在这样的例子中，被杀死的人的成员身份被误解了，或者成员身份被错误地否定了。同样，如果有人告诉你，你不再能自由参与自主的活动，或者得到有益于身体健康的治疗，这是没把你算作我们的共同体的一员，并且没有给予你和共同体一员的身份相应的对待。

除了公认地被视为侵犯的案例，对于某些道德上有争议的案例，共同体成员的观念也可以给出相对于其他传统理论更合理的解释。非战斗人员在轰炸中被炸死，功利主义的计算显示，这样的死亡会打击士气，因此能够导致尽快结束战争，结果就是带来更少的死亡和痛苦，带来更大的满意。这些功

---

① Thomas Scanlon, *What We Owe to Each Other* (Cambridge: Harvard University Press, 1998), pp. 189 – 190.

② John Rawls, *Theory of Justice* (Oxford: Oxford University Press, 1999), p. 383.

③ Mary Warren, "On the Moral and Legal Status of Abortion," *The Monist* 57 (1973): 43 – 61.

利主义计算的一个错误是，他们没有把那个非战斗人员作为共同体的一员，功利主义的计算没有意识到，死亡的非战斗人员在某些具有重大道德意义的方面和他们自己是相似的。每一个人类个体，都要得到他的成员身份所要求的那种对待，而这正是我们的道德义务。

我们对于所有人类成员都有这样的义务。所有人平等具有道德地位意味着，不会有人被排除出这个道德共同体。如果一方不考虑另一方的理由，那么关系也不会就此终结。就好像如果你欺骗了我，就无法再理直气壮地质问我，为什么欺骗你。然而，即便这样，你欺骗了我也不是我欺骗你的理由。欺骗行为会使一个人应受责备。没有按照公共理由行为会使得一个人成为应受谴责的。然而这种谴责本身就已经说明该个体属于这个道德共同体，他因为是我们的一员而应当分享我们的理由。当我们进行表扬和责备的活动，就意味着我们认为一些人是有责任的，一个人通过赞美或者谴责对另一个提出一个道德要求，另一个聆听、理解，接受或者拒绝这个要求，这种交流只有对这些人才是可能的，即有能力和另一个人进入特定类型的关系的人。① 当我们认为某人在道德上对他的行为负有责任，我们就意识到，他是一个特定的共同体成员，即道德共同体。这个道德共同体的成员适合于受到如此评价，非成员则不必受此评价。②

共同体成员的关系说明了一种"应当"，如果你的行为没有达到这种"应当"，那么你的行为就是道德上错误的。但你不会被排除出共同体。如果因为没有达到这种应当，个体就被排除在道德共同体之外，那么，就意味着还有其他道德体系。毕竟，那些由于做了我们认为"道德上错误的"行为而被排除出我们的共同体的人类个体，是有道德潜力的，他们必定也会以某些方式"道德地"行为。这也就意味着会出现不同的道德共同体。如果我们认为普遍性的道德原则存在，如果道德共同体意味着"应当"遵循人与人之间最基本的道德要求，那么，没有一个有道德潜力的人应当被排除出道德共同体。应当存在最广泛的、唯一的道德共同体。

我们应当给予胚胎、智力残障人士这样的尊重，虽然他们没有展示必要的能力。事实上，符合人格人标准的人类个体常常也没有展现这样的能力，他们会欺骗、误导、故意伤害，甚至杀害他人。如果这样的行为没有终结他

---

① David Shoemaker, "Moral Address, Moral Responsibility, and the Boundaries of the Moral Community," *Ethics* 118, 1 (2007): 70 – 108.

② David Shoemaker, "Moral Address, Moral Responsibility, and the Boundaries of the Moral Community," *Ethics* 118, 1 (2007): 70 – 108.

们道德共同体成员的身份，同样在展现这些能力时失败了的智力残障人士，尚未展现这些能力的胚胎，也不会因为没有展现这些能力而被排除在我们的道德共同体之外。而且做了道德上错误的事情的人格人，比胚胎、智力残障人士等没有展示这种能力的人类个体，更加符合"道德上错误"的含义。因为道德的要求是，如果你行动，你要考虑你的行动涉及的个体的理由。胚胎和智力残障人士的活动不是完全意义上的行动，而作恶的人格人的行为是充分意义上的行动，因此，它在更大程度上体现了自主目的。

第四章

道德地位的基础

关于道德地位的基础，存在广泛共识，但对于这一共识性的观点，尚没有系统阐释。本章中，我们将澄清这一共识性的观点。西方传统理论和中国传统理论对于道德地位的基础给出了相似的论述，在康德对于人的尊严的论证以及儒家对于人的尊严的相关论述中，作为某类存在物类本质特征的道德潜力就是其道德地位的基础。当代规范性研究也认同这样的观点。

一　康德对于人的道德地位的论证

康德对人的道德地位的辩护深刻影响着当代理论，特别是有关应用伦理问题的研究。康德对于道德地位的论证体现在他的尊严理论，以及相关的心灵理论和人类学观点当中。本部分通过考察康德的尊严观，重构了康德对于人类道德地位的辩护。

在围绕人的尊严概念进行的哲学探讨中，康德的伦理学始终是一个重要的灵感来源。然而，人们对于康德的尊严观念并没有达成共识，康德的尊严观念至今仍旧受到多种不同的解释。在生命伦理学的发展过程中，"康德主义"学者借助人性公式，对如何以尊重的态度对待他人给出了经典论述，构建了尊重自主的重要原则，但是，人性公式中要求尊重的人性是感性的，并且包含多种主观目的，因而人性公式阐释的仅仅是尊严的道德要求，并不是尊严的基础。构建康德的尊严观，需要超越人性公式之外对康德的尊严理论进行全面的、系统的阐释。

（一）　当代尊严问题研究中的康德尊严观

从 20 世纪中期开始，人的尊严概念进入了一系列国际公约和政治宣言，标志着尊重人的尊严已成为人类生活的一项根本价值，也标志着人的尊严成为国际学界一项前沿性的研究内容。康德的伦理学对当代的尊严问题研究产生了显著影响。其中，《道德形而上学的奠基》中提出的人性公式因对如何尊重人的尊严给出了经典描述而受到广泛援引，甚至被视为"尊严原理"。[1] 康德在人性公式中提出："你要如此行动，即无论是你的人格中的人性，还是其他任何一个人的人格中的人性，在任何时候都绝不能被仅仅当作手段来使用，而要同时当作目的。"[2] 在很多学者看来，人性公式是对于"绝对命令"最清晰的阐释，[3] 同时也是对康德尊严观最直观的表述。

人性公式在很大程度上塑造了当代政治、法律和生命伦理研究中人们对于尊严的看法。例如，《德国联邦宪法》将尊严确立为整个法律体系的价值基准，而法学家对宪法中尊严概念的理解就主要来自人性公式。[4] "人是目的"的思想对德国的法律研究和实践产生了重大影响。[5] 德国联邦法庭曾在宣判中提出，"人类必须总是把他自己看作目的"这一论断在法律的所有领域里具有无限的效用，因为人之为人不能失去的尊严恰恰构成了把人视为自主人格的事物。[6] 甚至罪犯，也不能仅仅被看作手段；因能控制自身行为以及能为他们的行为负责任的能力，他们自身就是目的。[7] 在生命伦理研究中，人们同样依据人性公式来阐发人的尊严的含义。人类遗传学咨询委员会（HGAC）和人类受精与胚胎管理局（HFEA）曾于 1998 年发表一项联合声明，指出人类生殖性克隆引起了关于人类责任以及人类工具化的严重伦理问题，提出人类尊

---

[1] John Laird, "The Ethics of Digntiy," *Philosophy* 15 (1940): 131 – 146.

[2] Immanuel Kant, *Groundwork of the Metaphysics of Morals*, trans. Mary Gregor and Jens Timmermann (Cambridge: Cambridge University Press, 2011), p. 87.

[3] Lara Denis, "Kant's Ethics and Duties to Oneself," *Pacific Philosophical Quarterly* 78, 4 (2002): 321 – 348.

[4] Cf. Paolo Becchi, "Human Dignity in Europe: Introduction," in *Handbook of Human Dignity in Europe*, ed. P. Becchi and M. Klaus (Cham: Springer, 2019), p. 8; Nettesheim, Martin, "Biotechnology and the Guarantee of Human Dignity," in *Quo Vadis Medical Healing. Past Concepts and New Approaches*, ed. S. Elm and Stefan N. Willich (Dordrecht: Springer, 2009), p. 147.

[5] Duška Franeta, "Human Dignity between Legal-Dogmatic and Philosophical Demands. Meaning, Presuppositions, and Implications of Dürig's Understanding of Human Dignity," *Filozofska Istraživanja* 31, 4 (2011): 825 – 842.

[6] Roger Brownsword, and Deryck Beylevel, *Human Dignity in Bioethics and Biolaw* (Padstow: T. J. international Ltd, 2001), p. 14.

[7] Roger Brownsword, and Deryck Beylevel, *Human Dignity in Bioethics and Biolaw* (Padstow: T. J. international Ltd, 2001), p. 15.

严阻止人被当作工具使用，人应该被当作自己权利的"目的"而被对待。①
在有关人类增强、安乐死、流产、器官买卖等实践是否侵犯人的尊严的争论
中，争论双方也都常常诉诸"人是目的"的论断而论证自己的观点。人性公
式成了我们进行伦理评价和决策的主要依据。通过将人性公式应用于有关新
技术的伦理分析，人们试图重建康德哲学对于当代生命伦理难题的解决方案。

在为尊严问题研究带来重要启发的同时，基于人性公式而建构的康德尊
严观也因威胁了人与人之间道德地位的平等性而受到质疑。在人性公式的论
述中，一个人的自主选择能力同其应受的尊重之间显示出直接关联。所谓把
一个人的"人格中的人性"当作目的，在积极的意义上，就是把他人的目的
当作我自己的目的，在消极的意义上，就是尊重这个人的自主，让他自由地
决定自己的行动和目的。当我们必须和他人一起行动的时候，尊重自主得到
了其最典型的表述，即将他人的选择的权利作为我们自身行动的"限制条
件"。② 要将一个人尊重为目的，我们就不能将他们用于实现他们不认同的目
的。③ 如果我的目的需要借助他人的行动才能实现，他人必须能够自主选择是
否助力于这个目的。④ 只有他人能够将我的目的同时作为他自己的目的，在助
力于我的目的的过程中，他人才不仅仅是手段。正如托马斯·希尔（Thomas
E. Hill）所说，如果自然法则公式强调的是理性行动者的视角，那么人性公式
强调的则是理性接受者的视角。⑤ 由此推断，要以尊重的方式对待某人，就需
要这个人具有自主选择的能力。这也就是为什么在很多学者看来，康德的尊
严观并没有将平等道德地位给予所有人类成员。在"康德主义"的生命伦理
学家看来，尊严的基础正是个体所展现出的自主选择能力。

是否具有自主决定和行动的能力已成为生命伦理学中评估道德地位最重
要的参照标准，并且这一标准被认为源自康德。例如，《贝尔蒙特报告》将不
侵犯自主性作为保护受试者的最高原则。原因就在于其制定者认为，人因具

---

① "Human Genetic Advisory Commission, Cloning Issues in Reproduction, Science and Medicine,"
Jan. , 1998, https://webarchive. nationalarchives. gov. uk/20120503132521/http://www. dh. gov. uk/
prod_ consum_ dh/groups/dh_ digitalassets/@ dh/@ ab/documents/digitalasset/dh_ 104394. pdf.

② Immanuel Kant, *Groundwork of the Metaphysics of Morals*, trans. Mary Gregor and Jens Timmermann
（Cambridge：Cambridge University Press, 2011）, p. 91.

③ Immanuel Kant, *Groundwork of the Metaphysics of Morals*, trans. Mary Gregor and Jens Timmermann
（Cambridge：Cambridge University Press, 2011）, p. 89.

④ Immanuel Kant, *Groundwork of the Metaphysics of Morals*, trans. Mary Gregor and Jens Timmermann
（Cambridge：Cambridge University Press, 2011）, p. 89.

⑤ Thomas E. Hill, "Kantian Normative Ethics," in *The Oxford Handbook of Ethical Theory*, ed. David
Copp （Oxford：Oxford University Press, 2006）, p. 490.

有自主性而应受保护，保护一个人就是保护其自主性。① 马普斯（Thomas Mappes）和德格拉齐亚（David DeGrazia）也曾在他们的名著《生物医学伦理学》的导言中提出，自主是康德哲学中尊严的来源……位于生命伦理学中心的康德主义的立场将自主描述为自我控制、自我指导和自我管理，在这一立场中，能够在有效的思考的基础上行动，被理性引导，不被情感控制也不被他人控制就是自主的模型。② 在 1979 年出版的《医学伦理的原则主义》一书中，"原则主义"的创立者比彻姆（Tom L. Beauchamp）和丘卓斯（James F. Childress）明确提出，因为他们的尊重自主原则来源于康德的尊严观念，所以他们的尊重自主原则不适用于没有理性能力的人。③ 他们认为，对康德来说，具有人格的人之间的道德关系就是对于彼此的自主性的相互尊重。④ 有人格的人应限定为那些有自主性的人，因而"自主原则"只能应用于自主的人，"不能应用于不能以充分的自主的方式行动的人"⑤。

人类在理性能力上的不平等是一个无须争辩的经验事实。如果自主的能力是拥有尊严的必要条件，那么人的尊严就不会是平等的，而那些完全没有相关能力的人类个体则注定要被排除在尊严的保护范围之外。这一推论对道德平等主义构成了严重挑战，因而使康德的尊严理论面临诘难。⑥

（二）反思康德哲学中人的尊严的基础

要明确康德是否认同人类尊严的平等性，我们首先需要确定，在康德哲学中，是什么为人赋予了尊严，即尊严的基础是什么。虽然人性公式在尊严问题研究中受到了最广泛的援引，并且生命伦理学中的尊严概念主要来自对人性公式的解读，但人性公式所阐释的并不是尊严的基础。

---

① Sigurdur Kristinsson, "The Belmont Report's Misleading Conception of Autonomy," *Virtual Mentor* 11, 8 (2009): 611 – 616.

② Thomas A. Mappes and David DeGrazia ed., *Biomedical Ethics* (New York: McGraw Hill, Inc., 1996), p. 28.

③ M Therese Lysaught, "Respect: Or, How Respect for Persons Became Respect for Autonomy," *Journal of Medicine and Philosophy* 29, 6 (2005): 665 – 680.

④ Barbara Secker, "The Appearance of Kant's Deontology in Contemporary Kantianism: Concepts of Patient Autonomy in Bioethics," *Journal of Medicine and Philosophy* 24, 1 (1999): 43 – 66.

⑤ T. Beauchamp and J. Childress, *Principles of Biomedical Ethics* (New York: Oxford University Press, 1989), p. 64.

⑥ Cf. David Badcott, "The Basis and Relevance of Emotional Dignity," *Medicine, Health Care and Philosophy* 6, 2 (2003): 123 – 131; Andrew Brennan and Yeuk-Sze Lo, "Two conceptions of dignity: Honour and self-determination," in *Perspectives on Human Dignity: A Conversation*, ed. Jeff Malpas and Norelle Lickiss (Dordrecht: Springer Science & Business Media, 2007), pp. 43 – 58.

人性公式要求对"人格中的人性"予以尊重。根据《奠基》中的论述，人性公式里的"人格中的人性"是让我们成为人的一系列特征，是不同层面的理性能力的总和，包括参与自主的理性行为的能力、采取或追求我们自己目标的能力，以及任何与上述能力相联系的其他的理性能力。这些能力涵盖我们的理性本质的所有方面，包括道德的、非道德的，以及理论理性的能力，显然，这里的"人性"绝不仅限于纯粹实践理性的能力。这也就是为什么在康德看来，将他人的理性本质的非道德的方面视为目的，尊重他人的哪怕是理论理性的应用，也是我们的义务。① 因此，人性公式可以表述为：总是把你自身的和他人的理性能力，包括道德的、非道德的以及理论理性的能力作为目的，不仅仅作为手段。

非常明显的是，在康德哲学中，这样的"人性"是不足以为人的尊严提供基础的。

康德的主要作品中，都有关于尊严的论述。其中，将尊严作为重要问题来对待的著作，当首推《道德形而上学的奠基》。因而我们可以首先依据该书中的思想脉络对尊严的基础进行探究。在该书中，人的尊严概念并没有出现在人性公式的论述中，康德对尊严的解释也从未援引人性公式。人的尊严这个概念在该书中的第一次出现，是在自律公式论证的部分，并且，人的尊严概念主要是同自律公式中的"自我立法"和"目的王国"等观念联系在一起加以阐释的。例如，"构成某物能成为目的的本身的唯一条件的事物，就不仅仅具有一种相对的价值，即价格，而是具有内在的价值，即尊严"。"现在，道德性就是一个理性存在者唯有在其下才能是自身目的的那个条件，因为只有通过它，才有可能在目的王国中是一个立法的成员。因此，德性和具有德性能力的人性，就是那种独自就具有尊严的东西。"② 这里的德性能力被论述为"人性的以及任何理性的本性的尊严的依据"③。在《道德形而上学的奠基》中，"德性的尊严""道德的尊严"等概念的出现早于人的尊严概念的出

---

① 〔德〕康德：《康德著作全集》，第 6 卷，李秋零译，中国人民大学出版社，2007，第 474 ~ 475 页；Lara Denis, "Kant's Ethics and Duties to Oneself," *Pacific Philosophical Quarterly* 4 (2002)：321 – 348.

② Immanuel Kant, *Groundwork of the Metaphysics of Morals*, trans. Mary Gregor and Jens Timmermann (Cambridge：Cambridge University Press, 2011), pp. 97 – 99.

③ Immanuel Kant, *Groundwork of the Metaphysics of Morals*, trans. Mary Gregor and Jens Timmermann (Cambridge：Cambridge University Press, 2011), p. 101.

现。道德、德性是具有尊严的，① 人因具有德性能力而具有尊严。由此可见，作为人的尊严的基础的"人性"是纯粹实践理性的能力。

人性公式中的"人性"包含各种主观目的，而康德的尊严概念的基础在于所有的主观目的能够统一为客观目的的可能性。论证人的尊严就需要解释主观目的和客观目的之间的关系。在人性公式中，康德还没有对这个问题进行解释，对这个问题的解释出现在自律公式的论述中：康德曾明确指出，"在命令本身中，通过它可能包含的某一规定，将会同时暗示在出于义务的意愿方面排除了一切利益，以此作为定言命令区别于假言命令的特殊标识，而这件事是在目前这个原则的第三公式中做到的，即在每个理性存在者的意志作为普遍立法的意志这个理念中做到的"②。自律公式的表述包括："每一个人类意志作为一个凭借其全部准则而普遍立法的意志。"③ 我们是我们所服从的普遍法则的制定者。我们是限制我们的道德法则背后权威的来源。因而，自律可以排除一切利益爱好的考虑，使主观目的统一于客观目的，正是在这个意义上，自律公式阐明了尊严的基础，同时也可以作为人性公式的论证。

综上所述，作为人的尊严的基础的"人性"指的是服从自己设立的法则的能力，不包括各种非道德的能力。当然，实现自律的前提条件在于能够自主选择，尊重客观目的需要尊重主观目的。正是在这个意义上，我们可以认为人性公式阐释的是人的尊严的道德要求。当我们区分了康德哲学中尊严的基础和道德要求，我们就可以对康德的尊严观做出更深入的分析，澄清生命伦理学中对于康德尊严观念的误解。

（三）自主选择的价值来自个体尊严的价值

在当代生命伦理研究中，自主选择被赋予了非常高的价值，人们甚至以人所具有的自主选择能力来决定人自身的价值。是否具有自主选择的能力已经成为生命伦理学中评估道德地位最重要的标准，并且，这一标准被认为源自康德。

这种观点将无法回答人的自主选择为什么重要的问题。人性公式中的"人性"所包含的主观目标和意图的价值是有条件的价值，对这些价值的尊重

① 〔德〕康德：《道德形而上学的奠基》，李秋零译，中国人民大学出版社，2013，第28、29、45、66页。
② 邓晓芒：《康德〈道德形而上学奠基〉句读》（下），人民出版社，2012，第540～541页。
③ Immanuel Kant, *Groundwork of the Metaphysics of Morals*, trans. Mary Gregor and Jens Timmermann (Cambridge：Cambridge University Press, 2011), p. 93.

必须依赖于某种无条件的价值。这种无条件的价值就是作为设定目标和意图的人自己的价值，也就是人的尊严。

虽然康德没有把自律公式表示为命令，但我们也很容易把他改写为命令的形式，即"通过你的准则，你可以成为普遍法则的立法者"。这条命令与自然法则公式所颁布的命令之间的不同在于，这里所关注的是我们作为普遍立法者的地位而不是普遍守法者的地位。如果仅仅是受到普遍法则的限制，一个理性的意志也可以根据自然的和非道德的动机，比如自我利益行事。但是，为了成为普遍立法者，这种偶然的动机，如同我们一样的理性行动者可能有或者没有的动机，必须被放在一边。人性公式中的人的准则有可能是他律的，比如将人格中的人性当作目的可能是上帝的要求，而在自律公式中，没有出自他律的任何准则。人性公式中跨越本体和现象两界的人性是通过自律公式超越到彼岸世界中的。① 正因为排除了全部主观目的和外来支配而得到的纯粹性使普遍立法的能力具有了尊严。这就是为什么康德认为我们的尊严具有无条件的价值。

尊严具有的价值是无条件的、绝对的，因而这种价值不会受制于个体的选择，也不会因为一个人自主和做选择的能力的下降而减少。② 自主和独立本身并不是决定一个人的价值的变量，相反，是尊严为自主以及其他任何类型的价值提供了基础。这就是为什么自主选择的价值不能够被认为高于或等同于我们自身的价值。一个人的价值也永远不应被认为低于一个人的目标或意图的价值。在生命伦理研究中，认为人在自主的时候才具有尊严的所谓"康德主义"的立场认为，根据康德的尊严观念，在自主能力受损或者不存在的例子中，应受尊重的基础也就受损或者不存在了。那些不能自主地做出决定和采取行动的人，或者必须完全依赖他人而生存的人，不能享有同正常人同等的尊严。比如，植物人的状态、持久的昏迷，或者老年痴呆，都会导致尊严的丧失。③ 这些观点忽略了康德给予尊严的概念上的优先性，将自主和尊严作为价值放在了同一个层面上，因而，并不能通过康德的尊严观念加以论证。在康德看来，我们是出于对人本身的内在价值的尊重才尊重人的自主的，而不是相反。不具有自主能力的人也同样地具有尊严。

甚至有时，保护一个人的尊严恰恰要求不能强迫他做出自主选择。例如，

---

① 邓晓芒：《康德〈道德形而上学奠基〉句读》（下），人民出版社，2012，第557页。

② Philippa Byers, "Dependence and a Kantian Conception of Dignity as a Value," *Theoretical Medicine and Bioethics* 37, 1 (2016): 61 – 69.

③ Oliver Sensen, "Kant's Conception of Human Dignity," *Kant-Studien* 100, 3 (2009): 309 – 331.

尽管对于维护受试者权益起到重要作用，《贝尔蒙特报告》也无法免于受到哲学上的质疑。《贝尔蒙特报告》从尊重人的原则中得出了知情同意的要求。尊重人的原则和知情同意都没有错，但报告将二者连在一起的方法是错误的。①正是为了给予人应有的尊重，我们才不应该无穷尽地增加受试者方个人自主思考和决定的空间。让缺乏专业知识的个体受试者通过知情同意承担起评估风险和益处的重担是不公平的。在医疗领域中，过度强调自主决定已经导致没有自主能力的人没有资格成为拥有充分权利的患者。因为患者本来就易受伤害、脆弱、没有充分信息或者难以理解医疗信息，实际上绝大多数患者都不能真正地实践"原则主义"所描述的自主，因而对自主的强调反而最终加强了家长制。尊严是自主性具有价值的依据，自主不能够反过来成为人的尊严的依据。尊严是我们具有的价值，我们设定目标和意图的能力的价值是我们给予之的价值。尊重自主是尊重人的尊严的要求，人的尊严是更加根本性的价值。

（四）个体的尊严是对人类整体尊严的分享

至此，我们已就当代生命伦理研究中对于康德尊严观念的误解做出了说明。要重建康德的尊严观，我们还需对康德哲学中人的尊严的基础进行进一步分析，探讨康德如何通过道德自主论证了人类特殊的道德地位。阐释这个问题，我们可以从康德的人格理论开始。

康德也认同，人的道德地位以及能够拥有何种权利取决于是否拥有人格。有关谁有资格拥有人格的问题的探讨，有一种思路是经验功能主义，将人格归于"一系列功能或者能力"②。这一观点不可避免地否认一部分人的内在价值。例如，弗莱彻（Joseph Fletcher）对经验功能主义的观点做出了最经典的表述，提出拥有人格的必要条件是大脑皮层的功能，也就是要具有最低程度的智慧。弗莱彻还把所谓"最低程度的智慧"进行了量化，提出"如果经过斯坦福－比奈测试，智商标志在20%以下，那就不能称之为人了"③。根据这一观点，当一个人的高级中枢和脑干不再发挥功能，就会失去人格。在生命伦理学中，这一思路带来形而上学思想的衰落，并引发严重后果。甚至辛格

---

①　Sigurdur Kristinsson, "The Belmont Report's Misleading Conception of Autonomy," *Virtual Mentor* 11, 8 (2009): 611 – 616.

②　Dennis Sullivan, "The Conception View of Personhood: A Review," *Ethics and Medicine* 19, 1 (2003): 11 – 33.

③　〔德〕库尔特·拜尔茨：《基因伦理学》，马怀琪译，华夏出版社，2000，第200～201页。

（Peter Singer）曾经提出，因为人和动物在认知能力上存在重叠，所以应授予一部分动物高于某些人类的道德地位。有些情况下，在人身上做实验相比在动物身上做实验更具道德上的合理性。这样的观点完全抹掉了人和动物之间的本体论区分。①

人性公式提出我们要将人性作为目的。能构成为目的的，是感性的、可以追求的，因而是我们必须能够经验到的人性。基于对人性公式的分析，很多学者将康德的人格观念归入了经验功能主义。如汤姆·雷根（Tom Regan）、艾伦·伍德（Allen Wood），以及杰夫·麦克马汉（Jeff McMahan）等都认为，以康德的人格标准，正常的人类婴儿和严重认知残疾的成年人等缺乏特定精神能力的个体一定会缺乏道德地位。② 因为婴儿和具有严重认知障碍的人不能负责任，他们肯定缺少康德理论中所描述的尊严。③ 康德曾在《道德形而上学》中提出，"一个物不能因为任何事情被归咎。自由任性的每一个客体，本身缺乏自由，所以叫做物品"④。在雷根等看来，这一关于责任的观点证明，只有当一个人能够理性地对一些行为负有道德责任的时候，他才具有人格和道德地位。

然而，有更多的证据证明康德的人格观念更符合本体论的人格理论。一方面，正如赖因哈德·勃兰特（Reinhard Brandt）所说，康德关于责任的观点只是说，当一个人在行动，或者如果一个人行动，他要对他的行为负责，并没有说每个人都在行动，已经行动了，或者总是能够行动。⑤ 因而，这一观点不能说明没有负责任的人就没有人格。实际的责任归属和立即行动的能力只是拥有人格的充分而非必要条件。另一方面，康德的道德自主能力是一种包含认知能力、行动能力等一系列能力的集合，其中每一种能力能否发挥出来都会受到多种外在因素的限制，因而不能通过道德自主能力的直观体现判断一个人是否具有人格。康德曾经在《道德形而上学》中明确提出，孩子从出

---

① Tadeusz Biesaga, "Personalism Versus Principlism in Bioethics," *Forum Philosophicum* 8 （2003）: 23 – 32.

② Allen Wood, "Kant on Duties Regarding Nonrational Nature," *Aristotelian Society Supplementary* 1 （1998）: 189 – 210; Jeff McMahan, *The Ethics of Killing*: *Problems at the Margins of Life* （Oxford: Oxford University Press, 2002）, pp. 9 – 10.

③ Tom Regan, *The Case for Animal Rights* （London: Routledge & Kegan Paul, 1984）, pp. 84 – 86.

④ 〔德〕康德:《道德形而上学》，张荣、李秋零译，中国人民大学出版社，2013，第231页。

⑤ Patrick Kain, "Kant's Defense of Human Moral Status," *Journal of the History of Philosophy* 47, 1 （2009）: 59 – 101.

生开始就具有人格，是一个被赋予了自由的人。① 即便是完全没有显示任何道德自主能力的婴儿，也具有同成年人完全相等的道德地位。对康德来说，负责任的行为仅仅是人的本质的表现。相对于人的本质本身，本质的表现是次要的。我们同时受到本体世界和现象世界的影响。人的感觉经验千差万别，我们并非都以相同的方式看世界，并不必然具有相同的现象世界，因而有关人的本质的探寻也就不会在感性的层面留下任何证明。如果将人格的依据建立在感觉经验的基础上，就恰恰不能形成任何普遍必然的结论，其结果只能是无限的、毫无结果的建构与解构的过程。② 由此，个体对于"法则之下的自由"的展示是取得特定道德地位的充分条件，但不是必要条件。③

本体论的人格主义以人的存在和本质来认定人的身份。作为尊严基础的人性并不是一种通过经验认识到的现象，而仅仅是思想上的规定。自律公式的论证对此做出了阐释：如果道德存在，我们就不得不假设人类具有道德自主的特征。康德曾竭力地论证，我们并没有理性基础来相信我们的意志是自由的，如果道德法则存在，我们就不得不假定自由真实存在。人的自由是道德法则的存在理由。我们对于经验客体的认识包括一种对因果决定性的服从，与之不同，自由意志则具有一种作为"物自体"的性质，能够独立于因果决定的现象界，只能由思维向超验探寻。绝对命令是没有例外的命令，需要能够普遍化的，这种性质也排除了一种具有经验感觉的可能性。作为尊严基础的道德自主是作为一个整体的人类物种先验地具有的类的本质，属于本体的而不是现象的领域。人的尊严是来自本体界的。

超验的人类本质不仅为道德提供了基础，也让我们的价值超越了我们自身，拥有一种客观的、公共的向度，为作为一个自然类别的人类物种整体赋予了特殊地位。"就其天生禀赋而言，人是善的。但是经验仍旧显示……人一开始使用自由就不可避免地产生的恶的倾向……因此，根据其可感觉的特征，人必须被判断为恶的。当我们谈论的是整个物种的时候，以上论断并不会自相矛盾，因为可以假设，物种的自然命运存在于持续的朝向善的进步之中。"④ 由此可见，人格的基础在于作为一个整体的人类物种先验地具有的典型特征。

① 〔德〕康德：《康德著作全集》，第6卷，李秋零译，中国人民大学出版社，2010，第291页。
② 肖福平、翟振明：《作为道德形而上学基础的自由"实在性"问题——再论康德哲学的自由理念地位》，《社会科学研究》2008年第3期。
③ Reinhard Brandt, "Kants Ehe-und Kindesrecht," *Deutsche Zeitschrift für Philosophie* 52, 2 (2004): 199 –219.
④ Immanuel Kant, *Thropology from a Pragmatic Point of View*, trans. Robert B. Louden (Cambridge: Cambridge University Press, 2006), p. 229.

一个人是否展现或者如何展现其道德自主的能力并不能给予或剥夺其作为人的地位。拥有人格不依赖于一个人能做什么，不依赖于他能为这个世界带来什么，他是一个生物学意义上的人的事实就能为其享有尊严做出充分论证。[①]人的尊严并不是人类个体因人性公式中描述的各具特色"人性"而各自具有的，在首要的意义上，人的尊严是人类整体的地位。每一个人类个体因其人类物种成员的身份分享这种地位，因此必然具有平等的尊严。[②] 这一思路对于论证当代生命伦理研究中的道德平等主义意义重大。

在生命伦理学中，有观点试图基于经验功能主义的人格理论为人类道德地位的平等性做出辩护。然而，无论我们把人之为人的特征定义为什么，总会存在一些人类个体，他们是生物学意义上的人，但却并没有表现出这些特征。因此，到目前为止，经验主义的人格理论没有显示出能够证明道德平等主义的可能性。这也就是为什么《世界人权宣言》做出的尊严人人平等的论断从未得到过完满的哲学论证。将道德自主的特征和尊严首先归于人类整体则能够比较好地解决这个理论困难。作为一个整体的人类具有一种特殊地位，所有人类成员分享这一共同的地位，因而所有人类物种成员的道德地位都是平等的。

在整体层面上理解的人的尊严，能够排除尊严因条件而不平等的可能，保护人与人之间的平等不受现实中人类能力程度悬殊的影响。由此，不仅精神和身体能力的各种不同不能够作为区分人的道德地位的依据，一个人是否能够展现美德也不能用于判定其道德地位。在生殖系基因编辑和人类增强等技术应用的问题上，这一立场否定了精神能力的显著提高将创造更高道德地位的观念，同时也否定了将维护人的尊严平等作为使用这些技术的道德上的理由，因为无论天赋如何，每一个人类物种成员本就是生而平等的。

除了为人类的平等做出论证，人类整体的尊严概念具有的另外一项重要理论功能就是为人权划出边界，从而为我们限制生物医学技术的滥用提供理论依据。生命伦理学研究兴起于特殊的历史背景。在20世纪六七十年代，出于对二战中人体试验的反思和对于塔斯吉基梅毒试验等恶性事件的批判，生命伦理学研究开始起步。在生命伦理研究中，人们试图通过尊严概念对人的自主权利进行论证，保护医学实验中受试者的自主权不受侵犯。生命伦理研

① Dennis Sullivan, "The Conception View of Personhood: A Review," *Ethics and Medicine* 19, 1 (2003): 11–33.

② Philippa Byers, "Dependence and a Kantian Conception of Dignity as a Value," *Theoretical Medicine & Bioethics* 37, 1 (2016): 61–69.

究中的尊严概念最初是在人权框架下发展起来的，其道德要求等同于保护人权。然而众所周知，人权的实现需要一个个体的承载者，因而在最主要的意义上，这里的尊严就是个体层面的尊严。近 20 多年来，生命伦理学的研究发生了语境的转换，超越个体层面之上的人类整体的尊严概念逐渐浮现出来。随着人类克隆、生殖干预，以及人类增强等技术的发展，不仅人类自主选择的范围急剧扩张，而且人的自主选择可能对他人甚至未来世代产生直接的、深远的影响。在这种情况下，如果尊严是生命伦理学的价值基准，那么我们就不能仅仅通过尊严论证个体的自主权利，同时还要通过尊严为个体的自主权利划定界限。能够为人类权利和人类行为设定界限的尊严概念必须具有一种客观的和公共的向度，这也就是人类整体的尊严这个概念在生命伦理学中出现的历史背景。从 20 世纪 90 年代末开始，有越来越多的学者使用"人类整体的尊严"概念应对生物医学技术发展带来的伦理挑战，通过这个概念强调保护人类物种的一致性和整体性的需要。[①] 而康德的尊严理论中恰恰包含对人类整体尊严进行论证的重要思想资源。

（五）人类整体尊严的基础是一种发展的潜力

道德自主是人类尊严的基础，也是人类整体的特征。作为一个自然类别的典型特征，道德自主在更主要的意义上应是一种潜力而并非已经展现出的能力。在人性公式中，作为目的的"人性"是一种个体已经表现出的，并且因人而异的人类能力，因而不可能是人类整体具有的特征。在自律公式的论述中，康德对作为尊严基础的人类能力做了全面说明：人的尊严的基础在于意志自律，而意志自律也就是道德的行为的可能性。因此，为人的尊严提供了基础的人类本质是一种发展潜力。即便人类发展的最终目标难以实现，人类物种还是因为天赋的发展倾向而具有特殊地位。正如康德所说，人类这样一类的理性生物可能会消亡，但他们的物种是不朽的，他们总是在尝试着完成其内在倾向的发展。

康德明确地将自我立法能力作为一项人类发展的目标和任务，相应地，目的王国就是从自律公式推导出的社会理想。康德在《道德形而上学的奠基》中指出，"在后者（目的王国），它是一个实践的理念，为的是使尚未存在的、

---

① Dieter Birnbacher, "Human Cloning and Human Dignity," *Reproductive BioMedicine Online* 10 (2005): 50 – 55; Daniel P. Sulmasy, "Dignity, Disability, Difference, and Rights," in *Philosophical Reflections on Disability*, ed. D. Christopher Ralston and Justin Ho. (Dordrecht: Springer Science & Business Media, 2009), pp. 183 – 198.

但通过我们的行为举止能成为现实的事物，恰恰按照这一理念实现出来"①。因为这是一个很难实现的理想，所以目的王国本身没有被阐述为定言命令公式。康德没有过高地估计现实中的人类个体，他曾提出，"人的本性固然高贵得足以给自己树立一个如此值得敬重的理念作为自己的规范，但同时又过于软弱无力遵守这规范"②。目的王国是一个理想的假设。康德提出这样的假设，并试图通过这个假设对照出人类的有限性，为人类的道德追求树立典范。人性中包含动物禀赋，也包含存在于本体界的人格性。人性的发展需要人格的引导，在人格理念的引导下，人性的发展才有了方向。所谓把人当成目的，应当是让人性在人格的引导下，朝向完善发展。

康德深信，目的王国的假设是人们凭借理性完全可能实现的。由于人的有限性，人并不一定总是选择执行道德法则，人的行动总是不可避免地会受到感性冲动的影响，人可能缺乏对纯粹实践理性的道德意向。但是，人类的理性本质和自由意志决定了人完全有可能服从道德法则，这正是人作为理性存在者区别于其他动物的本质特征。"虽然他的兽性的倾向可能将他遗弃在快乐中，他还是注定要通过积极地同阻碍相斗争，让自己值得为人，因为他的本质不成熟。"③ 只有完全的理性存在者，如上帝的意志才是纯粹的。然而人的不纯粹的意志却内在地包含纯粹意志的可能。纯粹意志的潜能是人类物种先天具有的本质特征，人的高贵之处正是在于能够不断努力，摆脱自身物性，在越来越大的程度上实现这种潜能，彰显内在的神圣性。在这个意义上，人的本质并非天赋，而是一个有待完成的任务。④

在康德看来，人是"具有理性的动物"，并且因此"能够成就自己为理性动物"。如果人适当地运用它们的能力，人就能够展示理性，但是他们并非自动地或者必然地理性。就如同伍德（Allen Wood）所说，"人类有能力理性地指导他们自己的生活，但是成功地运用这个能力则并不是他们的特别典型的特征。实际上，理性应当被视为人的本质为人类设置的一个问题"⑤。以一种更合格的方式描述人类和理性之间的关系，康德给他对人的本质的说明加上

---

① 邓晓芒：《康德〈道德形而上学奠基〉句读》（下），人民出版社，2012，第590页。

② Immanuel Kant, *Groundwork of the Metaphysics of Morals*, trans. Mary Gregor and Jens Timmermann（Cambridge：Cambridge University Press，2011），p. 40.

③ Immanuel Kant, *Thropology from a Pragmatic Point of View*, trans. Robert B. Louden（Cambridge：Cambridge University Press，2006），p. 230.

④ 〔德〕库尔特·拜尔茨：《基因伦理学》，马怀琪译，华夏出版社，2000，第110页。

⑤ Robert B. Louden, *Kant's Human Being Essays on His Theory of Human Nature*（Oxford：Oxford University Press，2011），p. xxv.

了一个进一步的假设性的说明。人不是内在地理性的，他们只是具有理性的能力。

人作为天生具有理性能力的动物可以让自己成为理性动物。在这个基础上，他首先保持他自己和他的物种；其次，他训练、指导和比较地球上潜在的理性生物的思想，人类物种的特征是自然已经在物种中植入了不调和的种子，并且自然希望人类通过理性将不调和转变为调和，或者至少持续地接近它。我们可以通过文化进步实现人类的完美，虽然这意味着牺牲生活中的一些快乐。

将尊严的基础确定为一种发展潜力，将对人类道德地位平等性的论证提供进一步的思想资源。不仅那些尚未表现出充分道德自主能力的人也同样拥有尊严，而且，即便是其行为同这种发展潜力背道而驰的人，也因为同样具有道德自主的发展潜力而应受到尊重。正如康德所说，不尊重的对待和自甘堕落的行为虽然在道德上是令人厌恶的，道德败坏的人会因自己的行为不配享有尊严，但是这些行为不会夺走一个人真正的价值。① 在谈论对他人的蔑视的问题上，康德曾经提出，即使一个人暴露了自己的堕落，"我自己仍然不能拒绝给予这位作为人的有恶习者以敬重，起码在一个人的品质上，人们本来不能剥夺他这种敬重；即便他因为自己的行为而使自己不配敬重"②。虽然康德的尊严建立在道德自主的基础上，故意作恶的人也具有同善良的人平等的道德地位。对于不道德的人，我们可以谴责，但是我们不能否定他们同我们平等的道德地位，如果否定了这个道德地位，也就是认为他们同我们的不同是本质上的，那么，对他们的谴责也就是没有基础的了。

当然，因为人类先天具有道德自主的潜力，并且这种潜力为我们特殊的道德地位提供了基础，我们有理由认为那些不去爱护和不去发展这些潜力的人是道德上应受谴责的。正如康德所说，如果认为理性能力让人们获得了一种特殊的地位，那么也就产生了一种恰当地使用理性的义务。③ 人性不是我们的行为创造的东西，而是通过我们的行为培育或发展的东西。我们有一种道德义务发展自己身上的潜力，并帮助他人发展他们的潜力。儒家和康德的哲学都从人的本质推导出道德的重要性，但不同的是，儒家在人的本质里仅仅设定了人可能是道德的，在人应该讲道德这个问题上，儒家诉诸了某种特殊

---

① 王福玲：《康德尊严思想研究》，中国社会科学出版社，2014，第 179～187 页。

② 〔德〕康德：《康德著作全集》，第 6 卷，李秋零译，中国人民大学出版社，2007，第 474～475 页。

③ Oliver Sensen, "Kant's Conception of Human Dignity," *Kant-Studien* 100, 3 (2009): 309–331.

形式的价值；康德的人的本质的观念既设定了人有可能是道德的，也设定了人应该是道德的。说我们的人性必须被当作目的本身，也就是它必须被培育、发展，或者充分实现。当一个人把自己的人性当作目的，就会追求它的发展。就人性是他人的目的而言，我们也必须提供帮助和支持，让他人能够发展其所具有的人类潜力。这也就是康德的某些不完全道德义务的基础。

生命伦理学中的"康德主义"并没有全面理解康德的尊严理论，未能对康德哲学中人的尊严的基础、保护范围，以及道德要求给予准确描述。当代，面对新的生物医学技术的挑战，保护人的尊严已被视为生命伦理学的最高价值，并且被作为对技术进行伦理判断的终极依据。在各种生命伦理的争论当中，人们往往诉诸人的尊严为自己的观点进行辩护。如果能够对康德的尊严观念做出系统的、全面的阐释，我们就可以重构康德哲学在当代很多生命伦理难题上的立场，使康德哲学在生命伦理研究中发挥更充分的作用。澄清生命伦理学中"康德主义"对于康德的尊严概念的误解，并对康德的尊严观进行重新阐释，能够为应对新生物医学技术带来的伦理挑战，明确技术应用过程中人的道德责任提供必要的思想资源。

在生命伦理学中，人类本质应得到最大发展的观点常常用于支持特定类型的生物医学技术的应用。如果人具有发展自身本性的义务，那么某些形式的人类增强就可以通过康德的理论而得到辩护。道德自主及相关能力的提高虽然不能创造更高道德地位，但能够进一步彰显人的价值，促使人更多地做出符合其尊严的行为，从而更好地保障所有人的尊严不受到冒犯。例如，认知增强可以增加人分辨是非的能力，从而让人有可能在对情境更充分的分析和把握的基础上应用道德自主能力。通过增强意志力，我们可以实现更有效的自我控制，更容易地摆脱意志薄弱带来的困境，在更大程度上把自身的人性和他人的人性，当下的自我和未来的自我同样当作目的来对待，这些都有助于道德自主的实现。相应地，也有一些技术的应用因违背发展人类潜力的道德义务而可能受到批判，比如，如果通过"脑机连接"技术将我们的意志自动地表达出来，我们也就失去了通过自我控制同自己的欲望保持距离的机会，道德自主潜力的发展就会受到阻碍。并且，"脑机连接"之间的正负反馈将混淆谁是系统真正的主体，导致机器的控制侵蚀人的自由意志。因而，这样的技术应用就可能在康德理论的框架中构成对人的内在价值的侵蚀。

通过区分与分析尊严的基础和道德要求，我们可以澄清当代生命伦理学中的"康德主义"对于康德尊严观的某些误解，并构建康德关于人类尊严的系统论证：第一，自主选择的价值来自人的尊严这一绝对价值，人的尊严的价值不能等同于自主选择的价值。根据这一论断，没有自主能力或仅仅在很低的程度上拥有自主能力也不会让一个人在任何程度上失去尊严。第二，作为尊严基础的道德自主是本体论意义上的概念，因而人的尊严首先是人类整体所具有的地位，每个人类个体通过分享这种地位而拥有平等尊严。没有展现道德自主的能力或者其他相关能力的人，也因为人类物种成员的身份而拥有尊严。第三，康德将人的本质界定为一个有待完成的任务——道德自主更准确地说是一种潜力，而不是一种已表现出的能力。如果一种发展潜力能够赋予我们尊严，那么我们就有道德上的义务来发展这一潜力。以上三个方面的推论为人类尊严的平等性提供了充分的论证，并且帮助我们以康德的尊严观为依据，对各种新技术的应用给出基本的道德判断，为生物医学技术的应用设定伦理的限制，确立生物医学技术发展过程中人的道德责任。

二　当代康德式建构论对于道德地位的论证

20 世纪 30 年代，来自科学哲学理论的批判最终直接导致了规范伦理学的衰落，终结科学主义和分析哲学的主导地位也就成为有效回应规范性问题的前提。当代道德规范性研究中的很多重要理论均强调伦理学固有的实践特征，提出道德必须建立在实践理性而不是理论理性的基础上，从而明确了伦理学同科学之间的区别。同时，因为提出有实践理性这一事物能够作为伦理学的根基，这类观点同样可能确证伦理规范的客观性和权威性。

这种思想方法被称为伦理学中的康德式理论（Kantian program in ethics）。① 罗尔斯曾于 1980 年发表《道德理论中的康德式构建主义》（Kantian Constructivism in Moral Theory）一文，解释了其思想方法在何种意义上得自康德。罗尔斯提出，道德规范不是外在于主体的，基础性的道德真理对于理性行动性而言是建构性的，是理性行动者依据对自身行动性的辩证反思而构建的。② 格沃斯（Alan Gewirth）的《道德与理由》，斯坎伦（Thomas Scanlon）的《我们彼此负有什么义务》，以及科尔斯戈德（Christine Korsgaard）的《规范性的来源》等著作中都体现了这一思路。这种方法将道德推理建立在人的自我反思的基础上，因而推进了对于人的内在价值的理解。

---

① Stephen Darwall, "Toward Fin de Siecle Ethics: Some Trends," *Philosophical Review* 101, 1 (1992): 115 – 189.

② John Rawls, "Kantian Constructivism in Moral Theory," *Journal of Philosophy* 77, 9 (1980): 515 – 572.

（一）从"实践同一性"到"人性的价值"

在科尔斯戈德的论述中，尊重人的道德义务就来源于理性行动者对于自身的认识。她将人性理解为人所具有的行动性。在《规范性的来源》一书中，科尔斯戈德阐释了行动性的含义以及道德意义。《自我构成：行动性、同一性与完整性》一书中的论述直接聚焦于人类行动性的本质，[①] 进一步辩护了之前的观点，并对行动性做出了更加集中和深入的探讨。

人类意识的反思结构决定我们不得不为我们的行动寻找理由，否则我们就无法做出任何行动。而我们是通过我们所具有的"同一性"找到理由的。关于你应该如何行动的看法就是关于你是谁的看法。当然，不同的"同一性"之间也会发生冲突。但最终我们还是能够通过具有更高权重的"同一性"获得理由，具有最高权重的是"作为人的同一性"。"作为人的同一性"是我们自身具有的被"同一性"支配的需要，为我们对其他所有"同一性"进行判断提供了基石，也是认可人的价值的依据。理性行动者无法否认尊重人性的道德义务对其所具有的权威性。

1. 理性行动性的本质特征

科尔斯戈德对人性价值的论证建立在她的"理性行动性（rational agency）"的概念之上。在她的描述中，这个概念具有如下主要特征：首先，人类意识具有反思性结构。不同于其他动物，人类对自己的精神状态有所意识，并且，这就导致人面对着一个问题：是否认可这些精神状态作为行动或者信念的基础。[②] 人类的欲望在不受干涉的情况下就会自行其是，但我们有能力跟我们的欲望保持距离，有能力对它们进行反思和评价。人类意识的反思性结构给我们提供了对之进行认可或者拒绝的选项。同时，这一意识的特征也导致，我们面对"其他动物都不会面对的问题"[③]。我们在行动之前必须认可一个欲望，我们必须决定认可哪一个欲望。毕竟，说行动是那些偶然具有的一阶的欲望所驱动的，没有二阶的认可的态度，对我们来说是完全不可能的。

理性行动性的另外一个特征是行动的必要性，这一特征使得意识的反思

---

① Christine M. Korsgaard, *Self-Constitution*: *Agency*, *Identity*, *and Integrity* (Oxford: Oxford University Press, 2009), p. 25.

② Christine M. Korsgaard, *The Sources of Normativity* (New York: Cambridge University Press, 1996), pp. 92 – 93.

③ Christine M. Korsgaard, *The Sources of Normativity* (New York: Cambridge University Press, 1996), p. 93.

性结构对我们提出的问题成为一个不可回避的问题。科尔斯戈德指出，我们不可能拒绝行动性和行动。通过当下的某些行动，我们可以暂时或者永久地消除未来行动的需要，比如自杀。我们还可以以其他方式失去行动的能力，比如我们睡着了，或者有人伤害了我们导致我们变成没有意识的存在。但是如果人是清醒的，并且功能正常，我们除了以一种或另一种方式行动之外别无选择，即便我们选择什么都不做，也是一种选择。行动的必要性是重要的，因为，它使得人类意识的反思性结构所提出的问题变得更加严峻。它意味着，我们完全不能回避应当认可哪一种欲望的问题。如果我们确实必须行动，并且我们必须认可一个欲望以行动，那么我们就必须认可一个欲望。科尔斯戈德提出，选择和行动的必要性是我们的困境，是关于人类境况的简单的而又不可阻止的事实。① 因为存在上述的自杀、进入睡眠状态和类似事件的可能性，这个困境并非是持续的，也不是不可摆脱的，但它的限制，无疑就是积极主动的人生的限制。

理性行动性的第三个特征是它需要论证。科尔斯戈德提出，我们不能通过专断地认可一个欲望而非另一个，来解决人类意识的反思性结构所提出的问题。我们认可某一特定欲望的行为必须得到一个论证。科尔斯戈德这样描述这个问题：反思的意识不能够无奈接受或者勉强同意感觉或者欲望。它需要一个理由。不然，至少它越是进行反思，它就越不能让自己前行……我们需要理由，因为我们的冲动必须经过理性的详细审查。如果能够经受这样的审查，那么我们就有了理由。规范性的词语"理由"指的是一种"反思的成功"。如果我判断我的欲望可以被作为一个行动的理由，我的判断过程必须以我的理性慎思为基础。在现实中，以理性慎思为基础的判断是怎样做出的呢？

我们在反思中应用什么作为论证的标准？科尔斯戈德提出，一个人的实践的同一性提供了这样的标准。一个实践同一性是"让你认为自己有价值的一个描述，让你认为自己的人生值得过并且你的行动值得采取的那样的描述"②。它可以被理解为一系列原则或者更抽象地说，"一个有意义的角色"③。例如，一个母亲的同一性要求照顾孩子。这一原则为我们提供了是否应当认

① Christine M. Korsgaard, *Self-Constitution*: *Agency*, *Identity*, *and Integrity* (Oxford: Oxford University Press, 2009), p. 2.

② Christine M. Korsgaard, *The Sources of Normativity* (New York: Cambridge University Press, 1996), p. 101.

③ Christine M. Korsgaard, *Self-Constitution*: *Agency*, *Identity*, *and Integrity* (Oxford: Oxford University Press, 2009), p. 21.

可一个欲望的标准："我们通过确定是否这个冲动跟我们定义自己的方式相一致，来认可或者拒绝我们的冲动。"① 如果我的同一性是母亲，那么我将许可我的照顾孩子的欲望，否决不照顾孩子的欲望。科尔斯戈德提出："你的理由显示了你的身份，你的本质；你的义务来自这个身份所禁止的。"

我们诉诸实践同一性提供的标准决定认可哪一个欲望。科尔斯戈德将人类意识的反思性结构的一个关键性特征概括为：它适用于一个迭代的模式。我们可以通过诉诸另一个主张来证明一个主张，然后我们也可以问，是什么论证了另一个主张，依此类推。因此，就像我们跟我们的欲望保持距离并问是什么论证了他们？我们也和我们的实践同一性保持距离，并问是什么论证了它们。"我是否达到了母亲身份或者我的职业身份给我提出的要求为什么是重要的？"② 反思性的倒退产生于人类意识反思结构的迭代性本质以及论证的需要。反思的迭代本质阻碍了通过他们的内在的特征，或者他们具有的其他实践同一性来论证一个人独特的实践同一性。

什么能够终结反思性的倒退，科尔斯戈德认为，是一个"无条件"的回答，"使得这种反思性倒退不再可能，不再必要，或者如果再追问就是不合逻辑的"。只有得到这样的回答，我们才能够充分地解决以下三个事物的结合所引发的问题：人类意识的反思性结构，它要求我们在行动之前认可欲望；行动的必要性，它使得行动以及认可都成为不可避免的；以及，论证的必要性，它排除了专断的或者没有得到论证的认可。并且，科尔斯戈德认为，这些特征对于理性行动性而言是构建性的，任何理性行动者都面对这些问题。如果它有一个独特的解决方案，那么这样的解决方案将会对于每一个理性行动者具有权威性，因为这是每一个理性行动者在充分反思之后都可以得到的。科尔斯戈德提出的解决方案是，珍视我们的人性，并通过人性论证我们所具有的个性化的、更加具体的实践同一性。

在我们的动机中，有很多都来自我们的实践同一性，来自那些在我们看来为我们的生活和行动赋予了意义的各种各样的角色及关系。在这种情况之下，要保持个体的统一，就要将这些不同的实践同一性归于一个单一的实践同一性。统治我们的多数自我概念都是偶然的，但是，你不得不受到某些你的实践同一性的统治则并非偶然。你不得不服从你的实践同一性的某些概念，

---

① Christine M. Korsgaard, *Self-Constitution*: *Agency*, *Identity*, *and Integrity* (Oxford: Oxford University Press, 2009), p. 120.

② Christine M. Korsgaard, *The Sources of Normativity* (New York: Cambridge University Press, 1996), p. 129.

才会有任何理由做一件事而不是另一件，有任何理由去生活并且行动。如果不受到任何实践同一性的指导，你终将会失去对于自己的理解。

然而，这个符合你的实践同一性的理由，并非是产生自这些特定的实践同一性之一的理由。这是一个产生自你的人性本身的理由，它来自一个个体仅仅作为一个人类成员的那种同一性：人是那种需要理由才能够采取行动，才能够展开生活的生物。所以，这是一个仅当你将自己的人性视为实践性的、规范性的、形式的同一性，才会具有的理由，即珍视作为一个人类的你自己。①

2. 行动者自我反思中的人性

在对于康德的人性公式的讨论中，科尔斯戈德进一步阐释了这个观点，即如果我不承认人性的价值，那么我就无法认可任何价值。

这个论证的前提条件是这样一个经验事实，即我们总是为我们所选择的对象赋予价值。当我们做出一个选择，我们必须将它视为有价值的。如果我们认为我们选择的对象是有价值的，那么，我们就要认为，因为我们选择了它所以它是有价值的，而不是因为它本身是有价值的。关于是什么使得这个对象成为有价值的？科尔斯戈德的结论是，价值并不在于对象本身。我们将事物视为重要的，因为它们对我们而言是重要的。在她看来，这也正是康德的观点。

我们选择的对象是好的，因为我们选择了它们，理性选择本身使这些对象成为好的。欲望是有意义的，因为它们把它们的对象作为供我们选择的候选选项，如果我们否定一个欲望，那么它就不是好的，尽管我们欲望它。我们的欲望可以解释，为什么有些事物以一种衍生的方式是好的，它影响我们的选择，而我们的选择可以"授予价值"②。

当然，这里所说的赋予价值，是经过了审慎反思之后所认可的价值。科尔斯戈德假设，在人们珍视什么和什么有价值之间存在连接。这一连接可以表述为，如果我们对于某对象的珍视能够"承受反思的审查"，那么这个对象就是有价值的。③ 为了论证这个连接，她诉诸一个关于价值的形而上学的主

① Christine M. Korsgaard, *The Sources of Normativity* (New York：Cambridge University Press, 1996), p. 121.

② Christine M. Korsgaard, *Creating the Kingdom of Ends* (New York：Cambridge University Press, 1996), p. 122.

③ Christine M. Korsgaard, *The Sources of Normativity* (New York：Cambridge University Press, 1996), p. 93.

张："价值……只能从反思意识的立场的内部才能够获得"，而不能通过第三人称的视角获得。① 换句话说，人性有价值，不过就是我们"经过充分的反思"认为它有价值而已，就好比，不过就是我们在适当的环境中看到红色而已。② "试图从第三人称实际上看到人性的价值，就好比试着通过敲破头骨看颜色。从外部，我们能说的只是，他为什么看见了它们。"③

以这种方式，人性的价值本身被包含于每一个人类选择之中。为了避免对于规范性彻底的怀疑，如果行动的理由这种东西确实是存在的，那么，人性作为所有理由和价值的来源，必须因其自身的原因而被赋予价值。否则，一切价值都将失去根据。④ 如果我们认为一些东西是好的是因为我们选择了它，那么，我们就要认为我们自己是有价值的。

我们赋予其他实践同一性的价值来自我们赋予人性的价值，能够解释为什么后者能够在冲突中具有优先性。为什么科尔斯戈德认为每一个充分的反思的行动者都将会认为他们的人性是其他所有价值的来源？

当我们反思的时候，我们不能从根本上认为我们的特定的实践同一性是得到了论证的，通过他们的内在特征或者其他特定的实践同一性得到了论证。因为人类意识反思结构的迭代的本质，一个反思的行动者会同任何被提议的论证保持距离，并且要求一个对之的进一步的论证，这似乎是没有穷尽的。然而，我们确实珍视我们的特定的实践同一性。

一个特殊的实践同一性，我们作为人的同一性，可以提供这个论证。我们需要理由，如果我们珍视我们的人性，那么我们就可以为满足这一对理由的需求的任何东西赋予价值。我们的特定的实践同一性通过提供反思性地认可欲望的标准，并且因此提供了行动的理由，满足了这一需要。因此，我们珍视我们的特定的实践同一性。如果功利、福利、特殊的承诺或关系足够提供终极的行动理由，似乎人性就不具有价值了。这里有一个例子。一个人可不可以在特定的实践同一性满足了一个人对于理由的需要的基础上，给特定的实践同一性赋予价值呢？如果某些实践同一性满足这一需要，那么可能它

---

① Christine M. Korsgaard, *The Sources of Normativity* (New York: Cambridge University Press, 1996), p. 124.

② Christine M. Korsgaard, *The Sources of Normativity* (New York: Cambridge University Press, 1996), p. 266.

③ Christine M. Korsgaard, *The Sources of Normativity* (New York: Cambridge University Press, 1996), p. 124.

④ Christine M. Korsgaard, *The Sources of Normativity* (New York: Cambridge University Press, 1996), p. 122.

就可以解释为什么一个人珍视这个需要。例如，一个快乐主义者可能意识到，当他知道做什么的时候他是最快乐的，并且当他不确定或者无聊的时候他是最不快乐的。满足他对于理由的需要，本质上是让他高兴的。他珍视在这个基础上满足了这个需要并且采用了一些能够在所有情境中给他提供行动标准的其他的实践同一性。但是他永远不会为他的人性本身赋予价值，并且如果他的人生不能保证快乐多于痛苦，那么他将会愿意毁掉他的人性。然而，对于这种情况，迭代的性质仍然会发挥作用。快乐主义者会和他的快乐主义保持距离，并且问，是什么论证了快乐主义，直到他诉诸他对行动和生活所必需的理由的需要来解决这个问题。毕竟，他不能在这个点上，诉诸他的快乐主义来解释这个需要的重要性，此刻他的唯一的选项就是为他的人性赋予价值。

我们不得不认为人性就其本身而言是有价值的。这就是为什么仅仅依据更加特定的实践同一性，例如他们的家庭、职业、民族，或者宗教的同一性来定义自己，对于自己认定的内部成员讲道德而对于外部成员不讲道德等，都是错误的。因为这样做的人没有意识到其所珍视的特殊的同一性，作为其行为的理由的同一性，是来自作为人的同一性，并通过作为人的同一性而得到论证。规范性本身植根于实践同一性的基本形式，我们作为理性的人类的身份。①

当然，有价值的并不是我自己的人性。如果我们认为我们自己是有价值的，那么我们就要认为别人的人性同样有价值。也就是说，人性就其本身而言是有价值的。科尔斯戈德认为，至少在充分反思之后，每个人都会将人性作为价值的来源而珍视人性。人的评价性反思的能力至少是大致可靠的，否则很难想象伦理学如何能够开展。有了这个假设，无论我们如何理解价值，所有反思的行动者都将在这个方向趋同、交会。这可能是证明人性是有价值的最好的证据。

（二）从"判断敏感态度"到"为我们而生"

斯坎伦通过人们彼此之间"平等地相互关联"阐释了道德地位的内涵、基础及要求。通过对"判断敏感态度"的论述，斯坎伦论证了道德地位的拥有者之间道德地位的平等性，在此基础上，通过分析亲子关系的道德意义，

---

① Christine M. Korsgaard, *Self-Constitution*: *Agency*, *Identity*, *and Integrity* (Oxford: Oxford University Press, 2009), p. 22.

斯坎伦的理论也能够将道德地位的范围从持有"判断敏感态度"者扩展到所有"为我们而生"的存在物,即人类物种的全体成员。斯坎伦的契约主义在人类道德地位平等性问题上的观点,可以用于解释为什么缺乏人类典型能力的个体同正常人类个体平等享有基本权利,也可以用于说明为什么人类增强可能创造的后人类并不会具有高于人类的道德地位。该理论有助于反思我们同现存的所有人类的关系,也有助于说明我们同那些必然将会存在的人类未来世代之间的关系。

1. 作为道德地位基础的"判断敏感态度"

斯坎伦的契约主义将道德地位定义为通过履行彼此证明正当性的义务而形成的相互认可的关系。相应地,道德地位的资格就是通过彼此证明正当性而形成相互认可的关系的能力。这种能力让人能够对道德理由做出恰当反应,或者为道德理由赋予应有的重要性。然而,斯坎伦认为,能够拥有道德地位的存在者应不仅限于具有道德推理能力的存在者,具有建立这种关系的可能条件的存在者,也就是具有"判断敏感态度"的存在者,都可以拥有道德地位。

在《我们彼此负有什么义务》一书中,斯坎伦通过说明有关正当和不正当的道德可能包含哪一类存在物,探讨了什么样的存在物因其自身的性质而值得道德保护的问题:(1)那些拥有善的生物,也就是说,事情能对其变得更好或更坏。(2)第一组中那些对痛苦有意识、能感知痛苦的存在者。(3)第二组中那些能够判断事情变得更好还是更坏的存在者,更一般地说,那些能够持"判断敏感态度"的存在者。(4)第三组中能够做出道德推理中特殊种类的判断的存在者。(5)第四组中的存在者,与之进入一个相互合作与约束的系统中对我们是有利的那些。[①] 从(1)到(5),每一组中的存在物的范围是逐步缩小的。从(2)到(4),各组中的存在物需要具备的精神能力越来越复杂。

精神能力达到何种程度可以成为斯坎伦理论中的契约主体,从而具有道德地位呢?进入斯坎伦的相互承认道德地位的共同体,需要一个存在物能够和伙伴建立以"他人不能合理地拒绝的理由相互证明正当性"的关系。要建立这种关系,至少需要双方有能力理解理由,并对理由做出反应。仅仅拥有善(第一组),或者仅仅对痛苦有意识、能感知痛苦(第二组),都不足以理

---

① Thomas Scanlon, *What We Owe to Each Other* (Cambridge: Harvard University Press, 1998), p. 179.

解理由。一个存在者理解理由的必要条件是能够持"判断敏感态度"。在斯坎伦的理论中，所谓"判断敏感态度"指的是，"只要一个其理性程度合乎理想的人判定这些态度有充足的理由时，就会持有这些态度，当判断这些态度没有合适的理由时，这些态度就会消失"①。例如信任、恐惧、愤怒、赞美、尊重和名望值得追求等是"判断敏感态度"，饥饿、疲劳则不是。能够持有"判断敏感态度"的个体才能理解理由。因此，我们不能把拥有道德地位的存在物的范围划得比第三组更宽。

那么反过来，道德地位的范围应该比（3）更窄吗？首先，斯坎伦的目的是确立普遍性的道德原则而并不是确保合作的益处，因而没有理由将范围缩小至（5）。其次，根据斯坎伦对道德地位的论述，我们也不应将范围缩小至（4）。我们应接受"以他人不能有理由拒绝的原则所允许的方式来对待他人"这一要求的原因在于，我们应承认他人作为自我支配的存在者的地位。那些属于（3）而不属于（4）的存在物同样是自我支配的存在物，其所具有的推理和理性自我引导的能力足够要求我们以他们不能合理地反对的方式对待他们。② 因此，斯坎伦明确提出，我们没有理由将拥有道德地位的存在物的范围划得比第（3）组更窄。

上述观点曾引起较多的质疑。在斯坎伦的契约主义中，人所具有的"彼此证明正当性而形成相互认可关系的能力"是人类内在价值的来源，而这种能力显然不等同于"判断敏感态度"。"可证明正当性"的实现主要取决于"道德推理能力"。"判断敏感态度"仅仅是可证明正当性的必要而非充分条件。在这种情况下，要将道德地位的范围划定为拥有"判断敏感态度"的存在物，斯坎伦就需要提供进一步的说明。

斯坎伦从道德责任的角度对此进行了说明。存在属于（3）而不属于（4）的人类个体，通常他们能够形成判断敏感态度，但因不具备理解（至少某些）道德理由的能力，在某些道德问题上不能形成"判断敏感态度"。斯坎伦认为，因为这部分人同样应当因自身行为受到道德指责，所以他们和其他人具有相互证明正当性的义务。关于为什么他们也应受道德指责，斯坎伦给出的解释是，道德批评不同于其他批评，道德上的可证明正当性对一个行为

---

① Thomas Scanlon, *What We Owe to Each Other* (Cambridge: Harvard University Press, 1998), pp. 20 – 21.

② Thomas Scanlon, *What We Owe to Each Other* (Cambridge: Harvard University Press, 1998), p. 180.

者与其他人的关系具有特殊重要性。① 只有当属于（3）而不属于（4）的个体因为其能力缺陷造成的道德失败，缺少"道德失败一般而言对于一个个体与他人关系的特殊重要性"，他才无须受道德指责，但斯坎伦认为，属于（3）而不属于（4）的个体因为其能力缺陷造成的道德失败对其与其他人的关系具有这种重要性。例如智障者和精神病人，也可以被合理地认为对某些他们的行动负有道德责任。特殊性仅仅在于，我们可能不会要求他们承担这个错误的后果。② 相应地，斯坎伦认为我们也有理由在意对属于（3）而不属于（4）的行动者证明我们的行动。因为他们也是具有理性的行动者。非理性指的是认识到某种理由的同时却没有受到它的推动，但是，属于（3）而不属于（4）的人做出不道德行为是因为道德推理过程有错误，没有赋予恰当的理由以理由的地位，因此不能说他们是非理性的。他们也有资格向我们要求行动的正当性证明。综上，我们同属于（3）而不属于（4）的人之间也应当建立彼此证明正当性的关系。这就意味着他们也有道德地位。

康德对于人的尊严的论述，为我们理解"判断敏感态度"是否可被视为获得道德地位的充分资格这一问题提供了启示。在康德的理论中，让人拥有尊严的是纯粹实践理性的能力，但是尊严要求我们尊重的却不仅仅是纯粹实践理性的能力，而是不同层面的理性能力的总和，其中包括道德的、非道德的，以及理论理性的能力。自主选择是实现自律的前提条件，因而将他人的理性本质的非道德的方面视为目的也是我们的义务。③ 对于"判断敏感态度"的道德意义，我们可做类似理解。在斯坎伦的契约主义中，"判断敏感态度"并不能充分保证"彼此证明正当性的关系"的确立，但它作为"道德门槛"，是可证明正当性观念的必要条件。因而，持有这种能力的人同样应得道德保护。

将道德地位的基础理解为能够持有"判断敏感态度"的能力，可以回应有关道德地位研究中一个颇具争议的问题。将道德地位的基础同某种人类能力相连的理论，对道德地位所有者之间道德地位的平等性问题一直有不同看法。不同看法可归为相互对立的两个概念，即第一章中介绍过的"门槛式的

---

① Thomas Scanlon, *What We Owe to Each Other* (Cambridge: Harvard University Press, 1998), p. 288.

② 在西方精神病学和精神病学哲学领域，对于精神病人是否负法律责任的问题也有争议。

③ 〔德〕康德：《康德著作全集》，第6卷，李秋零译，中国人民大学出版社，2007，第474～475 页；Lara Denis, "Kant's Ethics and Duties to Oneself," *Pacific Philosophical Quarterly* 78, 4 (2002): 321–348.

道德地位"和"层级式的道德地位"。"门槛式的"道德地位观认为，如果一种能力给道德地位提供了基础，那么拥有这种能力即可拥有道德地位，同时，在更高程度上拥有这种能力并不能为个体授予更高的道德地位。与之不同，"层级式的"道德地位观则认为应当依据个体在何种程度上展现了作为道德地位基础的能力，将道德地位划分为不同的层级。层级的观念凸显了个体能够多么频繁地，以及多么好地展示某一种能力的重要性。无论将道德地位的基础确立为感受快乐和痛苦的能力，或是理性能力，我们都有可能推导出层级式的道德地位。较高等级的道德地位要求人们对道德地位享有者尽更多的义务，而较低等级的道德地位产生的道德义务也较少。层级式的道德地位观念必然导致道德地位拥有者之间的不平等。

在斯坎伦的理论中，通过进入"相互证明正当性"的关系而建立的道德地位，无疑体现了"门槛式的"道德地位观念。一方面，道德地位的判断标准在于"相互证明自身行为正当性"的关系是否可能建立。持有"判断敏感态度"的能力就是建立这一关系的唯一条件，也是建立这一关系的最低条件。显然，根据个体能或者不能持有"判断敏感态度"，其与他人建立"相互证明正当性"的关系的可能性也只有有或者没有之分，斯坎伦对于道德地位基础的论述没有为划分不同程度的道德地位提供任何依据。另一方面，在斯坎伦的理论中，所谓拥有道德地位就是处于一种同他人"相互证明自身行为正当性"的关系当中，这种相互关系为关系中的双方赋予完全等同的权利，也要求完全相等的义务。通过虚拟的契约，任何两个契约主体之间都形成了这样的关系。这样一种由对等关系所定义的道德地位本来就保证了道德地位的拥有者之间无差别的平等。因此，在斯坎伦的契约主义中，所有具有道德地位的个体都在相同程度上拥有道德地位。

2. 通过亲子关系的道德意义扩展道德地位的范围

斯坎伦的契约主义认可了所有人类成员都具有平等道德地位。如他曾提出"我们可能错误对待[1]的生物包括属于一个能够形成态度、做出判断的类的所有的生物"[2]。斯坎伦认为，一个存在者"生而为人（of human born）"这个事实，就提供了很强的理由授予他同其他人类相同的地位。[3] 因此，仅仅证

---

[1] 我们能够错误地对待某一生物意味着我们如何对待这个生物是一个道德问题。
[2] Thomas Scanlon, *What We Owe to Each Other* (Cambridge：Harvard University Press, 1998), p. 186.
[3] Thomas Scanlon, *What We Owe to Each Other* (Cambridge：Harvard University Press, 1998), p. 185.

明能够持有"判断敏感态度"的人类个体拥有道德地位显然不符合斯坎伦的结论。我们还需要证明人类物种中不具有"判断敏感态度"的个体如何能够具有和正常人类个体同等的道德地位。

无典型人类能力的人类个体的道德地位问题，一直是有关人类道德地位的研究中最困难的课题。在这个问题上，斯坎伦曾明确表态，即我们对待那些永远不能发展出"判断敏感态度"所要求的理性能力的个体的方式也应当受到他们"没有合理的理由拒绝"的原则的限制，① 这也就是说，我们应当授予他们同我们平等的道德地位。在斯坎伦的理论中，使道德地位拥有者的范围超越持"判断敏感态度"的存在者之外，将全体人类成员包括在内的，正是亲子关系具有的特殊道德意义。斯坎伦在《我们彼此负有什么义务》一书中提出"这里说的生物是为我们而生的（born to us），或者为我们对其负有可证明正当性义务的其他人而生的。这一生育的关系给了我们很强的理由想要把他们作为人来对待，尽管他们能力有限"②。也就是说，那些不能持有"判断敏感态度"的个体与我们道德共同体成员之间的亲子关系，使我们必须将这些个体接纳到彼此负有证明正当性义务的共同体中。这个观点完全符合常识和直觉，但仍需要得到进一步论证。斯坎伦没有对此做出足够充分的论证。下文将借助斯坎伦的理论，对他所提出的"为我们而生"与道德地位之间的关系做进一步说明。

人们有义务就涉及他人的行为向他人证明正当性。在生育的问题上，所涉及的他人就是未来的孩子。父母单方面的决定导致孩子出生。所有人都会认同，我们不能在单方面决定了另外一个人的处境的情况下，不对这个人负有证明我们行为正当性的义务。特别是我们迫使孩子面对的处境事实上充满危险和困难。"让一个孩子出生，就相当于将这个孩子丢入了困境。"③ 如果我们的决定不仅导致一个人置身某种处境，而且导致一个人置身某种困难的处境，那么向其证明正当性的义务就会更强。从关系平等的视角看，道德地位的平等在于平等地相互关联，父母单方面进行生育的行为本身就在父母和孩子之间形成了先天的不平等的关联。父母有确定的道德义务就生育这一行为的正当性向孩子进行证明。

---

① Thomas Scanlon, *What We Owe to Each Other* (Cambridge: Harvard University Press, 1998), pp. 186 – 187.

② Thomas Scanlon, *What We Owe to Each Other* (Cambridge: Harvard University Press, 1998), p. 185.

③ David Velleman, "The Gift of Life," *Philosophy and Public Affirs* 36, 3 (2008): 245 – 266.

当然，必定存在一些孩子，出生后将因为严重残疾等原因而永远无法拥有"判断敏感态度"，从而不具有接受正当性证明的基础条件。这里要说明的是，不同于已经确认为无法拥有"判断敏感态度"的人（例如永久性大脑损伤），尚未出生的人非常可能将会具有"判断敏感态度"，并且在正常情况下一定会具有"判断敏感态度"。我们有理由出于"审慎原则"，假设所有即将出生的人类个体都会成为具有"判断敏感态度"的存在。审慎原则是生命伦理学中的一个重要原则，要求我们在不确定性的情境中谨慎实践。根据审慎原则，如果没有办法知道 X 是不是具有特征 P，那么，在能做到的范围内，如果错误假设 X 不具有 P 的后果比错误假设 X 具有 P 的后果更严重，X 必须被假设具有特征 P。① 在对待未来后代的问题上，假设一个未来的孩子将具有"判断敏感态度"和假设其将不具有"判断敏感态度"在道德上的后果的严重性并不是等同的。如果我们将未来的孩子作为不会具有"判断敏感态度"的个体来对待，我们就冒着剥夺一个有道德地位者的道德地位的风险，而人的道德地位是生命伦理学中最高的价值。如果最终证实我们错误地剥夺了有道德地位者的道德地位，我们就付出了过于重大的道德代价。相反，如果我们错误地将道德地位给予永远不会拥有"判断敏感态度"的个体，则并没有侵犯任何个体的道德地位。以上考虑可以作为我们假设所有未出生的孩子都将发展出"判断敏感态度"的理由。②

由此，对于所有即将出生的孩子，父母都有义务向其证明生育行为的正当性。根据斯坎伦的契约主义，如果我们应当对未来的孩子证明我们生育行为的正当性，就要以后代"不能合理地拒绝"的理由向其证明。在不能许诺认可未来孩子的道德地位的情况下进行生育，必然是孩子可以合理地拒绝的。如果一个存在物不具有道德地位，就意味着当这个存在物的利益同具有道德地位的存在物互相冲突的时候，牺牲其生命、自由、福宁，以满足具有道德地位的存在物的利益，并不是道德上错误的，甚至是道德上值得肯定的。在

---

① Deryck Beyleveld, "The Moral Status of the Human Embryo and Fetus," in *The Ethics of Genetics in Human Procreation*, ed. Hille Haker and Deryck Beyleveld（London：Ashgate Pub Ltd.，2000），pp. 59 – 85.

② 我们没有可以判断即将出生的孩子未来精神状态的直接依据，因此，在这种情境中依据审慎原则行事是合理的。但是，审慎原则并不支持我们将所有人都视为具有"判断敏感态度"的存在者。例如，大脑受到创伤的人、永久性昏迷的人、植物人等永久地失去了理性能力的人已经不具备发展"判断敏感态度"的生理基础，不再具有发展出这一能力的潜力。因而无法基于审慎原则假设他们也具有"判断敏感态度"。这也就说明了为什么有必要借助亲子关系的特殊道德意义，对全体人类成员道德地位的平等性进行论证。

这种情况下，无道德地位的存在物的生命、自由和福宁，只可能在非常低的程度上，间接地受到道德保护。以这样的地位出生对所有人而言都是可以"合理地拒绝"的。因此，就生育的行为向孩子证明正当性，父母就至少需要认可孩子出生后的道德地位。

在认可孩子道德地位的基础上，父母可以成为孩子的"受托人"（trustees）。^① 如果孩子永远不具有"判断敏感态度"，或者在孩子处于不具有"判断敏感态度"的阶段，父母就应当代替孩子行使其道德地位所赋予的权利。未来的孩子将通过"受托人"，被纳入彼此负有证明正当性义务的共同体中。同理，所有人类的孩子都会以上述方式获得自己的"受托人"，从而被纳入彼此负有证明正当性义务的共同体。最终，所有的人都必须认可所有人类后代的道德地位。全体人类成员平等的道德地位由此得到了论证。

当然，斯坎伦的契约主义并不排除人类以外的存在物具有道德地位的可能性。如果未来我们发现的新物种，或者我们创造的人工智能生命，能够理解理由，有能力同人类建立"彼此证明正当性"的关系，那么我们也没有理由拒绝授予它们和我们平等的道德地位。只不过现在，我们只看到人类典型地表现出持有"判断敏感态度"的能力。

斯坎伦的理论能够为生命伦理学中的一个重要的基本立场提供有力辩护。从起始于20世纪末的对人类克隆的伦理批判，到今天对基因编辑的质疑，贯穿这些探讨当中的一个受到频繁援引以及普遍认可的观点是，我们必须捍卫人类的整体性和人类的本质才可能在科技发展的过程中保护人类不受伤害。这一类论证需要清楚回答，人类作为一个自然类别有何特殊道德意义。斯坎伦的契约主义把平等道德地位赋予人类物种的所有成员，显示了人类物种本身具有的重大道德价值。由此，斯坎伦为反对物种边界和物种本质受到侵蚀这一生命伦理学中持续不断的呼吁提供了第一个得到完善论证的道德上的理由。

三　儒家伦理对于道德地位的论证

道德地位是当代伦理、政治和法律研究中的重要概念。然而至今，人们对于道德地位的内涵仍有着完全不同，甚至截然相反的理解，这一现状为相

---

① Thomas Scanlon, *What We Owe to Each Other* (Cambridge: Harvard University Press, 1998), p. 183.

关研究带来困扰。儒家思想是当代具有广泛影响的伦理学理论。儒家的尊严观念为反思各种有关道德地位的理论提供了重要视角。在儒家伦理中，人类尊严的基础是每个人先天具有的道德潜力。拥有道德潜力让人们具有普遍尊严；发展道德潜力让人们具有获得性尊严。所有人类成员在相同程度上具有道德潜力，因而每个人平等地具有普遍尊严；在越大的程度上发展了道德潜力就能够让一个人在越大的程度上拥有获得性尊严。普遍尊严是一种道德地位，而获得性尊严不是。追求获得性尊严是普遍尊严的道德要求并且为普遍尊严提供必要的保护。将尊严的基础确定为道德潜力，既有助于论证人类道德地位的平等性，也有助于论证保护和发展人类本质特征的道德义务，从而为应对当代科技和社会发展带来的伦理难题提供了重要理论资源。

尽管在不同历史时期、不同伦理传统中的尊严观念都有所不同，对尊严的基础、含义和道德要求持不同立场的理论都普遍认同，所谓拥有尊严就意味着一个存在物"拥有至高的内在价值"并因此"应受道德考量"。儒家文献中虽然没有直接出现过"人的尊严"一词，但是，围绕"人具有至高内在价值"，以及"人因其自身的内在价值而应受道德考量"等问题均有丰富论述，我们可以根据相关论述重构儒家尊严观念。

尊严具有平等性是现代尊严观念区别于前现代观念的最主要特征。儒家传统对社会等级结构的认可似乎与现代尊严观念相悖。然而，通过分析儒家伦理中的两种尊严——普遍尊严和获得性尊严——及其相互关系可知，相对于等级，平等是儒家伦理中更加根本性的价值。阐发儒家哲学中的平等思想是当代重构儒家尊严观念最主要的任务。

随着新的生态的和政治的挑战以及科学技术的发展，有关如何维护人类根本利益的具体政策和法规可能会发生改变，但是政策和法规背后的核心价值不会改变。保护人的尊严是现代人类生活中最重要的价值。如何理解尊严的基础和道德要求，将最终决定我们面对当代科技和社会发展所采取的立场。儒家伦理对于人的尊严有充分的、系统的论述。儒家的尊严观念为反思当代尊严理论提供了重要的思想方法，有助于推动一个受到普遍认可的尊严观念的建立。

（一）儒家伦理中人的尊严的基础

在儒家伦理看来，人类区别于其他物种的本质特征在于，人类能过一种道德的生活。这一本质特征使人成为世间最珍贵的存在。荀子提出"水火有气而无生，草木有生而无知，禽兽有知而无义。人有气，有生，有知，亦且有义，故最为天下贵也"①。义是人之为贵的根本。孔子曾提出，"人者，天地之心也"②。意思是，人是天地的心灵，是万物之灵，是掌握善恶的主体，是实践仁德、引导世界向善的主体。同时这句话也意味着，人是天地间最珍贵的存在。

与多数西方理论相同，儒家伦理也将人的尊严的基础归于道德相关的人类本质。同时儒家特别强调，作为人的尊严的基础的人类本质，是发展出道德能力的潜力，而非已表现出的能力。如在孟子的理论中，使人拥有人格的是人所独有的"四心"。"无恻隐之心，非人也；无羞恶之心，非人也；无辞让之心，非人也；无是非之心，非人也。"③"四心"就是尊严的基础。同时，"恻隐之心，仁之端也；羞恶之心，义之端也；辞让之心，礼之端也；是非之心，智之端也"④。此"四心"并不是美德本身，而是四种重要美德的根源。同情之心，是仁的萌芽；羞耻之心，是义的萌芽；辞让之心是礼的萌芽；是非之心，是智的萌芽。荀子也曾提出，"性者，本始材朴也；伪者，文理隆盛也。无性，则伪之无所加；无伪，则性不能自美。性伪合，然后圣人之名，一天下之功于是就也"⑤。本性，是人天生的材质；人为，是盛大的礼法文理。没有本性，那么礼法文理就没有地方施加，没有人为，人本始的天性不能自发变得美好起来。虽然人必须经过教化才能过一种道德的生活，但是，这种教化能够起作用是因为人的本质中先天具有一种向善的可能性，这种可能性本身就让人具有尊严这样崇高的道德地位。

在西方的尊严理论中，关于潜力是否能够成为授予尊严的充分条件，有着截然不同的观点。例如，在格沃斯（Alan Gewirth）的理论中，行动性（Agency）是尊严的基础，只有行动者（Agent）能够拥有尊严。斯蒂勒（Klaus Steigleder）和贝勒菲尔德（Deryck Beyleveld）都接受了上述观点，然而，在行动性的潜力是否可以授予道德地位的问题上，他们却持有截然对立的立场。斯蒂勒提出，"认为行动性对行动者具有无法超越的重要性，同时认为行动性的潜力完全不具有重要性是不可能的。对于做判断的行动者而言，这种判断

---

① 安小兰译注《荀子》，中华书局，2015，第90~91页。
② 戴圣译《礼记》，北方文艺出版社，2013，第147页。
③ 万丽华、蓝旭译注《孟子》，中华书局，2015，第69页。
④ 万丽华、蓝旭译注《孟子》，中华书局，2015，第69页。
⑤ 安小兰译注《荀子》，中华书局，2015，第180~181页。

是前后不一致的"①。贝勒菲尔德则认为，"对于行动者，并没有辩证的必要性（出于辩证逻辑的必要性）认为，仅仅是潜在的行动者就足以拥有某些内在的道德地位"②。又如，有人认为自我意识和智力是尊严的基础。在这些人中，有一部分人认为，仅仅具有发展这些能力的潜力是不足以让人拥有尊严的。例如约翰·哈瑞思（John Harris）提出，自我意识和智力是拥有人格的基础，而发展这些能力的潜力则不是。哈瑞思对于潜力的看法是，"单纯某事物会成为 X 的事实，并不是现在就将其作为 X 来对待的好的理由。我们都不可避免地会死，但这不是现在就将我们作为死人对待的充分理由"③。在哈瑞思看来，拥有人格的基础在于具有某种能力而非潜力。芬尼斯（John Finnis）在《反思安乐死：伦理、临床和法律的视角》一书中对哈瑞思的上述观点提出反驳。在他看来，就任何人类生命而言，自我意识和智力的潜力都是一个已经开始的，并且将一以贯之的发展过程，这个事实完全可以为"潜力的拥有者"授予同已经表现出这种潜力的人同等的道德地位。④

儒家伦理赞同将潜力作为尊严基础的观点，认为天赋的道德潜力就是拥有尊严的充分条件。一个人即便并没有将道德潜力发展为美德，也可以被授予尊严。《孟子》中的一个经典的思想实验讲的是，我们看到一个婴儿（其独特的人类能力都尚未得到成分发展）向水井爬去，自然的同情心会促使我们每个人想要上前救助。张千帆认为，这个例子不仅说明"恻隐之心，人皆有之"，而且说明每个人都存在萌动他人的恻隐之心的价值。无论一个人是否实际上发展了这些潜力，他们都被认为是因其自身潜力而具有价值并且值得他人尊敬的。⑤ 因此，一个君子不仅应当尊重有着诸多道德成就的人，而且应当尊重每一个普通人，正是他们身上的内在能力使得人类的进步成为可能。如果不能意识到人先天具有的道德潜力或没有给予这种潜力以应有的尊重，那

① Klaus Steigleder, "The Moral Status of Potential Persons," in *In Vitro Fertilisation in the 1990s*: *Towards a Medical*, *Social and Ethical Evaluation*, ed. Elisabeth Hildt and Dirtmar Mieth (London: Ashgate Pub Ltd., 1998), pp. 239 – 246.

② Deryck Beyleveld, "The Moral Status of the Human Embryo and Fetus," in *The Ethics of Genetics in Human Procreation*, ed. Hille Haker and Deryck Beyleveld, (London: Ashgate Pub Ltd., 2000), pp. 59 – 85.

③ John Harris, *Value of Life*, *An Introduction to Medical Ethics* (London: Taylor & Francis, 2001), p. 11.

④ John Keown eds., *Euthanasia Examined*, *Ethical Clinical and Legal Perspectives* (Cambridge: Cambridge University Press, 1995), pp. 48 – 49.

⑤ Qianfan Zhang, "The Idea of Human Dignity in Classical Chinese Philosophy: A Reconstruction of Confucianism," *Journal of Chinese Philosophy* 27, 3 (2000): 310 – 311.

么这种潜力的发展就必然受到阻碍。如董仲舒曾经提出，"明于天性，知自贵于物；知自贵于物，然后知仁谊；知仁谊，然后重礼节；重礼节，然后安处善；安处善，然后乐循理；乐循理，然后谓之君子。故孔子曰'不知命，亡以为君子'，此之谓也①"。意识到自己的尊严，才能将道德潜能发展为美德。人的尊严并不依赖于已经显示出的人类能力，相反，典型人类能力的发展依赖于人对自身内在价值的认可。

（二）儒家伦理中的两种尊严

1. 普遍尊严

在儒家伦理中，道德潜力是人的尊严的基础。每个人都因为先天地拥有道德潜力而具有尊严。这种尊严是所有人类个体普遍地具有的，因而我们将之称为普遍尊严。

首先，每个人都拥有道德潜力。如孟子认为每个人都生而具有四端："恻隐之心，人皆有之；羞恶之心，人皆有之；恭敬之心，人皆有之；是非之心，人皆有之。"② 四端就是四种道德潜力。"人之有是四端也，犹其有四体也。"③ 就如同生理特征一样，理解和实践道德原则的潜力同样是人类物种生而具有的特征。

其次，每个人都在平等的程度上具有道德潜力。"尧舜与人同耳"④，"圣人与我同类者"⑤。尧舜是道德高尚的典范，而他们身上的道德潜能同普通人并没有区别。即便在普通人与圣人之间，与生俱来的人性也并无本质上的区别。所谓圣人，也不过是将道德潜力发挥到完满状态，即"尽伦者也"⑥。"人皆可以为尧舜"⑦，"涂之人可以为禹"⑧。通过努力，每个人都有可能让天赋的道德潜力得到最为充分的发展，达到最高的人生境界。道德潜力是尊严的基础。因为每个人平等地拥有道德潜力，所以平等地拥有尊严。

现代的人的尊严概念主要来自 1948 年的《世界人权宣言》。现代尊严观念同前现代观念之间的根本区别就在于强调对每一个个体的道德保护。《世界

---

① 赵一生点校《汉书》，浙江古籍出版社，2000，第 799 页。
② 万丽华、蓝旭译注《孟子》，中华书局，2015，第 245 页。
③ 万丽华、蓝旭译注《孟子》，中华书局，2015，第 69 ~ 70 页。
④ 万丽华、蓝旭译注《孟子》，中华书局，2015，第 191 页。
⑤ 万丽华、蓝旭译注《孟子》，中华书局，2015，第 247 ~ 248 页。
⑥ 安小兰译注《荀子》，中华书局，2015，第 235 ~ 237 页。
⑦ 万丽华、蓝旭译注《孟子》，中华书局，2015，第 265 页。
⑧ 安小兰译注《荀子》，中华书局，2015，第 279 页。

人权宣言》提出"人人生而自由，在尊严和权利上一律平等。他们赋有理性和良心……"《世界人权宣言》将尊严赋予人类家庭的每一个成员，无论种族、性别、智力能力、信仰或者年龄。在儒家伦理中，每个人平等地具有的道德潜能将平等的普遍尊严赋予每一个人类成员。普遍尊严就等同于世界人权宣言中的尊严。

与西方多数尊严理论不同，儒家的尊严的道德要求具有双重向度。在多数现代尊严理论中，尊严的道德要求都是单向度的，仅仅要求拥有尊严的个体受到尊重对待。儒家的普遍尊严要求他人以尊重的方式对待普遍尊严的所有者，同时也要求普遍尊严的所有者发展他们身上的道德潜力。如果一种潜力能够给我们赋予尊严这样至高的内在价值，我们就有发展这种潜力的道德义务。这样的理论解释了为什么尊严既保护积极权利，也保护消极权利；既赋予权利，也对权利构成限制。

2. 获得性尊严

很多伦理传统都曾明确提出，如果一种特征让人拥有了尊严这样崇高的地位，那么我们就有义务使这种特性得到恰当的保存和发展。例如，希腊哲学将人视为一种理性灵魂和身体相结合的存在物，并认为这种存在物通过完善理性来实现他的尊严。[①] 希腊哲学不仅通过人的尊严观念告诉我们什么是人的本质，而且也揭示了人类物种应当如何完美地发展。另一个被广泛接受的人的尊严观念来源自圣经对于人的说明。"以上帝的形象被创造"可以用来说明人的特殊地位的来源，也可以用来说明人的特殊的责任，即通过完善我们的本质来完成上帝的创造。[②] 儒家伦理中明确地表达了类似的思想，如孟子提出，"凡有四端于我者，知皆扩而充之矣，若火之始然，泉之始达"。凡是有这四种道德潜力在身上的人，就应当懂得把它们都扩充起来，就像火开始燃烧，泉水开始流出。[③] 相应地，荒废这种潜能是道德上错误的。"有是四端而自谓不能者，自贼者也；谓其君不能者，贼其君者也。"有这四种道德潜力而宣称不能行善的人，是残害自己的人；说他的君王不能行善的人，是残害君土的人。[④] 在儒家伦理中，发展自身道德潜力的义务具有重大道德意义。如果

---

① Robert P. Kraynak, "Human Dignity and the Mystery of the Human Soul," in *Human Dignity and Bioethics*, ed. Barbara T. lanigan（New York：Nova Science Publishers，2008），p. 48.

② Cf. Adam Schulman, "Bioethics and the Question of Human Dignity," in *Human Dignity and Bioethics*, ed. Barbara T. lanigan（New York：Nova Science Publishers，2008），p. 6.

③ 万丽华、蓝旭译注《孟子》，中华书局，2015，第69～70页。

④ 万丽华、蓝旭译注《孟子》，中华书局，2015，第69～70页。

一个人没有努力发展他的道德潜能，那么他就没有以尊重的方式对待自己。很好地发展了道德潜能的个体值得拥有另一种尊严，即"获得性尊严"。

获得性尊严是不平等的。一个人在何种程度上拥有获得性尊严依赖于其在何种程度上将自身的道德潜能发展为美德。有些人完全抛弃了道德潜能，有些人则使这一潜能充分地发展成为美德。根据人的道德水准的不同，儒家有不同的人格划分。比如君子和小人的二分，以及圣人、士大夫、君子、庶人、小人的五分。在二分法中，君子是道德高尚的人，拥有更高的获得性尊严，而小人是道德水准较差的人，拥有较低的获得性尊严。在五分法中，圣人就是道德完美的人，具有最高的获得性尊严，成为圣人也是每个人人生的终极目标。之后的士大夫、君子、庶人、小人则是在越来越低的程度上拥有这种圣人的完满人格，在越来越低的程度上拥有获得性尊严。也有一些人，他们不仅没有发展道德潜能，反而完全丢弃这些潜能，这样也就失去了人格，不能拥有获得性尊严。

在理想情况下，一个人的社会地位应当和他的获得性尊严相符。更好地发展了人类本性的人应当获得更高的社会地位。如在孟子的理论中，"天爵"就是获得性尊严，而"人爵"就是社会地位。孟子认为拥有"人爵"应是拥有"天爵"的结果。"有天爵者，有人爵者。仁义忠信，乐善不倦，此天爵也；公卿大夫，此人爵也。古之人脩其天爵，而人爵从之。"[1] 有天赐的爵位，有人授的爵位。仁义忠信，不厌倦地乐于行善，这是天赐的爵位；公卿大夫，这是人授的爵位。古代的人修养天赐的爵位，水到渠成地获得人授的爵位。又如《大学章句集注》中曾经提出，历史上的君主成为君主的原因，恰恰在于他们在最充分的程度上发展了天赋的道德潜力。"上天创造人类之初，就无不赋予了其仁义礼智的本性。然而人们的资质禀赋也许会存在一些差异，因此并非人人都能够生来就明了自己的本性并加以保全。一旦民众中有聪明睿智能尽展其本性者出现，上天必会让他担当万民的领袖和导师，治理并教化他们，以恢复人们的本性。这就是伏羲、神农、黄帝、尧、舜承天命立制秉政的原因，也是司徒和典乐等官职设立的原由。"[2]

在社会环境不足够公正的情况下，一个人的社会地位可能没有和他的获得性尊严相符。即便在这种情况下，人通过道德修为而得来的获得性尊严并不因社会的错误对待而有所减损。"故君子无爵而贵，无禄而富，不言而信，

---

① 万丽华、蓝旭译注《孟子》，中华书局，2015，第258~259页。

② 朱熹：《大学章句序》，《四书章句集注》，中华书局，1983，第1页。

不怒而威，穷处而荣，独居而乐。"① 君子没有爵位也尊贵，没有俸禄也富裕，不辩说也被信任，不发怒也威严，处境穷困也荣耀，孤独地住着也快乐。"人之所贵者，非良贵也。"别人给予的尊贵，不是真正的尊贵。② 人的获得性尊严并不依赖于社会地位。相反，人的社会地位应当同人的获得性尊严相配。《周易·系辞下》中称，"德薄而位尊……鲜不及矣"③。"德"相对于"位"具有一种优势地位。有"德"者未必有其"位"和有"位"者未必有其"德"的现实，可以引发对有"位"者的观察审视乃至批判否定。一个人的道德修为才是判断其价值的根本依据。

3. 普遍尊严和获得性尊严的比较

在西方理论中，普遍尊严和获得性尊严同样是对尊严的两种最主要的理解。20 世纪 90 年代以前，多数尊严理论仅仅围绕其中一种尊严进行探讨，例如康德的尊严概念或斯多格的尊严概念。在 20 世纪 90 年代以后，更多的理论将人的尊严理解为一个同时包含这两种含义的概念。

丹尼尔·苏尔马西（Daniel P. Sulmasy）的尊严理论中的"内在尊严（intrinsic dignity）"和"卓越的尊严（Inflorescent dignity）"呼应了儒家的普遍尊严和获得性尊严。苏尔马西提出，内在的尊严是"人们无须凭借任何社会地位、引起钦佩的能力，或者任何才能、技术或力量，仅仅因为是人就足以拥有的价值。"正因如此，我们才认为种族主义是对于人的尊严的侵犯。与之不同，卓越的尊严意思是"个体能够展示人类卓越的某一状态的价值，当一个人能够以符合或者表现了人的内在尊严的方式生活，就具有了卓越的尊严"④。罗伯托·安多诺（Roberto Andorno）也曾经在相似的意义上区分了尊严的不同含义，他认为，要理解人的尊严在生命伦理学中如何起作用，就需要做一些概念的区分，特别是在"固有尊严（inherent dignity）"和"道德尊严（moral dignity）"之间做出区分。⑤ 一方面，固有尊严对所有人都是一样的，不能分为不同等级。即使最邪恶的罪犯也不能被剥夺尊严，因而不能受到非人道的对待。另一方面，道德尊严跟一个人的行为有关，来自他们自由地选

---

① 安小兰译注《荀子》，中华书局，2015，第 99 页。
② 万丽华、蓝旭译注《孟子》，第 259～260 页。
③ 杨天才、张善文译注《周易》，中华书局，2017，第 623 页。
④ Daniel P. Sulmasy, "Chapter 18: Dignity and Bioethics: History, Theory, and Selected Applications," in *Human Dignity and Bioethics: Essays Commissioned by the President's Council on Bioethics*, Mar., 2008, https://bioethicsarchive.georgetown.edu/pcbe/reports/human_dignity/chapter18.html.
⑤ Roberto Andorno, "Human Dignity and Human Rights as a Common Ground for a Global Bioethics," *Social Science and Publishing* 34, 3 (2009): 223–240.

择善并且助益于自己的和他人的生活的能力。我们通过做出道德的选择使自己获得了这种尊严。这就是为什么固有尊严人人平等，而道德尊严并不是所有人在同等程度上拥有的。①

很多传统的和当代的伦理学理论都强调尊严是不可丧失的，与美德、行为或成就无关，并且对于每个人类个体而言，尊严是绝对平等的。但现实中，我们又常常感到某些境遇下的人失去了尊严，或感觉到不同的人有着不同程度的尊严。因此理论和常识之间似乎存在矛盾。这种矛盾可以通过儒家尊严概念的双重结构而得到化解。当然，仅仅区分两种尊严，并分别论述它们各自的来源和道德要求，尚不足以充分说明两种尊严如何同人权以及人的道德义务相关联。尊严是一个和人权以及人的道德义务等问题有着密切关联的概念。要说明这种关联，就必须充分论述两种尊严之间的关系。

儒家伦理更明确地论述了两种尊严之间的关系。儒家伦理中的普遍尊严和获得性尊严通过道德潜力联系在一起。普遍尊严来自人的道德潜力，而获得性尊严来自对于道德潜力的发展。普遍尊严提示我们，人人生而具有的道德潜力为每个人赋予了固有的内在价值，因而我们对待他人的态度不能低于某个底面；而获得性尊严给我们描绘了一种理想人格，显示了通过充分发展道德潜力，我们可以对人类同伴展示的最充分的善意。在儒家看来，人生的终极意义就在于追求这个彼岸世界。"朝闻道，夕可死。"② 将道德潜力最充分地发展为美德的圣人是我们几乎不可能成为，但是都应努力去成为的人。

只有普遍尊严是道德地位。获得性尊严不是一种道德地位，它不能授予权利，不能对他人构成道德义务。在不同存在物之间发生利益冲突的时候，各方应受何种程度的保护取决于各方的道德地位。牺牲道德地位较低一方，或无道德地位一方的根本利益，以满足道德地位较高一方，或拥有道德地位一方的需求并不是道德上错误的，甚至是道德上值得赞扬的。这就解释了为什么获得性尊严并不是一种道德地位。一个人拥有获得性尊严，恰恰意味着这个人将他人视为同自身道德地位平等的存在。获得性尊严是因美德而取得的。儒家伦理中最核心的美德表述为"己所不欲，勿施于人"③，以及"夫仁者，己欲立而立人，己欲达而达人。能近取譬，可谓仁之方也已"④。因此，

① Roberto Andorno, "Human Dignity and Human Rights as a Common Ground for a Global Bioethics," *Social Science and Publishing* 34, 3 (2009): 223 – 240.
② 张燕婴译注《论语》，中华书局，2015，第44页。
③ 张燕婴译注《论语》，中华书局，2015，第171~172页。
④ 张燕婴译注《论语》，中华书局，2015，第83~84页。

如果将自身利益视为高于他人利益，就几乎无法得到获得性尊严。得到了获得性尊严的人，认可所有其他人同其自身平等的道德地位。这也就说明，虽然获得性尊严是不平等的，但是获得性尊严的不平等并不是道德地位的不平等。获得性尊严并不是道德地位，它只是让一个人更值得尊敬。

获得性尊严的不平等不会危及普遍尊严的平等，还会为普遍尊严的平等提供进一步的保护。一个人的获得性尊严同其是否尊重他人的普遍尊严以及在多大程度上尊重他人的普遍尊严有着直接的关联。只有当一个人尊重他人的普遍尊严，其自身的获得性尊严才能得到维护和发展。相应地，如果不尊重他人的普遍尊严，我们自己的获得性尊严就会受到贬损。追求更高的获得性尊严，就意味着要在更大程度上尊重和保护他人的普遍尊严。由此可见，对获得性尊严的认可不会破坏平等反而会加强平等的观念。

（三）通过人类整体的尊严论证尊严的平等性

当代伦理研究中，对于人类道德地位平等性的论证非常有前景的一种方式是，认为"以某一特征为典型特征的类"的全体成员都具有道德地位。如果一个自然生物类别具有某些能够为其赢得尊严的类本质，那么，这个自然类别的整体就具有尊严这样的特殊地位。在此基础上，这个物种的每一个成员都可以凭借物种成员身份平等地分享这一地位。很多人同意这一观点。例如，斯坎伦曾经提出，"我们可能错误对待的包括至少能够具有判断敏感态度的类的所有成员"[1]。伯纳德·威廉姆斯也曾经提出，"属于一个特定的种类，即人类，就是这些造物应在某些方面受到某种对待的全部原因"[2]。丹尼尔·苏尔马西对这一方法给出了最完善的论证。他特别强调了自然类别的道德意义。他提出，"自然类别的逻辑提出的是，我们把一个个体作为一个种类的成员挑选出来，不是因为它们表现了作为种类的一员而被归类的所有必要的和充分的谓语（断言），而是因为他们包含在自然种类的扩展之中。这个自然种类作为一个种类，具有这些能力"[3]。平等道德地位的基础在于自然类别的成员身份这样简单的事实。对所有人而言，作为人类物种 员的身份是没有差

---

[1] Thomas Scanlon, *What We Owe to Each Other* (Cambridge: Harvard University Press, 1998), p. 186.

[2] B. Williams, "The Human Prejudice," in *Philosophy as a Humanistic Discipline*, ed. A. W. Moore (Princeton: Princeton University Press, 2008), p. 142.

[3] Daniel P. Sulmasy, "Dignity, Disability, Difference, and Rights," in *Philosophical Reflections on Disability*, ed. D. Christopher Ralston and Justin Ho. (Dordrecht: Springer Science & Business Media, 2009), pp. 183 – 198.

别的，因而这一身份所授予的地位也是没有差别的。

儒家伦理赞成这一立场，道德潜力是人类作为一个自然类别的典型特征。为作为一个整体的人类物种授予一个特殊地位。于是，人类成员的身份就是每个人平等分享这一地位的充分条件。

在儒家伦理中，道德潜力在根本上是人类这个自然类别的典型特征。孟子认为，"口之于味也，有同嗜焉。耳之于声也，有同听焉。目之于色也，有同美焉。至于心，独无所同然乎？谓理也，义也。圣人先得我心之所同然耳。故理义之悦我心，犹刍豢之悦我口"①。孟子曾经对不珍爱道德潜力的人提出批评："今有无名之指屈而不信，非疾痛害事也，如有能信之者，则不远秦、楚之路，为指之不若人也。指不若人，则知恶之；心不若人，则不知恶，此之谓不知类也。"② 当人的身体功能受到伤害，往往不惜远道求医，然而在义理上不如别人，却不知道感到痛苦。在孟子的批评中，不珍爱道德潜力的人错在没有意识到人的本性。通过对"类"的论述，孟子将道德潜力论证为人性的重要组成部分。

道德潜力是人类的典型特征，给整个人类物种赋予了尊严。儒家的"天地之性人为贵"③"人者天地之心也"④，在首要意义上指的是人类。孔子曾经说过，"'始作俑者，其无后乎！'为其像人而用之也"。意思是，第一个用土偶木偶来殉葬的人，该会断子绝孙吧。就因为土偶木偶像人的样子，却用它来殉葬。⑤ 土偶木偶被用于殉葬，并没有使任何一个人类个体的尊严直接地受到侵犯，但是最初将土偶木偶用于殉葬的人却被认为应遭受断子绝孙这样的在儒家文化中极为严厉的惩罚，就因为这种做法没有对人类整体的尊严给予应有的敬意。

认为人类个体的道德地位来源于个体所体现出的人类典型特征的理论，无法论证尚未表现出这种特征的人类成员如何可能具有道德地位。通过人类的地位论证个体的道德地位则能够化解这一困难。这一论证为我们提供了将道德保护的范围扩展到人类物种所有成员的理由，也论证了每个人类成员都具有平等的道德地位。

---

① 万丽华、蓝旭译注《孟子》，中华书局，2015，第247~248页。
② 万丽华、蓝旭译注《孟子》，第255页。
③ 胡平生、陈美兰译注《礼记·孝经》，中华书局，2016，第286页。
④ 戴圣译《礼记》，北方文艺出版社，2013，第147页。
⑤ 万丽华、蓝旭译注《孟子》，第8页。

第五章

道德地位产生了何种义务

　　一类存在物的道德地位同其具有的自主能力之间存在直接的联系。因而，尊重道德地位要求我们不侵犯其自主，维护并且协助其实现自主。自主显示了存在物的个体性，与之相对，道德义务是普遍性的，特殊的自主性的保护如何统一于普遍性的道德义务是一个引人深思的问题，而这个问题也就是论证道德义务的关键所在。

　　普遍性的规范性建立在个体自我反思的基础上，因而为道德规范提供了个体自身所无法反对的基础，通过自我反思，个体才能够认识到，自我和他人的关系对于其自我认识和自我构成而言是如此重要，因而，为了自身同一性的建构，自我不得不同他人相互认可，并在相互认可的基础上建立普遍性的行为规范。如果我们忽视了相互关系的意义和价值，那么我们的自我构建和自我认识也不能取得成功。一旦我们的自我建构和自我认识取得了成功，我们也就和他人建立了相互认可道德地位的关系。道德地位产生的义务就体现在这种关系之中。

一　尊重人性的历史哲学

　　认可道德地位就是对于具有道德价值的人类独特能力的认可，这种独特能力是摆脱作用于我们内心的各种内在和外在力量的强迫，成为自己行动的主人的能力。我们能够自主地选择行动的理由，可以自主地做出行动，因而，我们组成了一个可以相互负责任的共同体。共同体成员之间的义务就包括保护并尊重彼此的这种能力，或至少不能阻碍它的实践和发展。在这个共同体中，所有成员都有义务对彼此个性化的价值取舍和人生规划给予充分的尊重和严肃的对待。这样的共同体本质上就是其成员在彼此尊重自主的过程中成就其自身的自主性的共同体，这是一种在所有成员中具有普遍性的关系。因此，这样的共同体必然包含某种普遍存在于所有共同体成员之间的规范。

道德原则必须具有规范性效力，并且这种规范性效力必须是普遍的。虽然自主和规范性的来源直接相关，但自主和规范性之间，似乎又总是隐含着存在主义和本质主义的张力。独特的自我构建如何同普遍道德规范相连的问题构成了历史上有趣的发展篇章。如果我们充分地理解自身，我们就不得不将自己的行动计划同他人行动计划认真加以分析和权衡。自主和规范性不仅能够和解，而且能够相互构建。

这样的相互构建典型体现在 19 世纪晚期和 20 世纪晚期西方的两个文化事件之中：在 19 世纪晚期的欧洲，"个人生活"开始觉醒，人们对自己独特的内心世界给予前所未有的关注，并因此反抗外在的权威，然而，这一过程不仅没有导致自我控制的失败，反而塑造了更加成功的自我控制；在 20 世纪晚期的美国，罗尔斯等学者推动了的规范伦理学的复兴，而其对普遍权威的论证则是建立在自我反思的基础上的。这一过程向我们显示，深刻的自我理解恰恰是建立普遍规范的必由之路，我们在自我理解的方向上走得越远，我们就越发深刻地同他人连接在一起。

（一）从"个人生活"到成功的"自主"

精神分析学派不仅是精神医学领域重要的理论分支，同时在哲学领域产生显著的影响。其对于精神疾病发生机理的认识影响着我们对于自主、理性和行动性等重要哲学概念的理解，也对个体的价值给出了独特的解释。尊重自主的观念在精神分析的理论中有明确体现，随着精神分析理论的社会影响逐步扩大，其所包含的自主观念重新塑造了个体对于自身的看法，导致人们以关注个性和自由之名抗拒外在的权威。然而这一过程最终并没有导致自主的失败，反而使个体成为自身更加权威的，同时也是更加成功的主宰者。

1. 发现独一无二的自我

精神分析的创始人弗洛伊德提出，被压抑的无意识是引起精神疾病的最终原因。弗洛伊德发现，精神过程大多是无意识的，有意识的精神活动不过是一些孤立的动作或者说精神生活的局部，正是那些丰富的、隐讳的无意识在根本左右着人的思想和行为。虽然习俗、规范和社会约定会将这些无意识的内容压制到意识之下，但它们还是会通过某种方式表达自身。精神疾病患者的症状则可以被视为压抑到无意识中的欲望寻求满足的曲折表现，是压抑与被压抑的两种力量相互斗争的结果。对弗洛伊德而言，无意识中的内在驱动力就是性本能，对性本能的压抑是精神疾病的直接原因。比如在 1930 年出版的《文明及其不满》中，弗洛伊德就曾提出文明的发展是以对人类性本能的压抑和否定为代价的。在现实中，文明越进步，我们就有越多的理由去限制本能的满足。

在精神分析学派内部，对无意识本能的界定曾有过争论，但对无意识的压抑始终是精神分析学派病因论的核心。

围绕无意识展开的种种病因论都加强了一种对独特的社会情境，对患者独一无二的生活史的关注，即关注人的需要，人在特定境遇中的感受。这是此前和之后的精神病学分类学所不能做到的。比方说 20 世纪精神疾病诊断与统计手册（Diagnostic and Statistical Manual，DSM）的发展就使人们意识到一个逐渐加强的趋势：研究者们主要以可观察到的症状、行为和特征为基础定义精神问题，而将全部的人格机能和适应水平放置在一个次要的位置上。与之相对，精神分析的诊断标准精神分析的诊断手册（Psychoanalytic Diagnostic Manual，PDM）试图描述个体全部功能的特征——情感、认知以及社交模式。这一诊断框架描述健康以及失常的人格机能，包括联系、理解、表达感觉，应对压力和焦虑，观察一个人自身的情感和行为，以及构成道德判断的模式；还有症状模式，包括每一个个体人格的不同，对于症状的主观体验。PDM 的作者称，精神健康的内涵不仅仅是没有症状而已，事实上，所谓精神健康包含一个人全部的机能，在关系方面，包括情感的深度、范围和规则，在应对能力方面，包括自我观察能力，即全部的认知，情感和行为能力。[1] 在 PDM 第一部分的 P 轴（Personality Patterns and Disorders，P Axis）里，人格模式和障碍将人放置于一个从健康到功能失调的连续统之中，描述其组织精神机能以及应对这个世界的特有方式的本质。S 轴的描述则从患者对主要困难的个人体验方面表达其症状模式。[2] 在这里，人的精神世界被放回完整的人类个体之中去了，在一个完整的人的概念下获得理解。

历史上，这种以无意识为核心的病因论不仅改变了人们对精神疾病的看法，也改变了人们对人本身的理解。在演变成一场社会运动的同时，该理论推动了社会生活中的一系列变革。

---

[1]　Paul Ian Steinberg and Carolyn R Steinberg，"Psychoanalytic Diagnostic Manual（PDM），" *Canadian Journal of Psychiatry* 53，1（2008）：68．

[2]　Paul Ian Steinberg and Carolyn R Steinberg，"Psychoanalytic Diagnostic Manual（PDM），" *Canadian Journal of Psychiatry* 53，1（2008）：68 - 69．

2. "个人生活"的诞生

19 世纪末的西方，社会生活的各个领域都发生着剧烈的变化，然而与精神分析理论的发展发生了最直接作用的，则是一种生活方式，即"个人生活"的诞生。美国学者伊利·泽拉特斯基曾在《灵魂的秘密——精神分析的社会和文化史》中描述过个人生活的概念。在他看来，个人生活是一种去家庭化（defamilization），反传统和内省（introspect）的生活，而精神分析正是因为给这样一种生活提供了理论依据而被人们接受并发展为一场声势浩大的运动。

个人生活这一社会生活的新领域是随着西方现代工业的发展而出现的，现代工业中付工资的劳动（wage labor/paid work）是其得以实现的决定性的经济基础。① 以前，社会生产以家庭为基本单位，每个人都在家庭的范围内从事生产活动并在经济上依赖他的家庭。因此，家庭是人们生活的核心，每个人都要服从家庭的权威。特别是在这样的生产模式中，父权始终持续着，女人和孩子被认为依赖于丈夫和父亲，因此他们的自由就更加有限。② 尤其是女人，作为妻子和母亲的义务将她们紧紧束缚在家庭之内。而当现代工业的兴起集中了私人的生产性财产之后，19 世纪的西方社会中产生了一些家庭以外的工作机会，即付工资的劳动。在这种情况之下，每一个人都可以进入社会中凭借自己的力量谋求生存，其中当然也包括女性。长此以往，传统的控制家庭成员的法律和道德自然就遭到了质疑。人们反对家庭的权威，反对父权的至高无上，并追求一种脱离于家庭之外的更加独立自由的生活。这个过程在书中被称为去家庭化，这就是个人生活的第一个重要特征。

与此同时，作者认为工业化的发展还在另外一个方面为个人生活的诞生提供了可能性：原先仅仅是维持社会生存就需要人们全力以赴，因为社会中的商品总是处于不足或匮乏状态。然而随着第二次工业革命带来了生产力的飞跃，社会中出现了过剩劳动，即超出社会需要之外的劳动。③ 相应地，社会中也出现了过剩商品。从此，商品生产再也不是人类生活所面临的当务之急了。在这种情况下，资本原始积累时期所提倡的勤劳节俭的价值观在富足的社会生活面前变得岌岌可危。特别是大众消费时代的到来又进一步给这种传

---

① Eli Zaretsky, *Capitalism, The Family, and Personal Life* (New York: Harper & Row, Publishers, 1986), p. 83.
② Eli Zaretsky, *Secret of The Soul: A Social and Cultural History of Psychoanalysis* (New York: Random House, Inc., 2004), p. 153, p. 5, p. 142.
③ Eli Zaretsky, *Secret of The Soul: A Social and Cultural History of Psychoanalysis* (New York: Random House, Inc., 2004), p. 64.

统价值观的合理性以致命打击。一种指向生产之外的个人生活由此产生。经济活动要求的是积极、忘我和勤奋，而作为这种过剩劳动结果的个人生活则包含着消极的愿望：要放松，要休息，要被关心，要被爱。① 原先，人们要为达到某种经济目标去服务，而第二次工业革命之后，使经济因素服从人类愿望的可能性越来越有望转变成现实。这时，人们不再用经济的命令要求自己②，而是开始放任自己；不再虔诚地安于命运，而是分心思于构建一种乌托邦式的幻想。显然，这样一种生活不受传统道德的约束，而是对传统价值观的背叛。这就是个人生活的第二个特征。

最后，对于家庭和道德双重权威的颠覆必然导致新的焦虑：当人们亲手去除了身上本质主义的沉重枷锁，一种存在主义的焦虑又频频来袭。人们不再是由家庭和道德所规定的了，那么个人的身份究竟该由什么来决定呢？这就需要人们在家庭和社会劳动分工体系的规定之外重新构建自己的身份。③ 对于这一重建行动来说，自我反省无疑是最直接和最自然的方式。这也就是说，一个与家庭和商品生产相分离的个人生活区域的出现最终鼓舞了人们对于自我内部的心理世界的发现和探查。这就是个人生活的第三个特征——内省。这种内省无疑是内向的和费解的，因为它基于每个人的独特经历及其对生活的独特理解而形成。通过内省，个人生活不仅促进了个性（individuality）和主体性（subjectivity）等概念的重建，更促进了现代性的建立。

个人生活是以逃离权威，推翻普遍化的社会规范和人的普遍规定性为特征的。这样一种生活无疑是从现实物质世界中的退缩，因此不可避免地会导致积极的启蒙理性精神的丧失；但另一方面，去家庭化，非道德和内省的生活又有可能通过培养个人对于自身的理解和责任感，而成为促进理性、民主和自治的最强大的力量。这就是个人生活的双重特征。

不过在很长一段时间里，这种具有双重特征的个人生活都只是一种存在于人们思想中的不连续的渴望，尚无系统的理论，也无付诸实践的条件。直到精神分析诞生，思想中的渴望才找到理论的共鸣和现实的载体。正如泽拉特斯基所说，精神分析所创立的思想，一种动态的或个人的无意识的思想，

---

① Eli Zaretsky, *Secret of The Soul: A Social and Cultural History of Psychoanalysis* (New York: Random House, Inc., 2004), p. 64.

② Eli Zaretsky, *Capitalism, The Family, and Personal Life* (New York: Harper & Row, Publishers, 1986), p. 83.

③ Eli Zaretsky, *Secret of The Soul: A Social and Cultural History of Psychoanalysis* (New York: Random House, Inc., 2004), p. 218, p. 166.

反映了这种个人生活的新体验。在他看来，精神分析就是关于"个人生活"的第一个伟大的理论和实践。[1]

3. 第二次工业革命中的"加尔文主义"

由于精神分析的理论与个人生活的种种特征相互呼应，为个人生活所深深影响的人们就把精神分析当作他们的行动指南，并用精神分析来构建他们期待中的生活。这一切在经济上导致了一个后果，那就是促使资本主义经济发展到了它的大众消费时代。因为这一过程与加尔文教促进资本主义建立的过程非常相似，因此可以将精神分析比喻成第二次工业革命中的加尔文主义。

马克斯·韦伯（Max Weber）曾经在他的《新教伦理与资本主义精神》一书中，描述了新教伦理与近代理性资本主义发展之间的关系。而加尔文主义就是新教中影响最为深广的一支。[2] 韦伯认为，资本主义的兴起在实际活动中主要取决于人的精神气质，而加尔文主义恰恰成就了这样一种独特的精神气质。根据加尔文教的教义，只有一部分人可以成为上帝的选民，同时只有选民的灵魂才可以获得拯救。这样，加尔文教徒就不断地以选民所应尽的天职（calling）要求自己，以这种方式暗示：我就是上帝的选民。没有人敢于置天职于不顾，因为那样就等于承认了自己不是被选中的——那是新教徒的心灵所承受不来的。[3] 强调勤奋节俭的禁欲主义天职观念就这样轻易地渗透到了每个人的心灵之中。在这种观念之下，人们要利用生命中的每一分钟来为上帝工作，当劳动带来了新的财富的时候，新教徒又会马上将它们应用于新的投资以带来新的盈利。因为作为上帝的仆人，赢利不是满足物质需要的手段，而是人生的最终目标。[4] 随着这种盈利和投资的循环不断继续下去，资本主义的兴起也就在情理之中了。通过以上描述，社会文化导致经济革命的全过程清晰地显现出来。

在精神分析理论与消费经济之间，也存在相似的关系：如果说加尔文主义是早期资本主义的心理动机，精神分析则是一种基于消费的新经济形式发展的心理动机。加尔文主义是通过培养人们的精神气质作用于经济，通过传播一种勤劳节俭的禁欲主义精神推动了资本主义的兴起；而精神分析是通过促进个人生活的形成作用于经济的，精神分析理论建立了一种反对传统教条

---

[1]　Eli Zaretsky, *Capitalism, The Family, and Personal Life* (New York: Harper & Row, Publishers, 1986), p. 5.

[2]　马克斯·韦伯：《新教伦理与资本主义精神》，陕西师范大学出版社，2002，第 13 页。

[3]　马克斯·韦伯：《新教伦理与资本主义精神》，陕西师范大学出版社，2002，第 84～93 页。

[4]　马克斯·韦伯：《新教伦理与资本主义精神》，陕西师范大学出版社，2002，第 162～165 页。

的新生活领域——个人生活，促使大众消费经济时代登上历史的舞台。① 在两种情况中，作为文化因素的加尔文主义和精神分析都起到了不容忽视的作用：在加尔文教的例子中，人们决不会为了建立资本主义社会而去积累资本，驱动人们积累资本的力量很单纯，那就是不可逃避的天职；在后一种情况中，人们也不会仅仅为了支持市场而变成消费者，人们消费是为了不受约束，释放本能，并满足自己内心构建的乌托邦幻想。② 另外，在两种情况中，文化上的起因都是指向内部的：加尔文主义主张人们通过内省来弄清自己是否被选中，精神分析则力图培养人们过一种远离社会、转向内省的个人生活的能力。但有趣的是，这两种自省的结果却反而都指向了自我外部，都反过来影响了与私人空间相对立的公共领域，即社会生活：加尔文主义在社会中建立了节俭、工作和家庭生活的新秩序；而精神分析的文化运动则巩固了初露端倪的消费者社会。

这种消费者社会的出现反映了第二次工业革命时代的到来。在第一次工业革命中，对于生产的需要决定了消费的水平。消费品的生产只是为了劳动力的再生产。在第二次工业革命中，这种关系被颠倒过来，消费需求是经济发展的动力。经济体系的目的是扩大而非限制消费。③ 弗洛伊德的无意识概念就是在这一经济发展方式的历史性转变关头提出的。因为每个人的无意识都是由其极具个性的愿望和幼年经历所塑造的，所以无意识这一概念就为现代人的个性提供了理论基础。弗洛伊德对于无意识的发现无疑与加尔文对于灵魂问题的发现具有相同的重要性。④

4. 现代性的三重诺言

以上新的时代特征同时也表征了一种新的做人的方式，这种做人的新方式就是所谓的现代主义。精神分析本身并不是必然会导致现代主义的，与个人生活一样，精神分析也包含双重特征。一方面，无意识概念的提出赋予个人绝对的独特性，使个人与任何理性和道德的普遍领域脱离开来，这一概念足以将精神分析引向神秘主义；而在另一方面，本我、自我、超我的人格结

---

① Eli Zaretsky, *Secret of The Soul*: *A Social and Cultural History of Psychoanalysis* (New York: Random House, Inc., 2004), pp. 15 - 16.

② Eli Zaretsky, *Secret of The Soul*: *A Social and Cultural History of Psychoanalysis* (New York: Random House, Inc., 2004), p. 140.

③ Eli Zaretsky, *Secret of The Soul*: *A Social and Cultural History of Psychoanalysis* (New York: Random House, Inc., 2004), p. 139.

④ Eli Zaretsky, *Secret of The Soul*: *A Social and Cultural History of Psychoanalysis* (New York: Random House, Inc., 2004), pp. 144 - 148.

构又重铸了自主，理性等概念的含义，从而有望促使启蒙思想变得更加激进和深入。那么站在这个十字路口的中央，是什么决定了精神分析历史发展的最终走向呢？是通过扮演第二次工业革命中的加尔文主义，通过与社会中最强大的经济力量相互作用，使得精神分析不仅没有走向神秘主义，反而推动了现代性的建立，并使得现代性的三重解放诺言更加深入和激进。① 这里的三重诺言就是自主、女性解放和民主。

作为女性解放和民主社会的前提，自主被视为现代性最基础的诺言。启蒙思想家康德曾经定义了一种理性和道德的自主，它包含两个方面的内容。第一，它鼓励个人从牧师和统治者的阴影下摆脱出来，进行独立思考。第二，人们要舍弃自己的某些愿望，使自身的行为符合自己通过理性建立起来的道德准则。② 很显然，康德对于必须遵循道德原则的原因的解说难以与 19 世纪的个人生活融为一体。而这，正是精神分析运动诞生的社会背景。精神分析通过对自主的理念进行重新界定，不仅顺应了个人生活的潮流，而且赋予自主以更深刻的含义。

在对歇斯底里病例进行研究的过程中，弗洛伊德发现患者发病的原因就根源于患者的自我控制。对这些人来说，他们不仅没有享受到自主的快乐，反而被其自我控制的努力压倒了。③ 由此，弗洛伊德开始怀疑通过外在的道德律进行严格自我控制的这种传统自主理论的合法性。传统的自主理论事实上并没给自主留出足够空间，同时它是缺乏语境的（decontextualized），忽视个人的（impersonal）。④ 而弗洛伊德的新的自主理论则弥补了这些不足。

弗洛伊德的自主概念是以本我、自我和超我三个层次的人格结构划分为基础的。众所周知，自我是普遍的理性与偶然性，个人偏好以及内驱力等因素相汇聚的地方。康德那种普遍道德命令在这种人格结构中仅占一个层次，即超我。它还须在自我中与本能相调和。自我的工作就是在不同的精神环境中进行调停，同时处理渴望、内部要求、自我批评，以及社会的要求。这些环境不仅不同而且有不能协调的矛盾。由此，弗洛伊德的新自主概念包含对

① Eli Zaretsky, *Secret of The Soul: A Social and Cultural History of Psychoanalysis* (New York: Random House, Inc., 2004), pp. 9 – 38.

② Eli Zaretsky, *Secret of The Soul: A Social and Cultural History of Psychoanalysis* (New York: Random House, Inc., 2004), p. 163.

③ Eli Zaretsky, *Secret of The Soul: A Social and Cultural History of Psychoanalysis* (New York: Random House, Inc., 2004), p. 23.

④ Eli Zaretsky, *Secret of The Soul: A Social and Cultural History of Psychoanalysis* (New York: Random House, Inc., 2004), p. 167.

多个方面的关注：关注个人生活，也关注家庭、团体、宗教和科学。这样，自主就由个人与一种外在的道德原则的关系转变为个人与自己的关系了。这种个人与自己的关系就叫作内省。

康德认为自主就等同于自我控制，精神分析则提出自主在于在相互斗争的需要间通过沉思来达到平衡。由此，精神分析不仅没有否认自主反而加深了自主的含义，因为它为个人留下了一个自主的空间：在这里，个人运用人格内部的力量对自己进行批判，并因而能够对自己负有责任。如果康德的自主最终导致了精神症的话，在世纪末的新现实中，只有个人自主的新概念能使个人追求自由和幸福的努力生效。①

精神分析是作为五四运动所引进的西方现代性的一部分而进入中国的。既然五四运动是中国救亡图存的启蒙运动，其所引进的精神分析必然也和革命的需要联系在了一起。微拉·施瓦支（Vera Schwarcz）的《中国的启蒙运动——知识分子与五四遗产》（*The Chinese Enlightenment：Intellectuals and the Legacy of the May Fourth Movement of 1919*）是一本描述中国启蒙运动的著作。书中介绍了《新青年》杂志对中国社会流行的种种世界观的剖析，中国传统的儒学和佛教"都提倡极度的禁欲主义、反对个性，对社会生活亦缺乏现实的评估"。在这种背景之下中国知识分子对于新传入的精神分析理论的关注就聚焦在对"本能"的认识上。② 中国社会由此不再安于禁欲主义教条的控制，开始强调对本能的满足，并以此反对那些阻碍本能释放的社会体制。③ 当然，就当时的状况而言，反对压抑，提倡释放本能的新思想对于中国的女性具有尤其重要的意义。精神分析不仅激励中国人挣脱精神枷锁，实践自主的全新生活方式，同时也成了中国女性解放的新工具，这与在西方的状况是一样的。

西方女性主义观念历史变迁的大致图景是这样的：在启蒙时期，女性主义者以男人和女人拥有共同的本质，即男人和女人都是理性的生物（rational being）为由，为女人要求同男人平等的权利。到了 19 世纪，这种启蒙理性的假设被一种新的逻辑所取代。新时期的女性主义者认为女人是因其作为女性

---

① Eli Zaretsky, *Secret of The Soul：A Social and Cultural History of Psychoanalysis*（New York：Random House, Inc. , 2004）, p. 39.

② 〔美〕微拉·施瓦支：《中国的启蒙运动——知识分子与五四遗产》，李国英等译，山西人民出版社，1989，第 117~124 页。

③ Eli Zaretsky, *Secret of The Soul：A Social and Cultural History of Psychoanalysis*（New York：Random House, Inc. , 2004）, p. 190.

的特殊品德而应被赋予权利的。这些特殊品德包括在家庭内部辛勤劳动以及对其作为妻子和母亲的"天职"尽责。可见他们的观点以承认男女间的不同为前提。然而最终，随着个人生活登上历史舞台，女性主义者的逻辑又展现了向启蒙思想复归的趋势。①

倡导这种复归的正是拥有个人生活的新女性。在19世纪的文化中，男人和女人被定位在不同的世界之中：男人在社会经济生活中拥有一席之地，而女人的位置被限定在家庭之内。这样，女人就要在经济上依靠男人。这种依赖投射到社会文化上，就造成了这样一种文化上的性别区分：男性是理性、自主、积极的主体，而女性则感性、被动而且倾向于退缩。比如自主的失败、罢工等都被视为女性化的行为。然而19世纪个人生活的出现使情况发生了改变。尽管原先女性的自我展示还被看作自取其辱，而这时，走入公众生活的中产阶级女性就以独立、独断和自信的精神气质重铸了城市风景。② 既然在经济上已有可能达到独立，"新女人"当然不愿在文化上继续被扣上感性，被动和退缩的帽子。这正是"新女人"和精神分析相遇的历史背景。

在弗洛伊德的理论里，性不再是个体的物理或心理功能，而是一个复杂的不稳定的精神过程。③ 弗洛伊德认为，性本能普遍的存在于每个人的无意识之中，它与人的性别无关。同时，因为无意识对于个人来说是极其独特的精神过程，而性本能又位于无意识的核心，所以这种性本能也就成了个人独特性的集中表达。一个性的目标可以和各种来源相联系，它既可以是积极的，又可以是被动的。这些都不再具有确定性了，唯一确定的最高原则仅仅是：要体现出每个人的独特性。由此，一个具有被动和顺从愿望的男性并不像19世纪的心理学所认为的那样——变成了一个女性。被动和顺从的愿望存在于每一个人的心理，不应该将它们与生理上粗浅的性别划分联系在一起。更进一步，歇斯底里症、被动性和依赖性等问题，也不成其为问题了，这在精神分析看来不过是每个人心灵世界中普遍存在的特征。④ 就这样，弗洛伊德打破了19世纪性的范式，并以此使女人摆脱文化赋予她们的被动形象，去争取和

---

① Eli Zaretsky, *Secret of The Soul: A Social and Cultural History of Psychoanalysis* (New York: Random House, Inc., 2004), pp. 44 – 45.

② Eli Zaretsky, *Secret of The Soul: A Social and Cultural History of Psychoanalysis* (New York: Random House, Inc., 2004), pp. 341 – 343.

③ Eli Zaretsky, *Secret of The Soul: A Social and Cultural History of Psychoanalysis* (New York: Random House, Inc., 2004), pp. 348 – 351.

④ Eli Zaretsky, *Secret of The Soul: A Social and Cultural History of Psychoanalysis* (New York: Random House, Inc., 2004), p. 61.

男人相同的权利。

在自主和女性解放的基础上，实现现代性的第三诺言——民主自然就是水到渠成的了。由于把新型自主作为它的基础，同时把女人也包括进了它的范围，民主走入了它的现代形式。19世纪的民主是建立在公共领域和私人领域的严格区别的基础上的。然而随着女性进入社会生活以及有关性的大众文化的兴起，私人问题转化为公共问题。同时，家庭的权利被驱逐出公共领域，仅在个人的精神世界中持续。这些转变都潜在地加深了民主的观念。① 相比于康德的自我反思，精神分析的自我反思反映了个体的个性并与具体情境充分结合，因而是一种更加深入的反思。个体在此基础上实现了自我建构，也成了自己行动的主人。

（二）从元伦理学的年代到规范伦理学的复兴

"个人生活"的热情持续至19世纪末期，并与其他非常具有影响力的思想结合在一起。"个人生活"的出现推翻了传统的行为准则，导致人们空前关注使新的行为准则能够得以建立的理论基础。在19世纪最后四分之一的时间里，进化论将尊严和价值赋予了那些积极应对生活中的各种挑战的个体；在美国，实用主义思想向人们显示，既然善的本质就是满足欲求，而这个世界不能满足个体的所有欲求，那么我们的原则就是在任何时候都要尽可能多地实现满足。

詹姆斯（William James）和杜威（John Dewey）长期被视为美国主导性的知识分子，他们都建立了一种思想风格，即道德哲学探讨的就是人如何生活在这个自然和文化的世界之中，并改变和挑战这个世界以实现人的愿望。因此，科学和伦理是不可分割的，它们都是有关于人的需求的基本洞见。以上实用主义的观点将个体及其所处的情景充分结合在了一起，延续了个人生活所开启的那种实现自主的方式。杜威主义提出，"一个道德原则不是一个有关于以特定的方式去行动或者克制行动的命令：它是一个对特定情境进行分析的工具，对和错由全部情境决定而不是由这样的命令所决定的"②。在他看来，伦理学对问题的回应总是对于一个独特问题的反思性的、创造性的解决方案。这种观念加强了人们对于社会事务的关注。杜威曾发表大量文章参与公共事务，探讨了公共教育、女性选举权、政治和经济问题，以及国际事务等。

---

① Eli Zaretsky, *Secret of The Soul：A Social and Cultural History of Psychoanalysis* （New York：Random House，Inc.，2004），p. 10.

② John Dewey and James H. Tufts, *Ethics* （New York：Henry Holt and Co.，1932），p. 334.

即便伦理的工具性应用并不是一种受到普遍认可的立场，但实用主义思想的确有助于我们为伦理原则赋予权威性的规范效力。美国哲学的精神曾被三个信念所主导：一、思想是一种回应具体情境的活动，这种活动的目标是解决问题；二、观念和理论必须使人们的行为有所不同；三、进步的障碍可以被知识的应用所克服。"从这个角度看，任何事物的价值，就来自它们对建立和保护好生活的贡献之中。"①

这种思想给人很多有益的启发，但其影响并没有持续下去。进入 20 世纪之后，来自欧洲哲学的影响使元伦理学取代了规范伦理学，成为主导性的研究方向，并且，此时的元伦理学研究严重破坏了规范伦理学的基础，终止了对现实道德生活的积极构想。这就是为什么面对第二次世界大战、纽伦堡审判，以及麦卡锡大清洗运动等事件，伦理学家极少做出回应，因为伦理学已经不能提供分析和评价现实的工具。直到规范伦理学在 20 世纪末期重新兴起的时候，这一局面才得以扭转。新康德主义的建构论重新尝试建立某种我们可以应用于行动的伦理知识，将伦理学的目标确立为"找出对于实践问题的实践性解决方案"②。对于规范伦理学而言，回应元伦理学的挑战是一个艰巨的任务，同时也是其自身发展的必由之路。

1. 在"是"与"应当"之间画出界线

20 世纪初，摩尔（G. E. Moore）在《伦理学原理》中提出了对"伦理自然主义"的批评，他认为该立场包含着谬误，并将这一谬误称为"自然主义的谬误"。在摩尔看来，善是最根本的伦理价值，所谓"自然主义的谬误"就是认为这一根本性的价值可以通过自然主义的术语，例如快乐、欲望，或者进化的过程等来加以定义。在摩尔看来，"善"是一种非自然的属性，它不可定义、不可分析，不能够还原成自然科学，只能凭借直觉而加以认识。对此，摩尔的主要论证是，当我们面对一个推定的定义，比如是善的就是我们愿意欲求的，我们不能认为它是根据其定义而为真的。它的真实性对我们而言还是一个"开放问题"。因此，伦理学的目的在于发现什么是属于一切善的事物的其他各种性质。当时美国的哲学家无一例外都是自然主义者，相信伦理意见应当基于可以理性地辨别的事实，因而摩尔的观点同他们的伦理论证都是不相容的。

---

① John Smith, *The Spirit of American Philosophy* (New York: State University of New York Press, 1983), p. 188.

② Christine M. Korsgaard, *The Constitution of Agency: Essays on Practical Reason and Moral Psychology* (Oxford: Oxford University Press, 2008), p. 118.

道德价值所受到的另一次冲击来自逻辑实证主义。1934 年，牛津的艾耶尔（Alfred Jules Ayer）在英语世界传布了维也纳学派的学说，不久之后，查尔斯·史蒂文森（Charles L. Stevenson）把艾耶尔的思想带到美国。20 世纪 30 年代，当史蒂文森访问剑桥的时候，逻辑实证主义对伦理概念和语言的激烈批判正盛行于剑桥地区。史蒂文森深受其影响，并将这种批评的观念体现在自己的博士论文中。1944 年，这篇博士论文以《伦理学和语言》为题出版。书中提出，伦理陈述并不是能够被称为真实或者错误的事实陈述；它们是一种劝说，表达了支持或者不支持某种行为的情感，并试图说服别人支持或不支持。史蒂文森想要说明，在客观的事实中寻求道德的基础是错误的。杜威曾经提出，如果史蒂文森的理论在实践中得到广泛接受，就会导致道德的脆弱。① 后来发生的事实印证了杜威的看法。

逻辑实证主义思想破坏了任何道德规范能够建立的基础。美国道德哲学研究从此进入了元伦理学的年代。元伦理学是艾耶尔在 20 世纪 40 年代发明的术语。② 命名了道德哲学研究的一种方法。如果将有关什么行动是道德上正确或错误的讨论，以及人的某种品质是善还是恶，应当受到称赞还是批评等论述称为一级的论述，那么反思对、错、善、恶究竟是什么意思就是第二级的论述。第一级的论述是规范伦理学的工作；第二级的论述是元伦理学的工作，它并不试图确立指导行为的原则。当时，有一些人认为，只有元伦理学才是哲学家的工作，而规范伦理学是政治家和传道士的工作，并且提出，"是"与"应该"之间的障碍是不可能跨越的。

事实上，广义上的元伦理学研究并不限于道德语言的分析，它探讨伦理主张的含义、伦理主张的论证、可证明性，以及道德的形而上学和认识论问题。元伦理学本身也并不意味着一定要避免规范性承诺。但是，在这一特定历史时期中的元伦理学的讨论无疑都严重破坏了规范伦理学的基础。这一状况直接导致了道德哲学研究的贫瘠。沃诺克（Mary Warnock）在评论 1900 年以来道德哲学时曾提出，将伦理学作为伦理语言分析的结果之一就是，让对象更加浅薄……浅薄化的一个方面表现为道德哲学家不愿持有任何道德意见……将探讨集中于最普遍的评价语言，害怕犯下那种被称为"自然主义谬误"的错误……伦理学作为一个严肃的学科已经越发遥远了。③

---

① John Dewey, "Ethical Subject Matter and Language," *Journal of Philosophy* 42, 26 (1945): 703.

② A. J. Ayer, *A Critique of Ethics*, in *Language*, *Truth and Logic* (London: Gollanz, 1946), pp. 102 – 114.

③ Mary Warnock, *Ethics Since 1900* (London: Oxford University Press, 1960), pp. 203 – 204.

2. 通过自我反思连接"是"与"应当"

回应来自元伦理学的挑战，复兴规范伦理学，哲学家应当证明伦理学具有客观性，因而能够对行动给出有意义的指导。这就需要对于事实如何能够同价值相连接的问题给出论证，并且论证，主观的价值如何能够成为一种普遍价值。对以上问题的回答，构成了 20 世纪后半期道德哲学领域中最重要并且最具有吸引力的内容。两种主要的方式曾被用于回应上述问题，一种是霍布斯式的，另一种是康德式的。

霍布斯的观点将行动者的利益或目标作为实践理性的标准，他尝试论证，道德的地位可以通过这样的事实而得到捍卫，即行动者的利益或目标可以为道德理由提供充分的基础。20 世纪，霍布斯主义者的观点指出，道德作为实践推理的体系存在于每一个人的利益之中。每个人都通过使用这一体系而有所得。对于那种可以令彼此都受益的合作而言，道德是必要的。然而，这一类观点无法论证道德应具有的权威性。

当代的霍布斯主义者拜尔（Kurt Baier）曾在 20 世纪 50 年代后期提出，相对于一个不受约束的审慎地（prudentially）对自我利益的追求所导致的对各方都不利的斗争，各方都接受道德推理显然更符合各方的利益。然而，对于每一个行动者而言，当道德和自我利益相冲突的时候，以对立于道德理由的方式行为最符合他的利益。因此，该理论并没有显示为什么个体行动者应该道德地而不是审慎地推理。① 高蒂尔（David Gauthier）同样持霍布斯主义的立场对道德进行论证，提出实践理性包括一个完美的理性行动者实践推理的全部考量，当一个行动者以最符合他自己利益的方式推理的时候，他就是完美的理性的行动者。因为行动者了解其他人的动机，并且不愿意和那些他们认为不会限制自我利益的人合作，因此，道德符合每一个行动者的利益。② 在这里，即便高蒂尔回答了一个人为什么应当道德的问题，这一理论也不能说明为什么道德在根本上是存在的。并且，在他的回答中，道德并不需要为道德的动机所驱动。

以罗尔斯为代表的康德主义尝试以另一种方式证明道德存在：规范性的道德原则可以建立在我们自我反思的基础上。康德主义建构论最突出的特征是它基于理性行动性的根本特征来理解道德和规范性真理的本质。根据这种观点，道德的理由不是来自我们的利益或兴趣；而是植根于我们作为理性行

---

① David Gauthier, "Morality and Advantage," *Philosophical Review* 76, 4 (1967): 460 – 475.

② David Gauthier, "Reason and Maximization," *Canadian Journal of Philosophy* 4, 3 (1975): 411 – 434.

动者的本质。既然道德义务通过理性的要求进行论证，那么它对所有的理性行动者都是普遍的和必要的限制。因其对于理性和义务的普遍权威的主张，康德式建构论常被视为建构论中最有雄心壮志的形式。

在 1980 年的讲座中，罗尔斯谈到了他所理解的康德的"建构主义"方法。① "建构主义"这一术语由此进入道德哲学的讨论之中。罗尔斯并不认同那种独立于我们理性判断的客观的道德真理观念。罗尔斯认为，对于规范性问题的回答依据的原则，应当是经由某些具有特殊道德意义的反思过程而建构的原则，这一反思过程应以某种经验事实作为推理的起点，并且，这种经验事实应当是对行动者自身而言确定无疑的事实。因此，道德义务就来源于我们必须据以构想自身的特殊方式。能够具有权威性的道德原则，是一种基于对理性行动性的根本特征的反思而得来的原则。正是因为这样的原则能够通过我们作为理性行动者的本质而得到论证，所以，作为一个行动者，任何人都无法否认道德原则所具有的权威性。这种方法和康德的推理分享很多相同之处，但不同在于它完全可以在经验领域得到理解。

科尔斯戈德采纳了罗尔斯自我反思的观点以及程序的原则，认为对于规范性问题的正确答案是通过具有特殊地位的程序所推导出的原则产生的。对于科尔斯戈德而言，产生规范性的程序包含行动者自身的意愿，这样的程序因为是行动者行动的前提条件，因而是不能否认的。理性存在物必须采用这样的程序才能作为行动者而发挥功能。所有的一切都源自意志的本质以及如果要作为意志起任何作用的话就必须据以行动的那些程序。② 行动者对自身的理解就是这一程序的依据。"实践理性的原则把我们统一成并建构为行动者"："服从实践理性原则的必要性实际上可归结为成为一个统一的行动者的必要性……等同于成为一个行动者的必要性，等同于行动的必要性。实践理性的原则对我们而言是规范性的，仅仅是因为我们必须行动。"③

格沃斯试图通过行动者的自我反思建立普遍性的道德原则。他的道德规范的基础在于每个行动者对于自身的理解，根据这种理解，行动者将不得不

---

① John Rawls，"Kantian Constructivism in Moral Theory," *Journal of Philosophy* 77, 9 (1980)：515 – 572.

② Christine M. Korsgaard, *The Sources of Normativity* (New York：Cambridge University Press, 1996)，pp. 120 – 123.

③ Christine M. Korsgaard, *Self-Constitution*：*Agency*，*Identity*，*and Integrity* (Oxford：Oxford University Press, 2009)，p. 19.

认可某些价值或原则。为证明这一点，格沃斯提供了被称为辩证必要性的判断：如果不否认自己是一个行动者，一个行动者就不能否认这个原则。如果否认了这个原则，他就否认了做出这个判断的前提条件。经常被提到的相关的例子是，如果一个克里特人说所有的克里特人都是骗子，这个克里特人就否认了做出任何具有真实声明的论述的前提条件。这个问题存在于他的陈述的内容和起初能够明确表达一个有效的命题的条件之间的矛盾当中。格沃斯证明行动者必须接受一些判断时所用的方法是"自反"。我们可以通过反思存在于我们身上的行动性的必要含义来证明这些判断的有效性。

二 对公共理由的探寻

道德理由在本质上是公共的。正如康德所说，人类不得不表现他自己的存在，这是一个人类行动的主观原则。但是每一个其他的理性存在物同样以这种方式表现了他的存在，来自相同的理性的基础，并且同样适合于我。于是，这个主观的原则同时也是一个客观的原则，作为一个至高的实践基础，它必须能够产生意志的所有法则。① 这一观点揭示了有关道德地位概念的核心意蕴。斯坎伦通过对道德理由这个概念的阐发，将康德的立场表现为一种具体的原则：在涉及我的问题上，你应当能够给我一个可以和你共享的理由，而不是仅仅给我一个你个人的理由。斯坎伦将理由作为最基础性的道德概念，认为道德规范性最主要地表现为道德对行动理由的规范，道德上的正确指的就是某一特定情境中的行动者是否依据其最好的行动理由来行事。由此，善或道德上的正确并不是一个外在于行动者的抽象概念，而是在行动者的具体行动中构建的，这一论述体现了规范性问题的康德式论证方案所具有的典型特征。同时，由于将规范性问题的论证明确转化为对于行动理由的论证，斯坎伦对道德原则所具有的客观性和权威性给出了逻辑上更清晰的说明。

（一）斯坎伦对于道德理由的阐述

斯坎伦认为，对处在共同生活之中的人们而言，道德原则无疑是具有优先性的原则。不能在某些价值上达成共识通常都不会影响人们之间的正常交

---

① Mary Anne Warren, *Moral Status: Obligations to Persons and Other Living Things* (Oxford: Clarendon Press, 1997), p. 86.

往，但如果不为道德的价值所动，就会影响一个人和其他所有人的关系。① 因此，道德上的理由可以压倒来自经济的、审美的，甚至宗教等各方面的理由，在根本上限定着人际交往过程中的所有行为。为了实现同他人和谐的共同生活，我们都有义务"以他人不能合理拒绝的理由向他人证明我们的行为在道德上的正当性"②。通过履行这项义务，我们确立了道德原则，也承认了彼此的道德地位。

"向他人证明正当性"的要求揭示出道德地位问题所具有的不可化约的主体间的向度。在斯坎伦的契约主义中，拥有道德地位就可以理解为同他人处于一种平等关系中。通过"以他人不能合理拒绝的理由向他人证明"，自我和他人之间建立起一种直接的、对等的，并且具有重大道德价值的关系。最终"相互证明正当性"的人们会形成这样的一个群体：每个人都努力确定什么是其他人不能有理由拒绝的原则所允许的，并以这些原则支配自己的思想和行为。同时，其他群体成员也有着同样目的，自愿接受相同原则的支配。③ 进入这样一个人与人之间彼此平等地关联的群体，也就获得了平等的道德地位。

这一观点可以通过斯坎伦有关"关系平等"的论述得到清晰阐发。在《为什么不平等至关重要》（Why Dose Inequality Matter?）一书中，斯坎伦阐释了"关系平等"的思想，即每个人都具有的道德价值要求人们平等地相互关联，并且他提出，平等地相互关联是平等的核心内容。④ 在"关系平等"的视角下，道德地位的含义从因自身的原因而应受道德考量，具体化为因自身的内在价值而有权同他人建立相互认可的关系。道德地位的要求从人们通常理解的某些确定性的保护义务转化为主体间"彼此证明正当性"的要求。不同于抽象的道德原则，"彼此证明正当性"的要求为置身具体情境中的每一个个体的利益和福宁赋予了不可剥夺的价值，也为尊重人的道德地位给出更合理的指导。

相比其他契约主义理论，"彼此证明正当性"的要求可以有效避免整体利益对个体利益的威胁。多数契约主义理论要求全体契约主体的"一致同意"，如霍布斯、卢梭、罗尔斯等追寻的都是所有契约主体的"一致同意"，认为有

---

① Thomas Scanlon, *What We Owe to Each Other* (Cambridge: Harvard University Press, 1998), pp. 159 – 160.

② Thomas Scanlon, *What We Owe to Each Other* (Cambridge: Harvard University Press, 1998), pp. 153 – 158.

③ 陈代东：《论斯坎伦道德契约主义的范围》，《上饶师范学院学报》2014 年第 4 期。

④ Thomas Scanlon, *Why Dose Inequality Matter* (Oxford: Oxford University Press, 2018), pp. 2 – 3.

约束力的道德原则应当通过人们的一致同意产生，以契约固定下来。这种要求显然有助于对抗功利主义的"幸福最大原则"对个体道德地位的侵犯。然而在很多情况下，整体利益对个体利益的侵犯也完全能够通过"一致同意"的原则得到论证。例如，每个个体都有理由同意为了整体利益而在一定程度上牺牲自己；某人的行为的受害者们也可能完全相信，他们的利益的重要性远比不上其他人利益的重要性。[①] 相比之下，斯坎伦提出的"他人无法合理拒绝"的原则在行动所涉及的每一个个体之间都建立了平等的相互关系，因而为每个个体的行动性赋予了不可剥夺的价值。如果说"一致同意"的原则或多或少会遮蔽人的主体性，[②] 那么"不能合理拒绝"的原则则要求我们去慎重考虑个体的独特立场和生活规划，从而在最大程度上避免整体利益对个体基本权利的侵犯。

正因为对个体自主意志给予了更大程度的关切，"以他人无法合理拒绝的理由向他人证明"的原则也能够更有效地确立道德原则的规范性。通常人们对一个原则进行道德考量的结果可以分为三类：（1）有理由接受，同时没有理由拒绝；（2）有理由接受，也有理由拒绝；（3）没有理由接受，有理由拒绝。"一致同意"的原则可能将符合（1）和（2）的原则均论证为道德上正确的原则，但是"不能合理地拒绝"的原则只能将（1）论证为道德上正确的，因此在斯坎伦的契约主义中，正确的原则同道德规范性有了更紧密的联系。我们必须遵守道德规范，必须以道德上正确的方式行动，因为我们没有合理的理由拒绝这样做。

当然，只有普遍性的原则才能具有道德规范性。在充分尊重个体主体性的同时，斯坎伦也必须对每一个个体在具体情境中持有的"理由"何以能够导向普遍性原则给出说明。通过阐释"理由"与"可证明正当性"之间的关系，斯坎伦不仅说明了"理由"如何能够具有普遍性，同时也论证了人类内在价值的来源。

在斯坎伦的契约主义中，道德的正当性证明所依据的理由是"个人的理由（personal reasons）"，"个人的理由"是同特定处境中的个体的主张或福宁

---

① Thomas Scanlon, *What We Owe to Each Other* (Cambridge: Harvard University Press, 1998), p. 115.

② C. E. Baker, "Sandel on Rawls," *University of Pennsylvania Law Review* 133, 4 (1985): 895 – 928.

相关的理由。① 关于什么样的判断能够被给予理由的地位，需要主体结合自身所处的情境进行考量。对于行动者境遇的抽象假设不可避免地削弱理论在现实中的规范性力量。例如，罗尔斯通过无知之幕得出道德原则的方法被指未能结合个体生活的真实伦理经验，因而不能从第一人称视角回答规范性问题。道德抉择往往是特定个体基于特定境遇的特殊判断。在斯坎伦的理论中，反映个体实际处境的"个人的理由"则能够紧密切合道德动机，为行为提供足够充分的理由。

　　无视具体条件坚守原则也可能得出与常识不符合的结论。例如，康德的"不得说谎"的原则只是告诉人们，由于说谎是一种欺骗行为，因而在道德上是错的。但是，在很多情境下，说真话就会导致更严重的道德上的错误，例如导致一个无辜的人的死亡（同时说假话则不会导致如此严重的后果）。道德判断需要原则的支撑，但必须同时为基于具体情境的特殊判断留出余地。在说谎的例子中，斯坎伦的契约主义方法要求我们判断，不能说谎和不能造成无辜的人死亡二者中，哪一个能够被赋予理由的地位，并且如果都具有理由的地位，哪一个才是具有更多权重的理由。只有在相关具体事实和信息完全知情的情况下，处于某一具体情境中的人才能够知道接受或拒绝的理由是什么。这种关照具体情境的道德判断方法实际上为主体作为行动者的自主判断能力给予了更充分尊重。

　　高度重视"个人的理由"的同时，斯坎伦反对将"个人有效的理由（person's operative reason）"作为道德判断的依据。"个人有效的理由"是理由的提出者自己认可的，但未必能够为其他人所接受的理由，因而只具有解释性而不具有辩护性。有着理性本性的人所组成的共同体，能够建立某种道德的共识。② 那种"人之所以为人"才会拥有的"一般理由"才是道德正当性证明能够依据的理由。理由应该不仅是理由的提出者能够接受的，而且也是其他人能够承认的。③ 由此可见，在为主体基于特殊情境的自主判断能力留出充分空间的同时，"可证明正当性"的要求也认可了从主观的自我反思达到主体间道德共识的可能性。这种可能性正是斯坎伦契约主义中的道德地位的基础。

---

① Thomas Scanlon, *What We Owe to Each Other* (Cambridge: Harvard University Press, 1998), p. 219.
② 龚群：《斯坎伦的契约伦理思想初探》，《华东师范大学学报》2009 年第 5 期。
③ 姚大志：《平等如何能够加以证明》，《中国人民大学学报》2014 年第 3 期。

（二）行动者的"构成性原则"——科尔斯戈德对于道德规范性的论证

在科尔斯戈德看来，只有通过遵循规范性原则，个体才能够将自己构成一个行动者，从而实现自我统一。这是其对于道德规范性进行论证的核心观点。因此，为了论证作为公共理由的道德法则，科尔斯戈德需要首先对"行动者"（agent）和"行动性"（agency）等概念的含义进行充分探讨，并在此基础上说明行动者如何能够实现自我统一，以及这种统一为什么是所有行动者都不得不去追求的。

1. 对"行动者"的构成性描述

在《自我构成：行动性、同一性与完整性》一书中，科尔斯戈德诉诸柏拉图对于"自我"的论述，为"行动者"的概念赋予了独特道德意义，使得行动者对道德律令的遵循内含于行动者的自我认知当中。这一论述构成了科尔斯戈德对于当代康德式规范性研究的重要贡献。

在科尔斯戈德看来，"对抗模式（Combat Model）"和"构成性模式（Constitutional Model）"是传统上描述灵魂的两种主要模式。根据"对抗模式"，理性和激情这两种力量处于斗争之中，它们都要求灵魂做出一种行动。当其中一方获胜的时候，就实现了精神的统一。这种模式并没有显示，理性和灵魂之间是否存在任何特殊的关联，似乎理性和激情之间的区别就像一个激情和另一个激情之间的区别是一样的。正因如此，这种模式也无法基于理性和灵魂的关系为"行动"的观念赋予意义。人的行动仅仅就是存在于行动者之中或作用于行动者之上的力量斗争的结果，而无法被归于行动者自身。

我们应当把行动者带回到整个图景之中，并且认为正是他自己，在理性和激情之间做出了选择。行动者必须是一个超越了存在于行动者之中或作用于行动者之上的力量的某种存在，必须是某种可以被认为是决定了他自己去行动的主体。例如，具有比较广泛的影响的看法是说，理性和激情相互对抗，人需要在理性和激情之间进行选择。人会评估理性与激情的价值，发现理性是神圣的以及可靠的，激情是盲目的以及误导的，因此人选择了理性。一个人的品德取决于他在多大程度上服从理性的命令。[1]然而，这一观念预先假定人已经和理性一致，在这个意义上，这种解释事实上同样没有描绘出一个在

---

① Serap Ayşe Kayatekin, "The relation of morality to political economy in Hume," *Cambridge Journal of Economics* 38, 3（2014）：605 – 622.

理性和激情之间进行选择的行动者的图景，也没有说明理性为什么是神圣的以及可靠的。

柏拉图提供了理性和激情在灵魂中相互作用的另外一种模式。科尔斯戈德称之为"构成性模式"。这一模式可以通过将行动者和城邦相类比而得到说明。在柏拉图的《理想国》中，城邦不是其组成部分的总和，城邦是某种高于或超越于居住其中的市民和官员的东西，同时，它又不是某种独立且抽象的事物，它恰恰就是让城邦这个统一体作为一个城邦而运行的构成性原则（constitutive principles）。柏拉图将人的灵魂和城邦相类比：同城邦与其组成部分的关系相似，行动者也是高于、超越于其组成部分的某种存在。如果说，一个城邦和它的统治者相一致是因为城邦的构成（constitution）给了统治者这个角色。那么行动者符合理性的命令，也是因为行动者的构成给理性赋予了这个角色。行动者高于或者超越于他的组成部分，如果他的构成认为理性应当起支配作用，那么他的构成将其声音赋予了理性。① 在"构成性模式"中，行动者的理性和他的构成相一致。依照这种观点，在那些轻率鲁莽的人身上发生的，并不是他的激情相对于理性占了上风，而是他的激情相对于他自己占了上风。②

构成性模式有望化解一个长久存在的、有关如何理解自我的两难处境：一方面，如果一个人将自我，或者行动者，仅仅分析为一组精神状态，他就会承认，他实际上没有自我，所有的一切不过是一组作用于"行动者"之中，或作用于"行动者"之上的分散的力量。另一方面，如果我们假设，自我是一个独立的实体，区别于所有的精神事件和倾向，那么我们就不能通过任何性质将其识别为一个单个的实体，自我成了没有本质的物质。与上述两种描述不同，柏拉图所提出的自我概念既不是一组精神状态，也不是一个独立实体，因而为解决这一两难处境提供了思路。③ 城邦是让城市这个统一体作为一个城市而运行的构成性原则，而行动者就是能够将其精神各部分统一为一个整体的那些原则。 个人应当通过这些原则来认识自己。

在道德生活中，包含某种斗争，我们对此都有切身感受。"对抗模式"之

---

① Christine M. Korsgaard, *Self-Constitution*：*Agency*，*Identity*，*and Integrity*（Oxford：Oxford University Press，2009），pp. 140 – 141.

② Christine M. Korsgaard, *Self-Constitution*：*Agency*，*Identity*，*and Integrity*（Oxford：Oxford University Press，2009），p. 55.

③ Christine M. Korsgaard, *Self-Constitution*：*Agency*，*Identity*，*and Integrity*（Oxford：Oxford University Press，2009），pp. 135 – 138.

所以受到广泛接受，就是因为它非常符合常识和直觉。但如果我们仅仅将视线集中于对抗本身，就无法最终确证行动者自身的存在。行动者不是一个独立地存在着的实体，或选择同其组成部分中的一个相一致。行动者就是其所包含的各个部分实现统一的那种构成方式。虽然的确存在对抗和斗争，并且我们将那些在斗争中取得胜利的人称为"理性的"或者"好的"。然而，斗争并不是行动者为了成为"理性的"，或者成为"好的"而进行的斗争，归根结底，这是行动者为了成为行动者，或说为了同其构成相一致而进行的斗争。行动者的构成选择了理性。只有在"构成性模式"描述的图景中，行动者同理性之间的特殊关系才能清晰显现出来。

柏拉图有关城邦的比喻，使行动者获得了超越于其组成部分之外的独立性，同时又不会使之成为一个虚幻的实体。在科尔斯戈德看来，康德对于自我的说明也体现了这一"构成性模式"。"构成性模式"是二者的理论所共有的核心特征。通过对这一特征的阐释，科尔斯戈德独具特色地发展了其对康德伦理学的辩护。

2. "行动"的功能是构成和统一自我

有关行动者本质的"构成性"描述向我们显示，行动者就是其内在各部分的特定构成方式。在科尔斯戈德看来，我们可以将这种构成方式理解为"行动者的统一"：行动者必须把自身构建为一个整体，才能进行有目的的、自主的行动，才能成为其行动的作者，从而使自身成为行动者。这样的构成方式对于行动者的行动具有规范性。在这个意义上，科尔斯戈德提出，行动的目标和功能就是行动者的统一。就像柏拉图在《理想国》中所描述的："正义之人不允许自己的任何一部分去干扰其他部分的工作，也不允许自身中的各个阶级相互干扰。他规范好真正属于自己的，并且统治自己。他让自己有序，是自己的朋友，让自己的各部分如同音乐里的各个声部一样相互和谐。他把那些部分聚拢起来，从之前的'多'成为完全的'一'，节制而和谐。只有此时，他才行动。"①

在科尔斯戈德看来，每个人都面对着一个必然的处境，即人的各种思想和欲望不断地将人分解为不同的部分，这一分离的状态是普遍的，是每一个行动者在任何情境中都要面对的。因此，相应地，实现自我的统一也就是每一个行动者都必定面对的任务，并且是一个其应当去努力完成的任务。人类

---

① Plato, *Plato: Complete Works*, ed. John M. Cooper (Indianapolis: Hackett Publishing Company, 1997), 443d - e.

意识结构的特点在于，我们能够对于我们行动的基础有所意识，我们的本质、本能，或者倾向为我们建议的任何目的，是我们可以选择或者不选择的，因此我们能够控制行动。当你因为一个欲望而想做出一个行动的时候，你可以反思，是否应当做出这个行动；也可以反思，你为什么应当做出这个行动，你是因为这个欲望还是因为这个欲望值得欲求的原因，而应当做出这个行动？每当自我内部呈现出相互疏离的各个部分，只有通过反思将各部分统一为一个整体，行动才能成为可能。

我们可以通过科尔斯戈德描述的人和动物之间精神状态的区别，理解她说的反思是什么意思。动物的注意力总是集中在外部世界，它的感觉就是它的信念，它的欲望就是它的意志。它们参与有意识的活动，但对活动本身却并无意识。与之不同，人类可以把注意力集中到感觉和欲望本身，集中于精神活动本身。

在最低程度上，一个意识能够反思意味着意识有能力产生二阶的意识状态。二阶信念和欲望具有这样的形式："我认为（或者思考，或者欲望）我欲求（或相信，或思考）P。"该陈述既包含我的思想，也包含我当前的思想所涉及的思想的对象。这个主张至少有三种强弱程度不同的解释。在最强的解释中，说人类的思维本质上是反思性的就是说每一个人类意图都显示了这种反思性特征。根据这种观点，每一个人类意图实际上都可以被准确地描述为："我认为（或者相信，或者欲望）我认为（或相信，或欲求）P。"第二种解释提出我们不一定能够在每一个人类思想前都加上"我想"，但至少每一个人类意图都具有反思性的这种可能性是必要的。用艾莉森（Henry Allison）的话来说，说人类的意识本质上是反思性的，就是对这一反思意识赋予了一种"可能性的必要性"。① 第三种解释是最弱的。它仅仅要求人类精神的某些意图是能够被反思的。显而易见，科尔斯戈德所使用的是其中最强版本。在她看来，自我意识在持续地分解着自我，因而我们必须持续地通过自我构成实现自我的统一。

自我意识把人的灵魂分为不同部分，因而将精神上的统一从一个自然状态转变为一个需要去实现的状态，转变为一项任务和一个活动：人必须要重建自身的行动性，把它合成一个整体，才能行动。科尔斯戈德不止一次地强调：只有当一个运动"是作为一个整体的行动者的表达"，而不是"作用于其

---

① Mark Okrent, "Heidegger and Korsgaard on Human Reflection," *Philosophical Topics*, 27, 2 (1999): 47–76.

之上或者其中的力量"的结果,行动者的这个动作才能被认为是行动。当我们意识到灵魂有很多个部分,我们必须在它实现统一之后才能行动。如果选择仅仅是你的欲望的力量所决定的,那么,你就是一个在观看各种力量为了控制身体而进行斗争的"被动的观看者",而不可能是一个行动者。除非你的行动可以归于你——一个作为整体而存在的统一的存在物,否则,你的动作就不是行动。

对行动而言,行动者的统一就是具有规范性的"构成性原则"。借助亚里士多德的理论,科尔斯戈德对于究竟何为统一进行了进一步的论述。亚里士多德认为,让一类物体成为这类物体的是它的目的、功能,以及典型的活动。物体的目的或者形式支持着对它的规范性判断。因此,事物的目的论形式完全能够产生所谓的道德上的"应当"。我们需要以这种目的论形式来引导自我的构成。

类似观点在人工制品中有明显的体现。人工制品既具有形式,也具有质料。质料是做成这个人造物的东西。形式是它的功能安排或目的论结构(teleological organization)。对于物质和各组成部分的排列安排使物体能够服务于它的目的,能够去做让它成为那一类事物的事情。例如,房子是一个适宜居住的住所,它的部分是墙、房顶、烟囱,等等。那么房子的形式就是对这些部分的组织,让这个房子作为一个适合居住的住所而发挥作用。一个事物的目的论结构(teleological organization)引起的规范性标准,就是"构成性的标准(constitutive standards)",这是仅仅因为一个事物是其所是的这类东西就可以对之应用的标准。① 每一个行动,也都可以认为是由特定目的来定义的。这个由其目的而产生的标准对其而言既是构成性的,也是规范性的。

虽然,说"除非你准确地做这个行动否则你根本没做这个行动"肯定是错的,毕竟我们常常没有合乎标准地完成行动,但是,说为了能够认为你在做这个行动,你必须被行动的准确版本所引导则毫无疑问是正确的。除非你受到这个原则的指导,否则就完全没有在做这个行动。就这个行动要成为这个行动而言,这些标准是行动的实施者必须至少尝试去达到的。② 一个没有达到这些标准的行动以一种特殊的方式是坏的。这种类型的坏,也就是由一个"构成性的标准"所判断的"坏",我们可以给它一个特定的名

---

① Christine M. Korsgaard, *Self-Constitution: Agency, Identity, and Integrity* (Oxford: Oxford University Press, 2009), p. 28.

② Christine M. Korsgaard, *Self-Constitution: Agency, Identity, and Integrity* (Oxford: Oxford University Press, 2009), p. 32.

称，即"缺陷"。①

一个不能遮风挡雨的房子依其构成性标准而言是有缺陷的。对于行动而言，同样存在应用于一个行动的构成性标准。有关一个参与行动的行动者指引自身的方式的原则就是这个行动的构成性原则。我们可以说，如果你没有接受构成性原则的指导，你就没有在做这个行动。在本质上是目标导向的行为中，构成性原则来自指导它们的"目标的构成性标准"。行动的功能是自我构成。行动是为了使行动者成为一个统一的行动者而进行的活动。毫无疑问，行动的规范性标准就是能够让我们达到精神统一的那些原则。② 在这一标准下，所谓坏的行动，或有缺陷的行动，就是那种没能够将行动者建构为他们的行动的统一作者的行动，是那种使自我趋于解体的行动。

如果我们不遵循行动的构成性法则，我们就不是在行动，而行动又是我们不得不做的。因而，行动的构成性的原则对行动而言有着无条件的约束力。

3. 尊重人性是有效行动的必要条件

在科尔斯戈德看来，统一自我的构成性原则就是实践理性的原则。实践理性的原则将自我统一和构成为行动者。任何一个精神状态，必须依据康德的定言命令进行组织，才能够建构一个很好地发挥功能并且很好地统一起来的行动者。

对这个主张进行的论证构成了《自我构成：行动性、同一性与完整性》一书的主题，科尔斯戈德提出，她称之为"特殊主义的意愿"的东西是不可能的，她认为所谓意愿必须是普遍的。③ 可分享的规范性力量是把行动者统一在一起的力量。规范性原则就是要实现多样的统一。在柏拉图、亚里士多德和康德的理论中，规范性的概念都与个体的统一相关。只有当规范性原则中体现的理由是公共的，这些原则才能实现它们的目标。如果不愿意自己的准则成为普遍性的原则，那么做出行为的个体仅仅是一堆彼此不相干的冲动而不能成为行动者。更准确地说，你没有用你自己的意志来统治你自己。④

很多人曾对科尔斯戈德以普遍性来定义人的观点提出质疑。一种具有代

---

① Christine M. Korsgaard, *Self-Constitution: Agency, Identity, and Integrity* (Oxford: Oxford University Press, 2009), p. 32.

② Christine M. Korsgaard, *Self-Constitution: Agency, Identity, and Integrity* (Oxford: Oxford University Press, 2009), p. 7.

③ Markus Schlosser, "Self-Constitution: Agency, Identity, and Integrity-Christine M. Korsgaard," *The Philosophical Quarterly* 61, 242 (2011): 212–214.

④ Christine M. Korsgaard, *Self-Constitution: Agency, Identity, and Integrity* (Oxford: Oxford University Press, 2009), p. 203.

表性的观点认为："我是谁"的问题远远不能通过自我与一个普遍法则相一致的能力而得到详尽讨论，甚至"我"会有意识地使法则同自身保持距离。我的同一性与其说是同法则一致的意志，远远不如说是将我自己同法则分开的能力。因此，我的同一性就应当是"我持续地将我自己在思想和行动上同任何普遍法则分开的能力"①。

萨斯曼（David Sussman）也批评了科尔斯戈德的论述。他认为，科尔斯戈德提出行动的目标是以某种方式统一行动者，以使他们能够行动。行动的自我构成的功能包括"公共的""可分享的"实践理性，符合康德的可普遍化要求给个体的完整性提供了基础。但萨斯曼怀疑，这个关于非个人的普遍化的理想并没有对理性行动性给出充分描述，而是剥夺了行动者可以认为是他自己的任何特征。对这种"异化"的反对让萨斯曼和威廉斯二人达成一致。威廉斯也曾向人们证明，存在一个选择的限度，在这个限度之内的自己可以做出任何行为。因此，康德的道德法则只能被认为是具有调节管制的功能，而不能被看作理性行动性的构成性原则。②

在《伦理学与哲学的限度》一书中，威廉斯提出，理论理由和实践理由不一样。理论理由是公共的，理论推理是关于独立于你而存在的世界的推理，被其他理论推理者分享；而实践理由是第一人称的，并且本质上是私人的，因此不可能在每个人的慎思中达到统一。一个人能不能想要一个属于他的公共法则，把他的精神片段，他可能所是的一切，或者说他自己的各个部分黏合在一起？他能不能通过充分尊重他自己的人性而尊重了普遍的人性？

科尔斯戈德认可威廉斯的质疑中表达的一个重要观念，即人可以有特殊性的选择，甚至科尔斯戈德也将自己定位为一个存在主义者。特殊的实践同一性是自主的具体表现，是自主的内容。通过散落成部分、再结合成整体，你创造了一些新的东西，你构成了一些新的东西：你自己。使你自己成为行动者、成为一个人的方法，就是具有你自己的实践同一性，即成为一个特定的人。一个反思的行动者只有接受了某些实践同一性，才能获得一个理由去行动，才有任何理由去做一件事而不是另一件事，才有理由去行动和生活。如果你不具有实践同一性，那么你就根本不能够生活或者行动。

康德的伦理学曾被人批评为只有抽象的形式而没有提供伦理的具体内容，科尔斯戈德描述的实践同一性恰恰提供了这样的内容。当然，科尔斯戈德不

---

① Vincent Colapietro, "Toward a Pragmatic Conception of Practical Identity," *Transactions of the Charles S. Peirce Society* 42, 2 (2006): 173 – 205.

② Beatrix Himmelmann and Robert B. Louden ed., *Why Be Moral?* (Berlin: De Gruyter, 2015), p. 5.

仅是一个存在主义者，也是一个康德主义者，并且康德主义者对其而言是一个更加根本性的立场。实践同一性提供的往往只是假言命令。因此，除了体现个体性的实践同一性之外，她同样试图论证人与普遍性的法则保持一致的必要性。

虽然对于各种不同的实践同一性的认可体现了行动者对于自身人格的独特认知，但是各种独特认知最终都能够归于一种普遍化的自我认知，即我们是需要理由的生物。认可某种实践同一性是偶然的，"你必须受到你的一些实践同一性的统治"则并不是偶然的。[1] 正是在这个意义上，科尔斯戈德认为，例如"一个人能不能只尊重他自己的人性？"这样的问题本就是不合语法的问题。什么是你自己的？在个体的意义上属于你自己的并不是你的人性，而是你用什么去构成你的人性的那种特定方式，即你的实践同一性，而这正是依赖于你对普遍人性的尊重而存在的东西。

在这个意义上，科尔斯戈德提出，威廉斯的两种理由都应是公共的。慎思不仅仅关乎我们自身，因为在我们进行慎思的时候，我们不得不和其他人一起慎思。[2] 在《规范性的来源》中，科尔斯戈德提出，一旦要为任何事物赋予价值，就迫使一个人珍视作为所有价值的来源的人性。如果我们能够为自身行为提供任何理由的话，我们必须首先赋予作为人的我们自身以价值，这是其他价值的根源。"作为人的同一性"是我们自身具有的被"同一性"支配的需要，是我们必须构想我们的"同一性"的特定方式，为我们对其他所有"同一性"进行判断提供了基石。实践同一性的价值来源就是人性的同一性。

这里的人性是普遍的人性。如果我们认为我们的人性具有价值，那么我们必须同样认为其他人的人性具有价值。我们必须使我们的目的与其他人的目的相调和，认识到他们的目的和我们自己的目的具有同等的规范性力量。在《规范性的来源》中，科尔斯戈德也曾论证，我们的个体性的实践同一性，不过是"作为人性的同一性"的呈现方式，是它的具体表现形式，而并不是独立于"作为人性的同一性"之外的事物。她借助亚里士多德对于美德的论述，说明了不同的实践同一性如何与定言命令相统一：事实上只有一种美德，但是存在着各种各样的恶行，这些恶行可以被理解为以各种不同方式离开了

---

[1]　Christine M. Korsgaard, *The Sources of Normativity* (New York: Cambridge University Press, 1996), p. 120.

[2]　Christine M. Korsgaard, *Self-Constitution: Agency, Identity, and Integrity* (Oxford: Oxford University Press, 2009), p. 205.

美德，当我们确定某人具有一个特定的美德，我们的意思是他没有相应的恶行。以相似的方式，只有一个实践理性的原则，即定言命令，它被视为自主的法则，但是现实中的人可能以各种方式偏离自主，而不同的实践理性的原则就是在指示我们不要以这些不同的方式偏离我们的美德。

引导我们与他人相统一的普遍性法则同样引导着我们自身的统一。科尔斯戈德提出，内在地统一你自己的行动性的要求，同统一你和他人的行动的要求，是同一个要求。① 和他人互动就是和自己互动。或者用康德的话说，为自己立法和为目的王国立法，是同一件事。② 成功的人际互动，是尊重他人的人性，以及把他的理性作为对公共规范性标准的考虑因素，我们不得不寻求一种公共的理由。构建你自己的行动性是一个选择你可以和你自己分享的理由的问题。如果行动是你而不是你的部分决定的，那么你必须和你选择的原则相一致。你此刻据以行事的理由，你为自己立的法，必须是你今后愿意再一次据以行事的，除非你有好的理由改变它。当柏拉图提出，一个好人是自己的朋友，为自己作为一个整体的灵魂的善而立法，他想要表达的正是这样的意思。一个人不能对自己遵守承诺，就不能对他人遵守承诺。一个人为了钱出卖自己就可能出卖他人。奴性的人对自己的权利缺乏尊重，也会不尊重他人的权利。当一个好人思考的时候，他想要告诉自己真相，当他行动的时候，他会考虑他人的理由。内在的和外在的正义是共同推进的。

科尔斯戈德有关道德规范性的论证，对于"人是什么"这个问题给出了独特见解，并将对这个问题的回答作为道德的基础。建构主义规范性理论在个体的自我反思的基础上构建普遍性的规范性理论，把规范性问题归于一个本体论问题，因而揭示了两种表面上相互对立的思想之间的深刻联系：康德主义推崇的是人际交往的普遍性的法则，而存在主义提倡尊重人的个性和自由，因此常常表现为对于普遍性社会规范的反抗。比如萨特提出，"不存在人的本质……人是由自己塑造的"。科尔斯戈德认为，个体统一自身的原则和实践理性的原则是一致的，人要通过规范来构建自身，但同时，只有依据自我的"构成性规则"与他人互动才能够实现自我。

康德认可存在所谓人的本质。那是人类物种的全体正常成员在不同时间和空间所共有的一系列共同特征。这一核心的承诺似乎将他置于萨特等存在

---

① Christine M. Korsgaard, *Self-Constitution: Agency, Identity, and Integrity* (Oxford: Oxford University Press, 2009), p. 202.

② Christine M. Korsgaard, *Self-Constitution: Agency, Identity, and Integrity* (Oxford: Oxford University Press, 2009), p. 206.

主义者的对立面。然而，康德和萨特在这个问题上的区别，不像表面上看起来那么大。在他们对人类的反思当中，他们都着力强调了我们自由选择的能力。康德和萨特都曾提出，人具有一个特征，他是自我创造的。康德将自己的实用人类学同"生理的"人类学区分开，"生理的"人类学将人类视为因果决定的实体，实用人类学关注的是，作为自由行动的生物，人把自己塑造成什么，或者可以，以及应当把自己塑造成什么。

4. 假言命令与定言命令的统一

科尔斯戈德有关道德规范性的论证推进了对康德实践理性原则的阐释，将其确立为行动者自我构成的原则。然而，在假言命令与定言命令的关系问题上，科尔斯戈德提出了不同于康德的看法。在她看来，假言命令并不是一个独立的命令。假言命令与定言命令可以统一为一个命令。上文对"实践同一性"与"作为人的同一性"之间关系的探讨中，已显示了这一立场。正是这一立场能够在很大程度上弥合存在主义与康德主义之间的分歧，使行动者成为一个即能够展现个体性，同时又不得不服从普遍性法则的存在物。

在《道德形而上学的奠基》一书中，康德提出，有一种"受外在力量支配的、他律的"行为，这类行为由外在原因决定，而不是出自自主意愿，仅仅受到假言命令的指导而并没有接受定言命令的指导。在康德看来，假言命令是工具理性的原则，是分析的，"想要实现某目的的人就会想要这个手段"①。这似乎意味着，如果你不想要这个手段，那么逻辑上也就说明你并不是真的想要实现这个目的。对于这一观点，科尔斯戈德提出了不同意见。她提出，果真如此的话，就没有人会因为违背了假言命令而感到惭愧。如果某人不想要某个手段，在逻辑上，就说明他不想要某个目的。无论做出何种抉择，此人都没有违背假言命令。毕竟，假言命令仅仅告诉他，"如果"想要实现某个目的就要做什么。这就导致我们无法对"工具性原则"是命令这个主张给予意义——如果它们无法被违背，那么它们如何能够被认为是命令呢？

科尔斯戈德认为，假言命令与定言命令是统一的。我们从来都不会仅仅受到假言命令的指导而做出一个决定。假言命令体现我们的选择，然而，根据亚里士多德的观点和康德的观点，如果选择的对象就是行动（action）——一个为了某目的而采取的行为（act）——而不仅仅是行为，那么，在某一种意义上，我们做的每一个决定都受到定言命令的统治。并不存在纯粹的假言

---

① Immanuel Kant, *Groundwork of the Metaphysics of Morals*, trans. Mary Gregor and Jens Timmermann (Cambridge：Cambridge University Press, 2011), p. 62.

命令，即假言命令根本不是一个独立的原则，它和定言命令是一致的。① 科尔斯戈德认为，这两个命令分别体现了一个构成行动者的行动所应当满足的两个条件。这两个条件就是有效和自主。

行动者的本质特征是有效和自主。② 行动的功能就是给予你有效和自主。假言命令挑选出有效这一部分，抓住了行动（action）的一个独立特征，这个特征是有关于行动性的本质的非常根本性的东西。通过遵守假言命令，你让自己成为原因，这就是所谓"有效"。定言命令挑选出公式的另一部分，即自主，自主意味着这个原因的确是你自己的。有效和自主，是所有构成行动者的行为所必须满足的条件，对应于康德的两个命令。在构成行动者的过程中，两个命令实现了统一。③

科尔斯戈德认可康德在《道德形而上学的奠基》中提出如下观点，一个理性的存在物因为这样一个事实而在本质上区别于其他事物：他不是仅仅依据法则来行事，而是依据他自己对于法则的表象和他自己的法的概念来行事。④ 按照对规律的表象去行动，也可以理解为把规律作为一个对象，作为一个目的，这样就可以用目的和手段的关系来规范个体的行动。⑤ 科尔斯戈德通过将人的行为和物体的运动相类比做出了解释：如果我把笔扔到空中，它会依据重力的法则最终掉在地上。但是当它到达抛物线顶点的时候，它不会对自己说，最好现在下去。而这恰恰是我们在行动的时候所做的事情。例如，我在爬一座山，如果我现在不下去，我就不能在太阳落山之前到家。所以我对自己说："我最好现在下去，才能在太阳落山之前回家"——这是我的准则。因为我的准则决定我做什么，所以我的运动（movement）可以被视为行动（action）。因为是我决定下去的，所以我的运动可以被归于我。假言命令描述你在意愿一个行动的时候你做什么：你决定你去成为某个目的的原因。

假言命令指定了我们所寻找的因果性的法则，即实践性法则。它将行动构建为对于行动者为自己设立的目的的真正追求，而不是随机的运动。实践

---

① Christine M. Korsgaard, *Self-Constitution: Agency, Identity, and Integrity* (Oxford: Oxford University Press, 2009), p. 70.

② Christine M. Korsgaard, *Self-Constitution: Agency, Identity, and Integrity* (Oxford: Oxford University Press, 2009), p. 109.

③ Christine M. Korsgaard, *Self-Constitution: Agency, Identity, and Integrity* (Oxford: Oxford University Press, 2009), p. 83.

④ Immanuel Kant, *Groundwork of the Metaphysics of Morals*, trans. Mary Gregor and Jens Timmermann (Cambridge: Cambridge University Press, 2011), p. 53.

⑤ 邓晓芒：《康德〈道德形而上学奠基〉句读》（上），人民出版社，2012，第340页。

同一性为定言命令的形式补充了内容，也体现了定言命令的重要特征。然而，假言命令仅仅关切行为（act）和目的之间的关系，却没有说为着目的采取的行动，是否是为其自身的原因而值得去做的。因此，假言命令仅仅是抓住了定言命令的一个方面，即我们意志的法则必须是一个实践的法则，但假言命令并不是一个独立的原则。

假言命令约束着你，因为，当你行动的时候你想成一些目的的原因。定言命令同时也限制着你，因为你在行动的时候想要成为你自己。定言命令是自主的原则，它将行动构建为来源于行动者自身的，而不是来源于行动者的某一部分。在逻辑推理的例子中也同样，当你通过推理达到你的信念，这是自我决定的行为。如果我们注意到前提和结论之间的连接，就不能说是你得出了结论。正是演绎推理的原则描述了在你得出结论的时候你做了什么。在某种意义上，假言命令也是一个规范性原则。

没有被定言命令引导的行动是有缺陷的。对普遍性原则的遵循，是行动者建构和统一自我的前提条件。如果你选择的对象总是一个完整的行动——一个为着特定目的而采取的行动——那么很显然，你的选择就不会是仅仅受到假言命令的指导。如果这是我们的选择，这个选择一定受到定言命令的指导，因为只有定言命令指导对于行动（action）的选择，而不仅仅是对行为（act）的选择。一个没有作用于普遍法则的意愿，一个特殊主义的意愿，不能认同自己行动的动机。因为你必须意愿你的法则是普遍的，你必须被定言命令引导。因此，假言命令根本不是一个独立的命令。事实上只有一个命令：遵守你能够认为是一个普遍法则的准则。只有一个实践理性的法则，那就是定言命令。

假言命令和定言命令是理性行动的构成性规范。为了成为一个好的行动，也就是一个服务于其功能的行动，你的行动必须符合此二命令。如果你没有服从，你就不是一个真正意义上的行动者。通过以一种能够给你有效性和自主性的方式被选择，你的行动构成了作为行动者的你。只有行动者受到这些命令的指导，一个行动者自身能够成为他的动作的原因。没有这样的行动，就没有统一的行动者和行动，在这个意义上，我们说这些原则是规范性的。假言命令和定言命令是意志和行动的构成性原则。除非我们被这些原则引导，或者至少我们要试着遵守这些原则，我们才算得上是在意愿或者行动。①

---

① Christine M. Korsgaard, *Self-Constitution*: *Agency*, *Identity*, *and Integrity*（Oxford：Oxford University Press, 2009），p. 81.

就假言命令与定言命令的统一而言，科尔斯戈德和格沃斯对规范性的论证显示出相同思路。格沃斯试图在道德原则和作为一个行动者的概念之间论证一个严格的、先天的连接，这个思路本质上是康德的。同时他试图论证，假言命令的原则是一个绝对的约束：如果行动者要珍视自己的必要善，他就不得不珍视其他人的必要善，这是一个假言命令；同时行动者根本无法合理地不珍视自己的必要善，声称不需要基本的自由和福利就会产生自相矛盾。因此，这个假言命令对行动者具有绝对的约束。假言命令告诉我们，如果想要实现某个目的就要做什么。通过将假言命令中一个人想要达到的目的，论证为每个人都不得不欲求的目的，包含此目的的假言命令也就成了定言命令，据此，格沃斯要求康德主义者接受他的普遍一致原则作为最高实践原则。

很多人认为格沃斯并没有成功地论证普遍一致原则，在我看来也是这样。科尔斯戈德将其失败的原因归于，他给出的理由始终是一个私人理性，并没有建立公共理由。作为假言命令中的目的，格沃斯给出的是行动者自身的自由和福利，但是这个目的就其本身而言并不能和他人发生直接联系。与之不同，科尔斯戈德的假言命令是，如果你要行动，就必须认可某些实践同一性，实践同一性涉及行动者认可的特定身份带来的人际间的义务，作为假言命题中的目的，它是一个可以和他人联系在一起的目的。如果你珍视你的实践同一性中的任何一个，你就不得不珍视你和他人共同的人性。

由此可见，并非将假言命令论证为定言命令的思想路线本身有问题，而是要将什么作为假言命题中的目的。科尔斯戈德的实践同一性，将行动者与他人的关系包含在行动者自身的目的中。你不得不具有一种身份来为你的自主性赋予内容。当不同的实践同一性发生冲突的时候，终极的依据是人性的价值。如果你还要认可任何价值，你就不得不认可人性的价值。如果你不得不认可某一种实践同一性，那么，你就要服从普遍性的原则。

（三）格沃斯对于"道德最高原则"的论证

人们认为道德具有规范性，意味着道德能够提供具有权威性和普遍性的行为标准。道德基础主义在当代遭受了巨大挑战，使得很多学者对于道德的普遍有效性产生了怀疑。美国哲学家阿兰·格沃斯试图通过恢复道德哲学中的理性主义传统，重新建构起对于道德普遍有效性的认同。在他的道德哲学中，"道德最高原则"就是用以指导行动的唯一普遍有效的原则，也是可以据以评判其他各种道德原则的最高原则。如果不同的道德原则之间的确不可通约，像麦金太尔描述的那样，那么就不存在所谓基础性的道德真理和客观性的道德概念。如果存在普遍有效的道德标准，那么就必定存在一个至高的道德原则，为不同道德规范之间的权衡提供最终依据。正如格沃斯所说，"如果存在不止一个原则，那么解决它们之间潜在冲突的基础必须得到说明……这个基础所起的作用也就是所谓最高原则的作用"①。

格沃斯对"道德最高原则"的论证过程包含两个关键步骤，首先，格沃斯通过行动者对于自身行动性（agency）的反思推导出个体行动者不得不珍视的价值，随后，格沃斯从个体行动者不得不珍视的价值出发，尝试建立普遍性的道德义务。

1. 通过"辩证必要方法"确立个体应当珍视的价值

如何从"事实"推导出"价值"是道德哲学中非常困难的问题，也是一个非常重要的问题，该问题的论证事关规范性论证的成败。在对行动的规范性结构（normative structure of action）进行分析的过程中，格沃斯提出了独具特色的思想方法，即"辩证必要方法"，通过行动者的自我理解，确立了其不得不珍视的价值。

根据一个判断所指涉的不同内容，我们可以将判断区分为"断定的（assertoric）"和"辩证的（dialectic）"。断定的判断是关于一个客体的判断，如"X 是好的"，而辩证的判断是对做判断的人的判断，如"A 具有'X 是好的'这种观念/信念/希望"。② 同时，以上两种判断都可再进一步区分为偶然的和必要的。偶然的判断依赖于可变的原因而成立，必要的判断不依赖于任何条件。一些辩证的判断是偶然的，例如，A 可以相信或者不相信 X 是好的。一些辩证的判断是必要的，因为，做出判断的人不能在不否认能够做出这种判断的必要要求的情况下否认它们，也就是说，为避免陈述的内容和能够明确表达一个有效命题的条件之间的矛盾，做出判断的人不能合乎理性地否定一个辩证必要的判断。所谓"辩证必要的"（dialectically necessary），就是判断者自身所不能否认的。

格沃斯试图通过"辩证必要方法"推导出行动者为了前后一致地自我理解而不得不接受的价值，从而将价值判断建立在行动者自身不能否定的事实之上。在格沃斯看来，行动性具有"自发性"（voluntariness）和"目的性"（purposiveness）。③ 行动者是这样的存在物：他们自愿地为其所选择的目的而

---

① Alan Gewirth, *Reason and Morality* (Chicago：University of Chicago Press，1981)，p. 12.

② Alan Gewirth, *Reason and Morality* (Chicago：University of Chicago Press，1981)，p. 44.

③ Alan Gewirth, *Reason and Morality* (Chicago：University of Chicago Press，1981)，p. 27.

采取行动。① 每个行动者都应当能够做出判断：他的行动所要达到的目的对他而言是有价值的。如果行动者行动的目的是对其有价值的，那么行动者就不得不认为达到这个目的的必要手段也同样是有价值的。一些手段仅仅对于特定目的是必要的；一些手段的必要性则独立于特定目的，对于所有可能的行动都是必要的，因而这些手段被称为"必要善"（necessary goods）。② 基本的"自由"和"福利"，即不受胁迫以及可以保障生命的基本资源，就是"必要善"。不具有"必要善"的行动者将不可能达到任何目的，不能作为一个行动者而存在。③ 即便要实现以中止行动性为目的的行为，例如自杀或选择被奴役，行动者也至少需要实现自杀或选择被奴役的基本条件，因此，一个行动者不能理性地拒斥"必要善"。只要是一个行动者，他就不得不欲求"必要善"。借助"辩证必要方法"，格沃斯从行动性的基本特征推导出行动者对于"必要善"的必然欲求。

"辩证必要方法"开始于每个行动者都必然地做出的陈述或判断，它们来自构成了行动的必要结构的一般性特征。④ 行动者不能理性地否认这一特征，因此行动者必须接受在此基础上构建的道德原则。那是该行动者作为一个行动者为了避免自相矛盾而不得不接受的原则。

2. 从"私人理由"推导出"公共理由"

个体必须珍视的价值仅仅是行动者的"私人理由"，而不是能够论证道德义务的"公共理由"。在接下来的论证中，格沃斯试图从这种来自每一个行动者的第一人称视角的价值判断推导出所有行动者都应当认可的普遍道德原则。

在格沃斯看来，如果行动者认为"必要善"对其行动性的可能性而言是必要的，是其不得不欲求的，那么他就必须认为所有其他人应当至少不干预其所拥有的"必要善"。同对于"必要善"的价值判断一样，这一态度同样包含在行动的内在结构之中。格沃斯认为，行动不仅有一个评价的结构，还有一个道义的结构（deontic structure）。行动不仅包含行动者对于拥有自由和福利的评价的判断，而且包含他对于这些行动的基本条件具有权利的道义的判断（deontic judgement）。⑤ 行动者不能合理地声称自己对"必要善"不具有权利。

———————————

① Alan Gewirth, *Reason and Morality* (Chicago：University of Chicago Press, 1981), p. 44.

② Alan Gewirth, *Reason and Morality* (Chicago：University of Chicago Press, 1981), pp. 59 - 60.

③ Alan Gewirth, *Reason and Morality* (Chicago：University of Chicago Press, 1981), p. 63.

④ Alan Gewirth, *Reason and Morality* (Chicago：University of Chicago Press, 1981), p. 44.

⑤ Alan Gewirth, *Reason and Morality* (Chicago：University of Chicago Press, 1981), p. 64.

行动性的本质使得"我"作为一个行动者不得不主张对于"必要善"的权利。如果我们认识到其他人同我们一样也是行动者，即其他人像我们一样具有自己的目的，并不得不欲求"必要善"，行动者就应当认同其他行动者对于"必要善"的权利。在格沃斯看来，从行动性的本质特征到权利的推论，完全是先验的和分析的，因而在任何行动者的自我反思中都以相同的方式成立。如果我否定了他人出于行动性的内在本质而不得不要求的权利，我也就在逻辑上否定了我自己应当要求这样的权利，从而否定了自己作为行动者的存在。① 格沃斯借助"逻辑普遍一致原则"（Logical Principle of Universalizability）阐释了这一对于他人的义务是如何产生的：如果因为 S 有属性 Q，所以有属性 P，那么，有属性 Q 的其他 S，也具有 P。②

当然，格沃斯意识到，"逻辑普遍一致原则"本身并不是一个实质性的规范性原则，而是一个形式的原则。根据有关性质 Q 的不同标准，该原则可能推导出非常不同的甚至截然对立的结论。能够为形式赋予内容的应当是那个让每个人都拥有权利的共同依据，也就是每个人拥有权利的充分理由。"逻辑普遍一致原则"本身并没有给出这个充分理由。当我们说"S 具有 P"是因为"S 具有 Q"，意思可能是 S 具有某些其他的特征 R，而 R 与 Q 的合并对于"S 具有 P"而言才是充分的。根据这种对于"因为"的解释，我们就不能从逻辑上推导出其他具有 Q 的主体具有 P，因为他们可能不具有 R。③

为确立一个行动者能够据以主张基本权利的充分理由，格沃斯做出了"行动性的充分性论证"（Argument from the Sufficiency of Agency, ASA）：他首先提出一个假设，即假设除了"作为一个潜在的有目的的行动者"的事实之外，行动者认为，还需要为他主张权利的理由加上其他条件限制，并将这种条件限制指定为 D。D 的例子可以是"我非常有智慧"，或"我很仁慈"等。之后，格沃斯要求我们考虑，作为一个行动者，如果他不具有 D，他是否仍然认为自己对自由和福利具有权利？如果他认为有，那么这就同他提出的"他因为具有 D 而具有权利"这一论断相矛盾。但如果他回答没有，那么，在有关于行动的普遍特征的问题上，他就自相矛盾了。因为，对于每一个行动者，以下两点是必然真的：他需要自由和福利来行动；并且因此他必然声称对于自由和福利具有权利。一个行动者如果不主张这些权利，就意味着他完全不会为他的目的而采取行动，并且不认为其行动的必要条件是必要的善。

① Alan Gewirth, *Reason and Morality* (Chicago: University of Chicago Press, 1981), pp. 118 – 119.

② Alan Gewirth, *Reason and Morality* (Chicago: University of Chicago Press, 1981), p. 105.

③ Alan Gewirth, *Reason and Morality* (Chicago: University of Chicago Press, 1981), p. 105.

而这就意味着他不是一个行动者，因而与初始的假设相矛盾。① 因此，行动者必须承认，"作为一个潜在的有目的的行动者"就是主张权利的充分条件。

借助"逻辑普遍一致原则"和"行动性的充分性论证"，格沃斯试图将权利主张从行动者基于自身立场提出的要求转变为一种普遍性的道德原则。这就是他最终得出的"道德最高原则"：总是按照你的行为对象和你自身一样的普遍权利所要求的那样去行为。② 这就意味着，所有人都不得妨碍一个行动者实现其"必要善"，即基本自由和福利。格沃斯将这一"道德最高原则"称为普遍一致性原则（Principle of Generic Consistency）。行动者必须遵循这个原则，因为他基于理性的自我反思而不得不这样做，他基于理性的自我反思而无法合理地拒绝这样做。依据逻辑推理建构道德原则，可以排除所有主观的、偶然性的价值和选择，因而能够充分地确立道德原则具有的规范性。

格沃斯的"实践理性理论"将道德视为实践理性自身的要求。就道德和行动者的概念之间有一个绝对的、先验的连接这一点而言，格沃斯的论证是康德主义的，但是，在从事实推导出价值，以及从个人的理由推导出普遍化的道德义务这两个环节上，当代的康德式理论都不能借用康德的论证。康德通过假定道德法则的存在来论证人的内在价值和道德法则的普遍性。经历了20世纪中期元伦理学的反思，当代康德式的道德哲学理论不能假定道德存在，而是必须通过行动者第一人称视角的辩证反思证明道德存在。如何在不依赖所谓本体界的情况下，从一种全然经验性的前提出发来建构道德的"绝对命令"？这是当代规范性研究面对的重大困难。正是通过直接回应这一困难，格沃斯的理论为道德的权威性和规范性提供了非常富有启发性的论证。

3. 行动性的内在特征确证了行动者对"必要善"的欲求

在规范性论证的康德式理论中，虽然并不是所有理论都使用了同格沃斯的"必要善"（necessary goods）相同的术语，但这一类理论事实上都确立了某种"必要善"，并以此作为推理起点。例如科尔斯戈德的"人的同一性的价值"，以及罗尔斯的"基本善"（primary goods）等概念，都具有同格沃斯的"必要善"相似的含义，都意指个体必须要珍视的价值。然而，不同理论在"必要善"的论证方式上有所区别，其中格沃斯的论证最具有说服力。在格沃斯的推理中，对于"必要善"的必然欲求是行动性的内在特征，是无论一个人的境遇和愿望如何都会有的欲求。对任何行动者而言，否认这一欲求就会

---

① Alan Gewirth, *Reason and Morality* (Chicago: University of Chicago Press, 1981), p. 110.

② Alan Gewirth, *Reason and Morality* (Chicago: University of Chicago Press, 1981), p. 135.

导致自相矛盾，而认可这一价值则是"辩证必要的"。通过"辩证必要方法"，格沃斯的论证在"事实"与"价值"之间建立了合理的连接。

在很多其他相关理论中，"必要善"并非全然来自行动的内在结构，因而这些理论就难以对价值提供充分有效的论证。例如，在论证人是政治性的动物时，努斯鲍姆提出，对于人是政治性动物的论证是自行证成的，"这个论证是声称对一个理论立场的接受意味着存在一个认同该立场的人不愿付出的代价——这是同他如何定义他自己有关的信念"①。例如，该理论的挑战者需要像他不是一个政治的存在物那样行动，他不可能这样行动，或者至少不可能这样行动而不付出巨大代价。在努斯鲍姆看来，这一事实就构成了他必须接受这一理论观点的原因。这一方法不仅可以被用于论证人是政治性的动物这个声明，也可以用于论证努斯鲍姆的能力清单上列出的所有能力。努斯鲍姆认为，怀疑论者因过高的代价而不能否定的道德结论就是一个可以得到确证的结论。然而，事实上，避免过高代价并不能为道德规范性提供充分基础，每个人都有可能为了对自身而言更高的价值甘愿付出这一代价，这就是为什么对于基本能力的保护常被认为没得到充分的规范性证明。

努斯鲍姆的论证中的困难是规范性论证中一类比较典型的困难。伦理的结论不应当依赖于为了避免重大代价就需要接受的东西，而应当基于我们必须接受什么，换句话说，基于我们不能否认什么。如果要确立道德原则对于我们的必要性和权威性，道德上重要的价值就不应当是一种可能被超越的价值。一个"重大的代价"不能导致绝对的结论，自我矛盾则可以。"事实"与"价值"之间的绝对连接只能依据每一个行动者仅仅作为一个行动者而在任何情境中都"无法理性地否认"的事实建立起来。格沃斯借助"辩证必要方法"给出的论证是一个怀疑论者根本不能否定的结论。否定行动性的基本条件对我们具有的价值，就会引起自我矛盾。格沃斯的方法完全排除了所有偶然的主观意图和选择，通过逻辑分析将价值的来源确立为行动自身的规范性结构，对每个人必须接受的价值给出一个绝对的论证，为价值提供了一个绝对的基础。每个行动者都必须接受这一价值，因为这一价值是不能为任何人所理性地否定的。

4. 从纯然非道德的前提是否可以推导出"公共理由"？

仅仅从行动性的特征推导出行动者不得不珍视的价值，道德规范性还不

---

① Martha Nussbaum，"Aristotle on Human Nature and the Foundation of Ethics，" in *World*，*Mind and Ethics*：*Essays on the Ethical Philosophy of Bernard Williams*，ed. J. E. J. Altham and Ross Harrison（Cambridge：Cambridge University Press，1995），p. 117.

能得到最终确证。行动者自身的自由和福利的价值只是一个"私人理由",因而对他人不具有规范性。特定个体不得不追求的基本自由和福利并不是所有人都必须珍视的基本自由和福利。只有从行动者的"私人理由"推导出行动者中立的"公共理由",建立跨越主体界限的共同价值,才能对道德义务做出恰当说明。

各种康德式的道德哲学理论都为这一论证提供了方案。这些方案都力图从行动者的自我反思中发展出一种"行动者不得不对他人做道德考量"的判断。例如,科尔斯戈德诉诸维特根斯坦的私人语言理论来论证行动的理由在本质上是公共的这一观念;罗尔斯诉诸合作的益处和必要性来论证认可他人的"基本善"的必要性;斯坎伦提出人因为先天具备理解理由的能力而不得不以理由向彼此进行有关自身行为合理性的证明。同以上"建构论"理论有着相同目标,格沃斯同样尝试将"私人理由"论证为"公共理由"。与"建构论"方法不同的是,格沃斯完全通过逻辑分析的方法建立普遍性的道德原则,这样的论证在最大程度上避免了"建构论"理论曾面对的困难,然而,由于尝试从一个全然非道德的经验事实推导出道德原则,格沃斯的论证也引起了新的困难。

在格沃斯的推理中,"必要善"是行动者不得不欲求的,因此,行动者就不得不认为所有其他人"应当"至少不干预其所拥有的"必要善"。这个"应当"表示行动者认为什么是其应得的,因而是需要相关权利的。正是在这个意义上,格沃斯提出,行动者必须认为他对于行动性的基本条件具有权利。之后,格沃斯通过"逻辑普遍一致原则"和"行动性的充分性论证"证明了每个行动者都应当尊重其他行动者的这一权利。一个行动者会通过观察和理解,注意到其他人也是行动者,于是就必须认为其他人同其一样应当拥有基本的自由和福利。[①] 如果他仅仅认为自己对自由和福利具有权利而别人没有,就陷入了自相矛盾,最终只能否认自己具有权利。"逻辑普遍一致原则"和"行动性的充分性论证"的应用往往被视为"公共理由"得以确立的关键环节。这两种论证方案都揭示了很多重要问题,但它们并没有成功地在"私人理由"的基础上确立"公共理由"。

"逻辑普遍一致原则"从"一个行动者能够合理地对自己的必要善主张权利"推导出"每一个行动者都应当对其必要善主张权利"的论证过程是正确的,但是,所谓权利就是一个他人应当能够理性地认可的要求,在这个意义

---

① Alan Gewirth, *Reason and Morality* (Chicago: University of Chicago Press, 1981), pp. 106 – 110.

上，"逻辑普遍一致原则"推论的前提，即"一个行动者能够合理地对自己的必要善主张权利"，本身就已经是一个"公共理由"。因而，"逻辑普遍一致原则"仅仅通过一个"公共理由"论证了另一个"公共理由"，该原则本身并没有在"私人理由"和"公共理由"之间建立连接。"行动性的充分性论证"同样被认为是格沃斯推导"公共理由"的重要依据。这一论证的前提中也包括"一个行动者能够合理地对自己的必要善主张权利"①。因此，和"逻辑普遍一致原则"一样，"行动性的充分性论证"仅仅连接了不同的"公共理由"。贝勒菲尔德曾为格沃斯的"行动性的充分性论证"做了全面的辩护，但同时他也认可，这一论证是以个体行动者"必然声称对于自由和福利具有权利"为前提的。② 基于这一前提，我们不能认为该论证在"私人理由"和"公共理由"间建立了连接。

要在"私人理由"和"公共理由"之间建立连接，格沃斯就需要证明，行动者的确具有一种能够使其他行动者负有义务的权利。但问题在于，格沃斯并没有对此给出充分论证。格沃斯将行动者对自身权利的主张建立在审慎的（非道德）的基础之上，在他看来，只要行动者认可自由和福利是必要善，权利主张就是其必须做出的判断。③ 在通常的意义上，权利主张意味着对他人提出了要求，要求他人以某种方式或者不能以某种方式对待自己。因此，要证明行动者具有任何权利，不仅要说明行动者自身有何必然欲求，还必须说明行动者与他人之间的关系，以及这种关系具有何种道德意义。格沃斯对于行动者与他人之间的关系没有做出描述。在这种情况下，即便行动者意识到必要善是所有行动性的必要条件，行动者能够确定的也仅仅是"他人不得不珍视其自身的必要善，就如同我不得不珍视我的必要善一样"，行动者并不能确定"他人应当珍视我的必要善"或"我应当珍视他人的必要善"。毕竟，格沃斯没有对行动者同他人之间的关系给出"辩证必要"的说明。

格沃斯也曾明确表示，行动者的权利声明不具备法律和道德意义。它只是意向的，是一个态度问题，是行动者基于对自身行动性的辩证判断所形成的有关自己与其他人关系的态度。④ 认为其他行动者不应干预其"必要善"

① Alan Gewirth, *Reason and Morality* (Chicago: University of Chicago Press, 1981), pp. 109 – 110.
② Deryck Beyleveld, *The Dialectical Necessity of Morality: An Analysis and Defense of Alan Gewirth's Argument to the Principle of Generic Consistency* (Chicago: University of Chicago Press, 1991), p. 377.
③ Alan Gewirth, *Reason and Morality* (Chicago: University of Chicago Press, 1981), p. 71.
④ Alan Gewirth, *Reason and Morality* (Chicago: University of Chicago Press, 1981), p. 66.

的个人态度，显然不足以论证其他行动者对该行动者的义务。行动者必须反对其他行动者侵犯他的"必要善"，否则就是自相矛盾的；但这不等同于行动者必须认为：其他行动者有义务不去侵犯他的"必要善"，不持有这一观点并不会导致自相矛盾。哈科菲尔德曾提出，依照格沃斯的推论，一个人没有理由认为应当对另一个人的"必要善"有任何积极的考虑。行动者是出于"辩证必要"的原因而追求"必要善"，并非是为了其他行动者而追求"必要善"。① 当一个行动者干预其他行动者的"必要善"，事实上并不会产生任何逻辑矛盾。威廉斯也曾提出，我不得不欲求"必要善"，的确给我提供了一个反对干预我的"必要善"的绝对的理由；其他行动者不得不欲求"必要善"，给其他行动者提供了一个绝对的理由来反对他人对其"必要善"的干预。但是，我们不能由此推导出，我必然希望或者需要其他行动者拥有"必要善"。② "即便逻辑一致性也无助于推导出我必须认可他人所珍视的东西"，科尔斯戈德就曾明确提出，"一致性……可以强迫我认识到你的愿望对你而言具有理由的地位，以一种跟我的愿望对我而言具有理由的地位相同的方式……但不能强迫我分享你的理由，或者让你的人性对我具有规范性"③。科尔斯戈德认为格沃斯所论述的行动理由是私人的，因而不能建立对于行动的绝对的约束原则。④

别人想要的或者需要的，不必然是我做任何事的理由，反之亦然。从一个不考虑人际关系之道德意义的非道德前提出发，仅仅凭借逻辑推理，难以得到普遍性的道德义务。

有学者曾提出，我们可以通过补充一些论证来完善格沃斯在这个步骤上的推理。例如，可以通过说明合作对于实现"必要善"的必要性来完成对于普遍道德义务的论证：既然一个行动者不得不保护自己的"必要善"，那么为确保合作带来的益处而关注他人的"必要善"就是必要的。罗尔斯就曾经通过强调合作对于追求"社会基本善"（primary social goods）的必要性来论证道德原则：因为社会合作让更好的生活对所有人而言都成为可能，合作会比

---

① Vaughn E. Huckfeldt, "Categorical and Agent-neutral Reasons in Kantian Justifications of Morality," *Philosophia* 35, 1 (2007): 23 – 41.

② Bernard Williams, *Ethics and the Limits of Philosophy* (London: Fontana, 1985), p. 61.

③ Christine M. Korsgaard, *The Sources of Normativity* (New York: Cambridge University Press, 1996), p. 134.

④ Deryck Beyleveld, "Korsgaard v. Gewirth on Universalization: Why Gewirthians are Kantians and Kantians Ought to be Gewirthians," *Journal of Moral Philosophy* 12, 5 (2015): 573 – 597.

任何一个人自己努力更好,① 为了在尽量大的程度上实现一个人的"基本善",行动者显然应当跟其他行动者一起追求他的自由和福利,而不是单独一个人去追求。② 促进自身的"基本善"是行动者结成合作关系的目的,因此,保护和促进合作各方的"基本善"就是合作的前提,为我们尊重他人的"基本善"提供了理由。然而,这一论证的问题在于,如果合作中的行动者对其他行动者的"基本善"的尊重完全出于保护自己的"基本善"的目的,这一尊重就不可能是绝对的,而是依据其同自己的"基本善"的具体关系而变化的,因而终归难以提供一种普遍化的道德理由。

当然,会有很多人认为,以上问题可以通过在格沃斯的推理中进一步借用罗尔斯的方法而得到解决。比如,在"无知之幕"之下,行动者不清楚自己的处境,因而对每个行动者而言,如果要通过合作促进自己的"必要善",就不得不尊重其他所有行动者对于"必要善"的权利。也就是说,行动者如果认为自己对于自由和福利的欲求是"辩证必要"的,那么不侵犯所有行动者对于自由和福利的权利就是"辩证必要"的。然而,即便如此,行动者并没有将对他人的道德考量直接作为自己行动的理由,在根本上,他们还是仅仅受到自身利益驱使而行动。如果行动者的选择是将自己置于最不利地位而得出的选择,那么,其他行动者的"必要善"就没有直接对一个行动者构成规范性。"无知之幕"的加入仅能够说明行动者具有一个关于其他行动者的义务,而并不是说行动者具有一个对于其他行动者的义务。将格沃斯的论证同罗尔斯的理论相结合,也并不能帮助格沃斯圆满地论证"私人理由"如何能够成为"公共理由"的问题。

5. 行动的规范性结构具有的双重内涵

格沃斯的理论建立在认为行动具有一种"规范性结构"的观念之上。③ 就格沃斯为道德规范的论证提供了一个行动者不能否认的前提而言,格沃斯的理论为有效的道德推理提供了恰当的起点。相比当代其他康德式论证,格沃斯为规范性的确立提供了绝对的基础。然而,如前文所述,当我们从这个绝对的基础出发,进行纯粹逻辑的推理,似乎并不能顺理成章地推导出普遍性的道德义务。格沃斯论证的困难显示,如果道德规范性的确可以通过行动的内在本质而得到论证,那么普遍性义务的确立显然需要我们对于行动的规范性结构给出更全面的阐释。

---

① John Rawls, *A Theory of Justice* (Cambridge：Belknap Press, 1971), p. 109.
② John Rawls, *A Theory of Justice* (Cambridge：Belknap Press, 1971), p. 460.
③ Alan Gewirth, *Reason and Morality* (Chicago：University of Chicago Press, 1981), p. 48.

行动的"规范性结构"具有双重内涵。行动者不仅不得不认可其必要善，也不得不认可理性的行动需要理由。行动性是有目的的、自主的理性行动的能力。行动者具有的行动性要求行动者判断是否有理由以某种方式去做某事。如果没有理由，行动者就无法做出理性的行动。必要善为道德原则提供了内容，行动对理由的需要限定了道德推理的普遍形式。

道德理由是一个内在地包含着他者的概念，不可避免地涉及具体情境中对于人际关系的考量，能够反映不同行动者的共同诉求，从而能够确立不同行动者都认可的普遍性的道德规范，使行动者不得不珍视的主观善获得跨越主体的规范性。具有规范性的理由不仅是解释性理由，也是辩护性理由，不仅是"私人理由"，而且是"公共理由"。对规范性理由的本质进行阐释，正是从"私人理由"推导出"公共理由"的关键环节。而在格沃斯对行动性的描述中，并没有涉及这个问题。当然，行动者应追求自身的"必要善"可以在某些情况下作为行动理由，但其本身显然不是最终的行动理由，而只是对某些潜在的行动者中立的理由的不完全说明。我们需要对理由进行系统论述，来解释不同行动者的"必要善"应如何权衡，以及其他行动者的"必要善"对于特定行动者所应具有的意义。

在当代的道德哲学研究中，"理由"已成为一个非常重要的、基础性的概念。身为理性存在物，生而具有判断是非的能力，我们的理性行为都需要理由。在重建道德规范性的努力当中，各种康德式的道德哲学理论均明确地将"需要理由才能行动"作为行动者自我反思的结论，并以此来构建道德上的"应当"。科尔斯戈德提出的人类意识的反思结构所要求的同一性（人类意识的反思结构需要人通过自身的同一性找到行动理由，同一性是一个人所具有的各种身份以及随之而来的对他人的义务，是理性行动不可缺少的依据），或者斯坎伦所强调的理解理由的能力（行动者自身具备的这种能力要求行动者通过理由对自身涉及他人的行为向他人进行论证）等都体现了这一观念：对行动理由的需要就包含在行动的规范性结构之中，是理性行动性的必然要求。并且，正是对于理由的寻求在个体和他人之间确立了特定的关系，为论证我们彼此负有的义务提供了基础。

在各种康德式理论对于理由的论证中，以斯坎伦的理论最为精致和系统。斯坎伦持"理由基础主义"立场，认为道德理由是最为基础性的规范性概念。并且他认为，理由的概念直接对应着人际关系。任何关系都体现为关系中的各方应当持有的态度（如朋友要真诚关心彼此。如这种态度不复存在，那么关系也就不存在了），而态度就体现为行动的理由。（与一个人成为朋友不仅包括要相互关心，还包括出于正当理由去关心，这里所谓出于正当理由指的是，这种关心不是出于义务，而是出于情感。"假如对方在与你互动的时候并没有得到乐趣，只是在迁就你，那么你就会发现整个事情都建立在错误的基础上，你也不会继续认为你们之间存在友谊。"①) 关系所对应的特定行动理由，就是我们的义务。除了如友谊这种有着特定承诺的关系产生特殊的义务，在斯坎伦的理论中，最基本的道德义务也是通过人际关系而得到论证的。斯坎伦提出，在所有行动者之间，无论他们相识与否，都存在一种关系，即"理性存在物同伴"（fellow rational being）的关系。② 同为理性存在物，我们都具有理解理由的能力，这就导致我们之间存在一种关系，要求我们在做出涉及他人的行动时，都需要通过理由向其进行论证，③ 论证的方式就是"以他人不能合理拒绝的理由向他人证明其行为在道德上的正当性"④，通过这样的论证，行动者之间就建立起了"相互承认的关系"（relation of mutual recognition）。⑤ 能够经受这样的论证，才是道德上可获准许的行为。在这个意义上，道德规范来源于人与人之间的关系，规范就体现为关系所规定的行动理由。

正是在这个意义上，什么样的判断才能被赋予理由的地位，是道德哲学的核心问题。斯坎伦对此做出了系统论述，他区分了"个人有效的理由"和"一般理由"。"个人有效的理由"是理由的提出者自己认可的，但未必能够为其他人所接受的理由，因而只具有解释性而不具有辩护性。有着理性本性的人所组成的共同体，能够建立某种道德共识。那种"人之所以为人"才会拥有的"一般理由"才是道德正当性证明能够依据的理由。在彼此论证的过程中，我们需要将自己行动的理由同他人可能拒绝我们行动的理由相互权衡，一个理由越是接近所有行动者都没有理由拒绝的"一般理由"，就具有越大的权重。这样的推理揭示了道德理由概念何以内在地包含对他人的考量，也说明了为什么行动者通过自我反思，可以确认每一个行动者的内在价值。为解

---

① Thomas Scanlon, *Moral Dimensions*：*Permissibility*，*Meaning*，*Blame* (Cambridge：Harvard University Press，2008），p. 133.

② Thomas Scanlon, *Moral Dimensions*：*Permissibility*，*Meaning*，*Blame* (Cambridge：Harvard University Press，2008），pp. 139 – 140.

③ Thomas Scanlon, *What We Owe to Each Other* (Cambridge：Harvard University Press，1998），p. 162.

④ Cf. Thomas Scanlon, *What We Owe to Each Other* (Cambridge：Harvard University Press，1998），pp. 153 – 158.

⑤ Thomas Scanlon, *What We Owe to Each Other* (Cambridge：Harvard University Press，1998），p. 162.

决从"私人理由"推导出"公共理由"的问题，将斯坎伦的论证合并到格沃斯对于"道德最高原则"的论证当中将带来明显助益。

当然，斯坎伦提供了判断道德规范是否合理的程序，却没有提供具体的道德规范，这就是为什么合并格沃斯和斯坎伦的论证也能够推进斯坎伦的道德哲学理论。行动者之间以彼此不能合理地拒绝的理由进行论证，是得出普遍性规范判断的途径，为道德规范确立了纯粹的形式。在斯坎伦的理论中，尚缺少一个道德原则所依据的绝对的经验基础。我们必须有共同认可的论辩起点，论证才能在现实中展开，才能够得出具体的道德原则。"存在每个人都不得不珍视的价值"这一事实就可以作为论辩的起点。格沃斯的"必要善"是任何人都无法合理拒绝的，可以为道德规范提供必要内容，为斯坎伦的理由权衡提供一个终极依据。

行动的规范性结构具有的双重内涵在于：每个人都不得不欲求基本善，并且，每个人都不得不欲求理性行动的理由。理性行动的理由内在包含着对人际关系的道德考量。对理由的欲求迫使行动者不得不对他人的"私人理由"给予理性的权衡。行动的规范性结构具有的双重内涵暗示着一个有力的综合。如能将理性的物质条件（和行动者的利益相关）同一个形式条件（在行动者的慎思中扮演正确的角色）合并起来，也就将来源于霍布斯和康德的基本原理有机结合在了一起。①

三　道德地位的要求体现为道德关系

一个存在物的道德地位要求我们关注他的理由，并将他的理由作为我们的行动的限制条件；当然，我们的道德地位同样对其他行动者产生这样的要求。因此，对于同为道德共同体成员的彼此而言，我们都是规范性理由的来源，在彼此交换和评价理由的过程中，我们将一起达到公共理由。公共理由就显示了我们对于彼此的义务，这是一个存在物的道德地位对他人提出的要求，也是这一地位对其自身提出的要求。道德地位的要求就在于建立这种相互认可的关系。从相互认可的视角出发，我们可以对人类道德地位的平等给出更充分的论证。

---

① Stephen Darwall, Allan Gibbard, and Peter Railton, "Toward Fin de siècle Ethics: Some Trends," *Philosophical Review* 101, 1 (1992): 134.

（一） 人类道德地位平等性论证遇到的困难

《世界人权宣言》第 1 条即宣称，"人人生而自由，在尊严和权利上一律平等"。无论种族、性别、智力、信仰或年龄，属于人类物种这个简单事实就可以让每个人拥有平等道德地位。自《世界人权宣言》问世以来，人类道德地位平等的观念得到了普遍认同，并深刻影响了为数众多的社会规范的形成，为不计其数的法律决议和伦理判断提供了依据。然而，对人类道德地位的平等进行论证却出乎意料地困难。

道德地位反映的是"一个存在物因其自身的原因而应受或不应受某种对待"。[①] 我们有义务尊重具有道德地位的存在物，并非因为这会让我们自己或者其他人受益，而是因为具有道德地位的存在物的需要本身具有道德重要性。也就是说，是存在物自身的性质为其道德地位提供了直接的基础。多数伦理学理论都认可这种意义上的道德地位概念，并为道德地位的平等性提供了不同类型的论证。以下三种论证方式曾在生命伦理研究中受到广泛援引：即基于感受痛苦的能力的论证、基于人类典型能力的论证，以及物种主义的论证。遗憾的是，这三种论证方式都没能对人类道德地位的平等性给出圆满证明。

基于感受痛苦能力的论证主要来自功利主义的观点。功利主义将道德上的正当性视为幸福的最大化和痛苦的最小化，那么，同为具有感知痛苦的能力的存在物也就使人们平等拥有了道德地位。这种论证方法招致了非常多的质疑。首先，能够感受痛苦仅仅说明一个人的需求和利益可能受到他人行为的影响，但这并不等同于他人有理由考虑这种影响。其次，即便感受痛苦的能力能够授予道德地位，因为人们的感受能力悬殊，在不同程度上拥有这种能力的事实就可能论证道德地位的不平等。[②] 因为很多动物的感受能力都显著高于那些处于昏迷或永久植物状态的人，彼得·辛格甚至借助功利主义论证了某些动物具有等同于或高于某些人类的道德地位。[③] 这样的结论与常识和直觉明显不符。最后，"最大快乐原则"通过对群体成员的痛苦和利益进行求和的方式判断行为在道德上的正确性，将不可避免地导致个体道德地位受到群

① Mary A. Warren, *Moral Status: Obligations to Persons and Other Living Things* (Oxford: Oxford University Press, 1997), p. 3; D. DeGrazia, "Human-animal Chimeras: Human Dignity, Moral Status and Species Prejudice," *Metaphilosophy* 38, 2 – 3 (2007): 309 – 329; A. Jaworska and J. Tannenbaum, "The Grounds of Moral Status". Mar. 14, 2013, https://seop. illc. uva. nl/entries/grounds-moral-status/.

② Alan Gewirth, *Reason and Morality* (Chicago: University of Chicago Press, 1981), p. 121.

③ Peter Singer, "Speciesism and Moral Status," *Metaphilosophy* 40, 3 – 4 (2009): 567 – 581.

体利益的侵犯。

基于人类典型能力的论证也同样遇到困难。这类理论将人类平等道德地位的基础归于理性、行动性，或道德自主性等人类典型具有的精神能力。① 然而，无论我们认为是什么能力为人赋予了道德地位，总会有人不具备这个能力。因而这类观点无法论证为什么不具有人类典型能力的个体同具有这些能力的个体拥有平等的道德地位，最终不可避免地将一部分人排除在道德地位的保护范围之外。② 众所周知，道德地位要求的是最基本的权利，比如生命不受侵害，或者在必要的时候能够得到救助，而不是如同选举权等需要精神能力才可能行使的权利。将人类道德地位的平等仅限于具有人类典型能力的个体的范围之内，显然有失公允。根据能力差异剥夺一部分人的道德地位也将危及关爱、同情等人类社会的重要价值，并且极易发生滑坡效应，导致我们付出过高的道德上的代价，例如纳粹对于残疾儿童和精神病人的迫害。

最终，试图论证人类道德地位平等的学者似乎或者宣告失败，或者只能接受一种被称为"物种主义"的立场。③ 物种主义将道德地位赋予所有人类成员，仅仅因为我们是人类，这显然是武断的。我们有理由拒绝在缺乏进一步论证的情况下，凭借一个类的成员身份，就把严重缺乏人类典型能力的人纳入道德地位的保护范围，同时排除所有其他物种拥有道德地位的可能性。因此，这类理论常常受到缺乏论证的指控。德国哲学家马库斯·杜威尔（Marcus Düwell）在有关人的尊严的论证中提出，"物种主义"是一种有利于某一种生物类型成员的偏见，就好像有利于某一特定种族或性别的成员的种族歧视和性别歧视一样，是不公平的。在任何情况中，想要把尊严赋予人类大家庭的所有成员，我们都无须持一种物种主义的立场。人的尊严不是一个物种主义的概念。④ 也有人认为，所有人都拥有平等的道德地位是自明的，不必认定某个授予这一

---

① 〔美〕弗朗西斯·福山：《我们的后人类未来：生物技术革命的后果》，黄立志译，广西师范大学出版社，2017，第 172 页；Daniel P. Sulmasy, "Dignity, Disability, Difference, and Rights," in *Philosophical Reflections on Disability*, ed. D. Christopher Ralston and Justin Ho. (Dordrecht: Springer Science & Business Media, 2009), pp. 183 – 198; Li, Y., and Li, J., "Death with Dignity from the Confucian Perspective", *Theoretical Medicine and Bioethics* 38, 1 (2017): 63 – 81.

② Roger Brownsword and Deryck Beyvel, *Human Dignity in Bioethics and Biolaw* (Padstow: T. J. international Ltd, 2001), pp. 23 – 24.

③ Matthew Liao, "The Basis of Human Moral Status," *Journal of Moral Philosophy* 7, 2 (2010): 159 – 179.

④ Marcus Düwell, "Human Dignity and Human Rights," in *Humiliation, Degradation, Dehumanization: Human Dignity Violated*, ed. Paulus Kaufmann, et al. (Springer Science and Business Media, 2011), pp. 215 – 230.

地位的特性。① 尽管对于任何道德原则的证明都必须止于某处，但如果没有对道德地位的基础给出充分解释，我们就不能确定我们与之共存的人、将要遇到的人是否拥有权利，拥有什么权利，因而难以抵御当代各种科学技术的应用对人类价值可能造成的贬损。

以上各种论证方案都认可人类因自身的特性（感受痛苦的能力、典型人类特征、物种成员身份）而应得道德地位，以不同方式确证了人类的内在价值。因而，尽管各种论证方案都包含难以化解的矛盾，但仍然频繁地被用于道德地位问题的探讨。与之不同，契约主义理论大多并未直接认可人的内在价值，因而被认为不适用于道德地位观念的建构。在传统的契约主义和自利的契约主义中，契约的目的仅在于维护自身利益，并不包含对于其他契约主体内在价值的考虑。罗尔斯的契约主义虽有助于培养人们对于平等的关切，然而原初状态中的理性仍可归于工具理性，并且，罗尔斯假定原初状态中的订约者使用"最大最小化原则"来进行选择，还是以关照自我利益为出发点的。相比之下，斯坎伦的契约主义通过将道德正当性的标准理解为"能够以他人无法合理拒绝的理由向他人进行证明"，直接确认了每一个人的内在价值，保证我们行动所涉及的所有人都没有被仅仅当作手段，而是被尊重为具有自主意识、自我控制能力和自我规划生活能力的行为主体。通过"理由"与"正当性证明"之间关系的分析，斯坎伦清晰阐释了道德地位平等性的基础和要求，对道德地位问题研究中一直以来争论不休的话题给出了独特回答。

（二）道德理由来自具体情境中的经验事实

斯坎伦对道德地位平等性的论证，相较功利主义和其他契约主义更具权威性，是因为揭示了具体人际关系中蕴含的道德要求。有关"什么能够被恰当地作为行动理由"的问题，斯坎伦曾明确提出，行动理由只能来自具体情境中的经验事实，而非正确、善，或有价值这样的抽象理由。当代契约论的兴起最重大的历史意义在于从元伦理学手中夺回了规范伦理学的阵地，回应元伦理学提出的质疑，是新契约论的主要目标之一。斯坎伦将道德理由和善等抽象概念全部还原为具体情境中的经验事实，为 20 世纪之初由摩尔提出的元伦理学问题给出了新颖的解决方案。

摩尔在《伦理学原理》中提出了"善"不能通过任何自然性质予以定义

---

① H. J. McCloskey, Respect for Human Moral Rights Versus Maximizing Good, in *Utility and Rights*, e-d. R. G. Frey（Oxford：Basil Blackwell, 1985）：121 – 136；R. Nozick，"About Mammals and People"，*New York Times Book Review* 27，Ⅱ（1983）：29 – 30.

的观念，确立了"事实"与"价值"之间的藩篱不可跨越的信念，然而即便如此，摩尔却并非意图质疑规范伦理学的存在根基。摩尔、普里查德、罗斯等道德实在论者并不否认存在基础性的道德真理和客观的道德概念，道德实在论同样可以用于对抗道德怀疑论的挑战。实在论者通过"附随性"（supervenience）的解释把开放问题所包含三个要素联系在一起。这三个要素是：使 A 为善的自然属性；A 为善的事实；以及我们有理由以特定的方式回应善，也就是回应 A 的事实。摩尔的观点可归结为：A 的基本特征使 A 成为善的，并且，A 的善给了我们一个理由去在意 A。在这一解释中，善附随于行为的基本特征，理由附随于善。摩尔没有对善给出解释，认为善是一种自身提供理由的属性。

这样的论证并没有解决道德哲学的根基问题。① 随着 20 世纪三四十年代逻辑实证主义在英语世界受到广泛认可，伦理概念和语言受到了彻底否定。维也纳学派认为，有意义的陈述必须是重言式的或者被经验方法证实的。这一观念破坏了任何道德规范能够建立的基础。曾经在道德哲学中处于核心地位的规范伦理学此时甚至难以在主流的哲学研究中继续占据一席之地。② 在当代，为规范伦理学的根基进行辩护，需要以一种不同于实在论的方式对道德怀疑论做出回应。归根结底，规范性判断的本体论基础是非规范性事实。因为任何有意义的规范性判断一定是基于这个世界的自然事实或关于这个世界的事实性判断。③ 在现实生活中，我们很难看出善和价值能够直接提供理由，我们的行动理由通常来自使事物成为"好"或"有价值"的那些自然属性。道德理由的概念可以为这样的还原论提供论证。有学者曾在元伦理学研究中提出，在所有规范性的事实和关系中，理由是最可能通过非规范性的术语来分析的。④

在对道德理由的来源的论述中，斯坎伦给出了所谓的"转移论证"（Buck-Passing Account），也称"价值的规范性后推解释"，这种解释使道德理由直接地来源于自然属性，并对善给出了分析。"转移论证"连接开放性问题所包含的三个要素的方式是：A 的基本特征使 A 成为善，并且提供了在意 A 的理由。善和价值是高阶属性，表达了一种纯粹形式。它们并不能提供理由。

---

① A. J. Ayer, *Language, Truth, and Logic* (London: Victor Gollancz Ltd, 1952), p. 52.

② W. D. Hudson, *Modern Moral Philosophy* (New York: Anchor Books, 1970), p. 1.

③ 陈真：《关于规范性判断的本体论基础的几点思考》，《道德与文明》2021 年第 5 期。

④ Mark Schroeder, "The Fundamental Reason for Reasons Fundamentalism," *Philosophical Studies* 178, 10 (2021): 3107-3127.

提供了理由的恰恰是某些低阶属性。例如，咖啡"让人兴奋"这一特点让我们选择去喝咖啡。这就是所谓的"转移论证"的解释，即理由并不是由善构成的，而是由事物的低阶属性提供的，是使善成为善的特殊事物构成的。① 现实中，一个道德上的好人做出一个道德的行为，其依据并不总是道德原则给出的有关应该做什么的指示，更多的是那些可以作为行动理由的事实。有些时候，人们可能出于"责任感"（the sense of duty）而行为，但更多的时候，人们是直接出于如"他需要帮助""这样做会使他陷入危险"等更为具体的考虑而行为的，无须涉及"不这样做是道德上错的"这种抽象理由。②

以相似的方式，即将理由归于与道德内容相关联的经验事实，斯坎伦的理论似乎可以对普理查德两难困境提供很好的回应。③ 普理查德两难困境是有关道德规范性的探讨中经常谈到的问题，它讲的是：如果试图解释"一个行为是错误的为什么提供了一个不去做这个行为原因"，我们就会面临一个严重的两难困境。一种理解是，不去做这个行为的理由就在于它是错误的。但这种解释把道德考量给予理由的力量视为理所当然的，因而不是恰当的答案。另一种方式是诉诸某些与道德无关的理由，例如，人们有理由去做一个好人是因为，如果我们欺骗、误导，或不尊重别人，我们就很有可能要为此付出代价，那么，为了自己的利益，最好做一个好人。显然，这样的理由并不是一个有道德的人应当首先被说服的那类理由。要解决这个问题，必须说明不去做这个行为的理由，而这些说明必须和为什么它是错误的联系在一起。例如，回答我们为什么要忠诚于朋友就似乎面临着普理查德两难困境，我们不能说因为友谊就是这样要求的，也不能诉诸友谊可能带来的好处等友谊之外的某种价值。对这一困难的正确回应，首先是要描绘友谊所包含的那种关系具有什么样的特征，一方面它带来愉快和支持，一方面它也要求忠诚。它们都是友谊的特征。这些特征提供了处于友谊关系中的人按照友谊的本质特征所要求的方式去行为的理由，同时也为行为的正确和错误提供了基础。

在常识和直觉上，只有同经验事实发生联系，才能让一个规范性判断得到确证。相比于认为规范性来源于无法通过经验加以分析的抽象观念，斯坎

---

① Thomas Scanlon, *What We Owe to Each Other* (Cambridge：Harvard University Press, 1998), pp. 95 – 100.

② Thomas Scanlon, *What We Owe to Each Other* (Cambridge：Harvard University Press, 1998), p. 156.

③ Thomas Scanlon, *What We Owe to Each Other* (Cambridge：Harvard University Press, 1998), p. 155.

伦将道德规范性的来源归于能够提供理由的那些基本事实，无疑有助于确立道德原则对于行动者自身所具有的约束效力。

（三）平等地相互关联是道德地位的要求

斯坎伦揭示了理由同具体情境中的经验事实的直接联系，对世纪之初摩尔提出的元伦理学问题做出了很好的回应。同时，构成理由的经验事实主要有关于行动者拥有的人际关系。人际关系就等同于关系中的各方应当具有的态度，而态度是通过行为理由表现出来的。因此，正是人际关系提供了行动的理由。特殊的私人关系提供特定的行动理由，普遍性的人际关系则能够论证普遍性的道德理由。

斯坎伦将所有行动者之间都普遍存在的关系称为"理性存在物同伴"的关系。"理性存在物同伴"都具有理解理由的能力，因而涉及彼此的行为都要通过理由对彼此进行论证。论证的方式就是向彼此证明：行为遵循的原则是彼此都没有合理的理由拒绝的。一方面，这种方式充分尊重了每一个个体的自主性，另一方面，一对一的理由论辩过程也有助于发展个体的自主性。这样的论证在确立了基本道德义务具有的普遍性的规范性的同时，也为特殊的关系和承诺留出充分空间。

1. 道德地位规范了行动的理由

追问道德何以能够具有规范性，也就是在追问道德为什么可以产生所谓的"应当"。在很多理论中，这里的"应当"被表述为行动者"应当"做什么。这样的表述限制了我们回应规范性问题的方式。在《道德之维——可允许性、意义与谴责》一书中，斯坎伦通过区分"道德原则的两种使用方法"（the two uses of moral principles）向我们显示，道德原则所规范的不仅仅是行动者"应当"做或者不做出什么行为，在最根本的意义上，道德原则所规范的是行动者"应当"出于什么理由去做。

在斯坎伦看来，道德原则有两种使用方法：道德原则既可以作为"慎思的指导"（guides to deliberation），又可以作为"批评的标准"（standards of criticism）。① 当作为"慎思的指导"时，道德原则回答了行动者（agent）应当做什么的问题，即"一个人可以做某事吗？"斯坎伦称之为"可允许性"问题。对这个问题的回答依赖于，哪些考量同这种行为的可允许性相关，以

---

① Thomas Scanlon, *Moral Dimensions*: *Permissibility*, *Meaning*, *Blame* (Cambridge: Harvard University Press, 2008), p. 22.

及，这些考量应当如何受到重视？例如，"滥杀无辜是不可允许的"这一判断所依据的考量是"人的生命具有内在价值"，并且，正是这种价值要求我们不能伤害人的生命。与之不同，当作为"批评的标准"时，道德原则回答的是"行动者应当以什么方式来决定是否做某事"。评判行动者做决定的方式所依据的是行动者在做决定的时候有哪些考虑，将什么视为支持或者反对其行为的理由。① 如果我是出于对人的生命的内在价值的敬畏而选择不杀害这个无辜的人，那么我就以恰当的方式重视了有关于"滥杀无辜"的道德考量。如果我选择不杀害某无辜的人的理由仅仅是我期待他有朝一日归还欠我的钱，那么我就没有以恰当的方式重视有关于"滥杀无辜"的道德考量。

使一个行为不被允许的，是断然反对该行为的那些考量，而不是行为者有没有足够重视这些考量。② 与之不同，对行为者行为方式的判断则依赖于行为主体事实上有没有以适当的方式来重视这些考量。③ 这一区分有助于我们理解道德原则到底规范了什么。在道德判断中，如果我们不仅可以说一个人"应当"做道德上允许的事情，并且还可以说，一个人"应当"出于道德上正确的理由去做。那么，道德就不仅规范了是否应当做某事，也规范了我们行为的理由。

甚至在斯坎伦看来，道德原则的规范性最直接地体现在其对于行动理由的规范之中。例如，"必须把人当作目的"这一重要的道德准则也必须通过这种方式才能得到理解。"只有当行动者认为某人是目的的这个事实，给行动者以理由以某种方式而非另一种方式去对待他的时候，行动者才将某人当作了目的，否则，即便做了道德上可以允许的事情，行动者实际上可能仅仅把这个人当作手段而已。"④

将道德规范性植根于理由抉择的过程能够有效回应道德原则总有例外的难题。现实中，似乎任何道德原则都会在具体情境中遇到例外。康德提出的"不能说谎"的原则就因此而受到广泛的质疑。如果在某一情境中，不说谎就会导致一个无辜的人失去生命，那么说谎显然就是道德上正确的行为。出现

---

① Thomas Scanlon, *Moral Dimensions*：*Permissibility*，*Meaning*，*Blame*（Cambridge：Harvard University Press，2008），p. 23.

② Thomas Scanlon, *Moral Dimensions*：*Permissibility*，*Meaning*，*Blame*（Cambridge：Harvard University Press，2008），p. 23.

③ Thomas Scanlon, *Moral Dimensions*：*Permissibility*，*Meaning*，*Blame*（Cambridge：Harvard University Press，2008），pp. 22 – 23.

④ Thomas Scanlon, *Moral Dimensions*：*Permissibility*，*Meaning*，*Blame*（Cambridge：Harvard University Press，2008），pp. 89 – 91.

这种情况的原因在于，具体情景中的行为具有多重特征，例如某一行为既是
"说谎"，同时也是"拯救一个无辜的人的生命"。而道德原则往往只能反映
行为的单一的或有限的特征，例如，"不许杀人"和"不许说谎"，都仅仅描
述了行为可能具有的多重特征之一，即"杀人"或"说谎"。基于有限特征
而做出的判断总有例外。① 这就是道德原则总有例外的原因。相比之下，基于
理由的判断能够具有更加普遍性的权威。行动理由本质上反映了特定情境中
的各种关系，对行动理由的判定过程也就是对于具体情境中的特定行为所显
示的多重特征进行分析和权衡的过程。每一个情境中，什么将最终被认定为
行动的理由是不确定的，但理由抉择的方式是确定的。因而，即便对于行为
的规范几乎从来都不是普遍性的，但对于行动理由的规范是可能具有普遍
性的。

将道德规范性植根于理由抉择的过程也能够对道德谴责给出更充分的解
释。道德谴责常常被视为规范性存在的直接体现。而道德谴责的依据就在于
行为的理由。应受谴责的往往是行为的理由而非行为本身。例如，达沃（Ste-
phen Darwall）认为责备意味着被责备的行为者有足够的理由不去做受到我们
责备的那些行为。② 威廉斯（Bernard Williams）等曾提出，因为一个人做了他
认为他有充分的规范性理由去做的事情而责备他是不合理的。③ 在斯坎伦的整
个理论体系中，同样将理由视为道德谴责的基础。④ 在他看来，道德上错误的
行为必须包含一种失败：即没能遵照一个人最好的理由去行动。道德上的对
错问题是通过理由来说明的。比如，故意伤害你和由于疏忽大意而导致同样
的伤害都是道德上不能许可的行为，但这两种行为的意义却是完全不同的。⑤
第一种行为直白反映出对你的恶意，而第二种行为仅仅反映出缺乏足够的关
心。⑥ 根据行为理由的不同，我们对于行为在道德上错误的性质和程度有不同

---

① Thomas Scanlon, *Moral Dimensions: Permissibility, Meaning, Blame* (Cambridge: Harvard University Press, 2008), pp. 21 – 22.

② Stephen Darwall, *The Second-Person Standpoint, Morality, Respect, and Accountability* (Cambridge: Harvard University Press, 2009), p. 28.

③ Stephen Darwall, "The Value of Autonomy and Autonomy of the Will", *Ethics*, 116, 2 (2006): 263 – 284; John Skorupski, "Irrealist cognitivism," *Ratio* 12, 4 (1999): 436 – 459.

④ Thomas Scanlon, *Moral Dimensions: Permissibility, Meaning, Blame* (Cambridge: Harvard University Press, 2008), pp. 126 – 128.

⑤ Thomas Scanlon, *Moral Dimensions: Permissibility, Meaning, Blame* (Cambridge: Harvard University Press, 2008), p. 56.

⑥ Thomas Scanlon, *Moral Dimensions: Permissibility, Meaning, Blame* (Cambridge: Harvard University Press, 2008), pp. 55 – 56.

判断，并据此给出不同形式的谴责。如果行动者完全尽到了责任，在没有任何疏漏的情况下，因为不可抗拒的力量导致了伤害，那么我们就不应当谴责。

如果道德规范的是行动本身，那么，对道德规范性进行论证所需要回答的问题是"我为什么要依据道德原则行事"？然而，行动者与道德原则之间并没有内在关系，这就是为什么规范性的论证如此困难。如果道德规范的是行动者对行动理由的抉择，那么规范性的论证就只需要探讨"什么能够被恰当地作为行动理由"，而不需要回答"我为什么要依据我的理由行动"。行动理由的判断就是对事实与行动之间存在规范性关系的判断。"当一个理性行动者认为某事物是理由时，我们就不需要进一步解释，他如何能够被说服去按照那个理由行动。"[1] 于是，在斯坎伦对于道德规范性的论证中，"什么能够被恰当地作为行动理由"就成了唯一的核心问题。

2. 道德理由来自人际关系

道德理由来自经验事实，并且在斯坎伦的理论中，提供理由的经验事实无不是同行动者与他人的关系相关的。在斯坎伦看来，对于行为理由最好的描述一定同行为者与他人的关系有关。道德理由具有本质的人际间的特征，反映的是行动者与他人之间有价值的连接。[2] 在一个有充分根据的道德意见的形成过程中，我们与他人的相互作用扮演着关键角色。[3] 甚至斯坎伦认为，道德原则之所以重要就是因为我们与他人的关系是重要的。[4] 相应地，所谓道德上错误的行为无外乎是破坏了行动者与他人之间的关系的那些行为。

以这种方式，斯坎伦揭示了行动理由和人际关系之间具有的直接联系。理由就来自行动者与他人之间的关系所包含的规范性结构。斯坎伦指出，任何关系都体现为关系中的各方应当持有的态度。友谊以及大多数其他的私人关系，都内在地要求关系中的各方对于彼此持有某种特定类型的态度。只有当这些态度存在，我们才能认为关系是存在的；一当态度不复存在，关系也

---

① Thomas Scanlon, *What We Owe to Each Other* (Cambridge: Harvard University Press, 1998), p. 154.

② Thomas Scanlon, *What We Owe to Each Other* (Cambridge: Harvard University Press, 1998), p. 337.

③ Thomas Scanlon, *What We Owe to Each Other* (Cambridge: Harvard University Press, 1998), p. 393.

④ Thomas Scanlon, *Moral Dimensions: Permissibility, Meaning, Blame* (Cambridge: Harvard University Press, 2008), p. 6.

就受到了破坏。① 在这个意义上，关系就等同于态度。然而，态度不是通过行为者的行为本身得到体现的，态度只能通过行为的理由得到充分体现。与一个人成为朋友不仅包括要相互关心，还包括出于正当理由去关心，这里所谓出于正当理由指的是，这种关心不是出于义务，而是出于情感。"假如对方在与你互动的时候并没有得到乐趣，只是在迁就你，那么你就会发现整个事情都建立在错误的基础上，你也不会继续认为你们之间存在友谊。"② 由此可见，行动者与他人之间的关系内在地决定了行动者做出涉及他人的行动决定时应当依据的理由，并且，甚至我们可以说，行动者与他人之间的关系就体现为行动者应当以某种方式对待他人的理由。

依据行为遵循或违背了行动的理由，行动者与他人的关系就会得到维护或者受到破坏，从而我们可以对这一行为做出道德评价。人际关系提供了一些标准，根据这些标准，行为主体的行动理由所体现的态度能够被判定为关爱或伤害。比如，一个人可能出于不同的理由给一个生病的亲戚打电话，这些理由包括：关心他的健康；为了讨好我的有钱的爷爷而不得不表现得关心我的亲戚；或者打电话只是听一听他有多么虚弱并以此为乐。虽然在这个例子中，行为主体的行为理由并不影响到该行为的可允许性，但是，每一种理由都显示了一种对于这位亲戚的不同的态度，因而会维护或伤害行为者与他的关系。③ 根据这种态度伤害了或是维护了行为者与亲戚之间应有的关系的要求，我们可以对打电话这一行为做出不同道德评价，我们可以珍惜这一行为，对它感到失望，或者谴责它。

行为的理由显示行为者的态度和品行，影响到行为的意义。当然，这是该行为对行为主体和行为涉及的对象所具有的意义。④ 某行为的意义就是它对于某些个体而言所具有的意义，因此，出于同样的理由而做出的同样的行为，对于不同的人而言也就会具有不同的意义，这取决于行为主体和行为

---

① Thomas Scanlon, *Moral Dimensions: Permissibility, Meaning, Blame* (Cambridge: Harvard University Press, 2008), p. 139.

② Thomas Scanlon, *Moral Dimensions: Permissibility, Meaning, Blame* (Cambridge: Harvard University Press, 2008), p. 133.

③ Cf. Thomas Scanlon, *Moral Dimensions: Permissibility, Meaning, Blame* (Cambridge: Harvard University Press, 2008), p. 128.

④ Cf. Thomas Scanlon, *Moral Dimensions: Permissibility, Meaning, Blame* (Cambridge: Harvard University Press, 2008), p. 52.

涉及的对象之间的关系。① 道德谴责的内容多种多样，不同的关系提供了不同的标准。② 如亲子、朋友或师生等特定的关系都内在地包含关系中的各方对彼此应当具有的态度，而这些态度就规定了涉及彼此的行为应当依据的不同行为理由。正因如此，斯坎伦的理由基础主义可以得出更加符合常识和直觉的结论。例如，在危险情况下，如果不能保证所有人都获救，为什么我要首先救助我的亲人和朋友。因为在这样的情境中，我和亲人、朋友之间的特殊关系和承诺提供了首先救助他们而不是陌生人的理由，任何人也不能够合理地拒绝这样的理由。斯坎伦提供的个人化的理由对道德动机给出了充分说明。

与之相比，科尔斯戈德虽然同样看到了道德要求如何来源于人际关系，但由于认为具有最大权重的、最为基础性的那一类道德义务并非来自人际关系，所以没有对道德动机问题给出充分论证。科尔斯戈德在《规范性的来源》一书中提出，每种"同一性"都界定了某种关系，这种关系产生了道德义务。例如母亲、教师，或士兵的"同一性"都显然能够为行为提供指导。在不同的"同一性"的道德要求发生冲突的时候，需要依据更高的"同一性"做出裁决。"作为人的同一性"提供了终极的裁决标准。如果我们能够为自身行为提供任何理由的话，我们必须首先赋予"作为人的同一性"以价值。可见，科尔斯戈德对于道德规范的最终判定标准在具体的关系之外。"作为人的同一性"无关具体境遇。它并不是一个内在理由，仅仅是一个可能内化的外在理由。这也使得科尔斯戈德的论证和康德的论证遭受了同一种批评，即没有对道德动机的问题给出充分说明。

对当代道德哲学产生重大影响的威廉斯曾提出，道德理由只能是"个人性"的，因为，与行动者的主观动机集合具有直接关联的理由才可能具有动机性。相应地，威廉斯反对功利主义与康德道义论中的"外在理由"，他认为理由是由个体所处的具体情境所赋予的。个体之所以服从道德规范，并不是为了符合一个外在的、客观的原则，而是完全出于对自身的考虑。更重要的是，如果强迫行动者接受外在的理由，可能对"同一性"构成侵犯。"一个人具有某些自我认同的根本计划和绝对欲望"，用一种外在于行动者的原则或善来安排和要求道德行动者，就是让他"放弃他赖以在世界上继续有意义生活

---

① Cf. Thomas Scanlon, *Moral Dimensions*：*Permissibility*，*Meaning*，*Blame*（Cambridge：Harvard University Press，2008），pp. 53 – 54.

② Cf. Thomas Scanlon, *Moral Dimensions*：*Permissibility*，*Meaning*，*Blame*（Cambridge：Harvard University Press，2008），pp. 54 – 55.

下去的东西"。① 对"同一性"的侵犯就是对人的内在价值的侵犯，因而威廉斯的这一观点被认为是支持内在理由论的一个有力的论证。

斯坎伦持内在理由论，在他看来，能够具有理由地位的，就是具体情境中有关于行动者自身人际关系的经验事实。人际关系反映行动者特定的情感和承诺，是"个人性"的，因而能够很好地解释道德理由所具有的激发性。

3. "理性存在物同伴"的关系与规范性理由

当然，所谓道德具有的权威性最终体现为它可以建立一种普遍性的规范。在私人关系产生的道德要求之外，存在不依赖于私人关系的普遍性道德义务。这种义务是一个人的道德地位的要求，是无论我们和这个人之间是否存在特定的情感和承诺都必须遵守的。行动者履行普遍性道德义务的理由应如何得到论证呢？亲子、朋友或师生等特定的私人关系都内在地包含关系中的各方对彼此应当具有的态度，这些态度就规定了涉及彼此的行为应当依据的行为理由。显然，这里的态度是那种具有特殊情感和承诺的关系所要求的态度，而不是普遍性的态度。我们对于完全的陌生人是否应当具有某种态度？这种态度来自哪里？它又能为我们提供什么样的规范性理由？

在斯坎伦看来，即便是完全的陌生人，也应当对彼此持有特定态度，这些态度同样来自一种关系，斯坎伦称之为"理性存在物同伴"（fellow rational being）的关系。② 在《道德之维》一书中，斯坎伦提出，我们与世界上的任何一个陌生人都具有关系并且因此都可以谴责其行为。③ 这种关系是任何一个理性存在者之间的关系。这种关系要求我们对彼此持有特定态度：不能以伤害和我们具有这种关系的人的方式行事，在可以的时候帮助他们，不要对他们说谎或者误导他们，等等。④ 这些态度有关于我们对于一般意义上的人的行为，而不是仅仅有关于我们意识到或可以明确指出的特殊的个体的行为。只要行为所涉及的对象也是一个理性行动者，"理性存在物同伴"的关系就为行动的人提供了一个应当依据的理由。一个道德上的好人会持续地、有意地以

① Bernard Williams, *Moral Luck*: *Philosophical Papers 1973 – 1980*（Cambridge: Cambridge University Press, 1981），p. 14.

② Thomas Scanlon, *Moral Dimensions*: *Permissibility*, *Meaning*, *Blame*（Cambridge: Harvard University Press, 2008），pp. 139 – 140.

③ Thomas Scanlon, *Moral Dimensions*: *Permissibility*, *Meaning*, *Blame*（Cambridge: Harvard University Press, 2008），pp. 138 – 139.

④ Thomas Scanlon, *Moral Dimensions*: *Permissibility*, *Meaning*, *Blame*（Cambridge: Harvard University Press, 2008），p. 140.

这些方式规范自己的行为理由。①

在斯坎伦的论述中，"理性存在物同伴"的关系具有的道德意义依赖于以下两个方面的事实，即理性行动者的本质特征，以及人与人之间的关系所具有的根本重要性。

一方面，行动者的本质特征在于具有能够理解理由的能力。斯坎伦采取康德式的论证方法，对理性行动性进行了反思性的分析，将基础性的道德真理视为由理性行动者依据对自身行动性的辩证反思而构建的。能够具有权威性的道德原则，是一种基于对理性行动性的根本特征的反思而得来的原则。通过将道德建立在行动者通过自我反思而得到的无法否认的事实的基础上，这种思想方法为道德原则具有的权威性提供了一种很好的说明。在斯坎伦看来，每一个个体的理性行动者通过自我反思必然发现的事实是：行动者不得不依据理由才能理性地行动。人类行动者是能够根据理由来行动的存在者。理性行动性就包含着受理由支配的需要。人有能力将某些考虑作为行动的理由，也需要将某些考虑作为行动的理由才能行动。行动性意味着行动者不得不依据理由而行事。同样采用康德式论证方案的科尔斯戈德也曾经提出，我们人类意识的反思结构决定我们不得不为我们的行动寻找理由，否则我们就无法做出任何行动。②

另一方面，"理性存在物同伴"的关系能够对我们产生道德要求的原因还在于，行动者之间的关系具有根本性的内在价值。不同于科尔斯戈德诉诸维特根斯坦的私人语言理论来论证普遍性的原则，斯坎伦在对普遍道德原则的推导过程中使用了契约主义的方法，提出与他人和谐共处是每一个人应当合理地追求的。"人们有理由希望以一些方式来行动，这些方式的正当性是可以向他人证明的。"③ 从根本上来说，愧疚的痛苦所表示的，无非就是我们在道德上错误的行为导致我们与其他人的关系破裂后我们所感到的疏离（estrangement）。由不公正和不道德的谴责所引致的失落感受（sense of loss），就反映了我们意识到跟其他人和谐共处是非常重要的事情。④ 斯坎伦试图揭示我们与

---

① Thomas Scanlon, *Moral Dimensions*: *Permissibility*, *Meaning*, *Blame* (Cambridge: Harvard University Press, 2008), pp. 139 – 140.

② Christine M. Korsgaard, *The Sources of Normativity* (New York: Cambridge University Press, 1996), p. 113.

③ Thomas Scanlon, *What We Owe to Each Other* (Cambridge: Harvard University Press, 1998), p. 193.

④ Thomas Scanlon, *What We Owe to Each Other* (Cambridge: Harvard University Press, 1998), p. 163.

其他人的关系的价值，并诉诸这个价值来说明我们为什么要遵从道德的要求而行动。

同为理性存在者，作为同样可以理解理由的存在物，如果我们要以恰当的方式珍视我们与他人的关系，那么我们就应当尊重彼此能够理解理由的能力以及能够依据理由采取行动这一本质特征。这就意味着，每当做出涉及其他行动者的行为，我们都需要通过理由，向行为涉及的每一个个体进行论证，通过这样的论证过程，我们就和他人建立起了"相互承认的关系（relation of mutual recognition）"①。

至于相互进行论证的方式，不同的康德式理论家有不同观点。例如，在罗尔斯看来，道德上正确的就是所有人都有理由接受的；斯坎伦则认为，道德上正确的应当是每个人都没有理由拒绝的。

斯坎伦明确提出，"有理由接受"的论证方案将会支持整体利益对个体利益的侵犯，因为受害者们也可能完全相信，他们的利益的重要性远比不上其他人的利益的重要性。②"集体推理"基于所有的潜在的受影响的个体的利益（损失）的总和。当代契约主义理论探索的一个主要的动机，就是寻找一种给"集体推理"（aggregative reasoning）设置范围的方法。斯坎伦的契约主义是一种基于理由的契约主义，通过支持一个原则的理由的合理性来判断一个原则的合理性。其反对一个原则的唯一的理由，是被一些真实的或者假设的个体持有的理由。这就是所谓的"个体理由限制"。"个体理由限制"坚持不同的个体反对的相对权重需要通过"一对一"的比较来判断，而不是诉诸持有相同反对意见的人的数量，由此为"集体推理"设置了严格的范围。③

相比于"有理由接受"的原则，"没有理由拒绝"的原则显然能够对每一个行动者的行动性给予平等的尊重和保护。因此，在斯坎伦的契约主义中，理性行动者之间彼此证明的方式就是以彼此之间不能合理拒绝（reasonably reject）的原则向彼此进行论证。如果一个行为的实施在某种境遇下会被一般行为规则的任何一套原则所禁止，那么这个行为就是不正当的；这种一般行为规则是没有人能有理由将其作为理智的、非强制的普遍一致意见之基础而拒

① Thomas Scanlon, *What We Owe to Each Other* (Cambridge: Harvard University Press, 1998), p. 162.

② Cf. Thomas Scanlon, *What We Owe to Each Other* (Cambridge: Harvard University Press, 1998), p. 115.

③ James Lenman, "Contractualism and Risk Imposition," *Politics, Philosophy & Economics* 7, 1 (2008): 99 – 122, 100.

绝的。只有"不能合理地拒绝"的标准才能准确地反映"个人性"的视角。通过对"个人性"理由的关注,每个人都被尊重为一个平等的理性行动者。

经过个体行动者之间"一对一"的论证,我们实现了彼此之间的认可,将彼此尊重为具有自主性的道德同伴。如果每个人都被这样的理想所推动,我们就有理由尝试去判断什么是其他人不能合理地反对的行为原则,并且我们也有理由依据这些原则的要求来规范自己的思想和行为。① 斯坎伦的论证体现了契约主义的核心方法,即缔约各方以共同意愿为出发点,经过一个相互之间讨价还价的过程而得到共同认可的结果。然而,不同于其他契约主义理论,斯坎伦将作为订立契约的基础的共同欲望,替代为行动者的共同理由,斯坎伦的理由是行为者出于自身所处具体情境而采取的理由,不能脱离行为者的欲望或特性。但经过了"一对一"的证成过程,理由就成了所有行动者所不得不认可的,因为这个证成的过程也是其不能合理拒绝的,从而使来自个体行为者的私人理由成为具有普遍可辩护性的公共理由。

① Thomas Scanlon, *What We Owe to Each Other* (Cambridge: Harvard University Press, 1998), p. 154.

第六章

建立指导行动的伦理原则

道德地位的要求是建立一种相互认可的关系。在上一章中，我们借助道德哲学中的前沿理论对此进行了论证。然而，面对当代科技应用带来的复杂的社会影响，基础理论很难有效地直接指导实践。因而，我们还需要依据基础理论，建立简单、明确的指导原则。原则位于理论与实践之间，能够为现实中的伦理困境提供更具有实践性的指导方案。

当代的科学技术发展将很多未曾出现过的问题呈现在我们面前，例如，具有情感和自主选择能力的机器人是否具有道德地位？珍视人性是否意味着我们应当利用生物医学技术对人类进行增强？我们通过基因编辑决定后代的性情和容貌是否构成一种侵犯？对于这些问题，不同的人有着不同直觉，然而，在我们的时代，每个人的决定最终改变的可能是整个人类群体。例如，某一个孩子受到基因编辑可能导致整个人类的基因池受到影响，我们对于算法的设计也可能塑造着所有人的行为和生活方式。最重要的是，当代的科技不仅仅改造环境，它在改造环境的同时也在重新定义人本身。

这是一个关乎所有人的发展历程。我们比任何时候都更加需要普遍性的规范。我们不能凭借道德直觉，而只能依据得到论证的规范性原则做出行为的抉择。然而，一方面，道德哲学中并没有得到普遍认可的规范性理论；另一方面，对于某一规范性理论的严格执行往往都会在特定情境中导致我们做出明显错误的道德抉择。究竟是否可能建立一种具有权威性、客观性、普遍性的道德规范，给现实中所有的道德抉择提供理论依据呢？对这一问题的探寻同道德规范性研究直接地联系在一起。

以人工智能系统的伦理设计为例当代人工智能系统的伦理设计主要依据功利主义、直觉主义，以及道义论等重要伦理传统，然而，以这些传统为依据建构的原则均在现实应用中遭遇了困境。在道德哲学的历史上，正是相同的困境曾导致规范伦理学的基础受到质疑。人工智能伦理设计所面对的困难，均有关于道德原则何以能够具有规范性的问题，是道德规范性研究必须解决的主要问题。历史上，此类问题的讨论同规范伦理学的兴衰始终紧密相关。作为当代道德规范性研究中最重要的进路，康德式理论对于道德规范何以具有权威性、客观性和普遍性的问题给出了非常具有前景的论证思路，对以上困境做出了回应，有力推动了规范伦理学的复兴，也能够为建构一种有效指导行为的伦理原则提供思想上的依据。然而，当代康德式理论尚未在科技伦理领域中得到关注，因而不能发挥其应有的重要作用。

一 用于指导人工智能系统的规范性理论 及其面对的困难

人工智能不仅仅是一种技术，而是一种强大的力量。通过减少成本和风险，增加一致性和可靠性，以及为复杂问题提供更好的解决方案，人工智能正在重塑社会，并且重新塑造着人类自身。在无人驾驶汽车、机器人医生、机器人护士，以及自主选择目标的武器等人工智能系统的应用过程中，系统在很多情境下都不可避免地需要自主做出道德抉择，并且其最终的抉择会产生具有重大道德意义的后果。因此，它们的行为所遵循的原则应当是人类在道德上可以接受的。我们需要为人工智能系统确立恰当的伦理规范，并寻找能够执行这一规范的算法设计。有关如何确保伦理规范的执行，我们已经有了很多富有成效的方案，例如，"负责任创新"通过"四维框架"将伦理因素纳入整体考量；"价值敏感设计"提倡在技术的构思设计阶段就植入人的价值和道德关切。这些方法在很大程度上保证了植入的伦理规范得到充分运用。与之相对，应当将何种伦理规范植入人工智能系统的问题则尚未得到很好的回答。

对于算法的伦理研究自从 2016 年以来大幅度地增加。① 当前，人工智能系统的伦理设计已形成两种主要进路，即伦理理论的"从上到下"的实现，以及"从下到上"地建构一系列可能无法通过明确的理论术语进行

---

① Christian Sandvig et al., "Automation, Algorithms, and Politics, When the Algorithm Itself is a Racist: Diagnosing Ethical Harm in the Basic Components of Software," *International Journal of Communication* 10 (2016): 19; Andrew D. Selbst et al., "Fairness and Abstraction in Sociotechnical Systems," Jan. 31, 2019, https://doi.org/10.1145/3287560.3287598.

表达的标准。① "自上而下"的方法通过外在的伦理理论引导系统行为，需要设计者首先持有一种明确的伦理学理论，将其植入程序或机器，通过分析这种理论的计算要求，寻找能够执行这一理论的算法设计。与之不同，"自下而上"的方案是基于实例而推进的。设计者首先设计出满足局部功能的模块，然后通过对具体测试样例的各种试错和调整来推进设计过程。即便采用这种"自下而上"的进路，也还是需要设计者预设某种伦理理论。该方案需要预先给定一整套在道德上已经由人类做出判断的案例，构成训练集和测试集。经过训练和测试，机器才能对新的案例做出道德判断。因此，无论是采用"自上而下"还是"自下而上"的进路，首先确立一种我们能够认同的伦理规范，都是一个不能回避的工作。目前，在人工智能伦理设计领域受到广泛采用的理论包括功利主义、直觉主义，以及道义论。然而，遗憾的是，这三种理论传统都无法为系统的伦理抉择提供充分依据。

基于功利主义的算法设计一直以来被广泛用于经济领域的人工智能系统。功利主义对任何行动的评价，都基于该行动是否会增进或减小利益相关者的利益。功利主义的方法可以对个体、整体和社会层面的多重利益给出更明确的权衡，也能够对道德的客观性做出说明。人工智能伦理领域重要的开创者米歇尔·安德森（Micheal Anderson）和苏珊·安德森（Susan Anderson）等曾基于行为功利主义建立了简明的算法，即通过输入受影响的人数、每个人快乐或不快乐的强度、持续度，以及快乐或不快乐在每一个可能的行动中出现的可能性，得出最佳行动方案。然而，关于快乐是否可以量化和比较始终存在争议。机器伦理的研究者温德尔（W. Wendell）和科林（A. Colin）就曾指出，将不同性质的快乐放置于相同尺度去比较，本身就是不恰当的。特别是在实际操作层面，机器根本无法知晓每一个可能行动的后果，无从预测一个行动可能创造的各种快乐的类型和强度，因而也就不能依据这种预测进行道德抉择。

上述有关可操作性的问题显示，功利主义理论只能具有非常有限的权威性。此外，功利主义理论面对的最根本性的质疑在于，多数人的最大利益何以能够成为"道德上正确"的标准？Google Brain 的研究人员在参考了大量心理学研究的基础上提出，"人们实际上更倾向于考虑他们行为的本质而不是行为结果利益的最大化"。作为行动依据，"利益最大化"这一标准的合理性很

---

① Wendell Wallach, Colin Allen, and Iva Smit, "Machine Morality: Bottom-up and Top-down Approaches for Modelling Human Moral Faculties," *AI & Society* 22, 4 (2008): 565 – 582.

难得到确证。如果人们的道德抉择仅仅等同于利益计算，那么人的内在价值就无法得到论证。如果人们没有内在价值，人的利益和追求又如何能够具有重要性呢？功利主义无法回答这样的问题。规范伦理学的阵地就是在功利主义手里失守的。摩尔的《伦理学原理》中提出了"善"不能通过任何自然性质予以定义，在 20 世纪之初引发了对于功利主义的反思，产生了深远影响。

　　虽然否定了功利主义理论的权威性，摩尔并不怀疑存在基础性的道德真理和客观的道德概念。在摩尔看来，作为一种内在价值的善不能得到分析，却可以通过直觉获得，并为道德义务提供根据。直觉主义同样是可以用于解决规范性问题的理论。在当代人工智能伦理设计中，直觉主义也受到了频繁援引。

　　米歇尔·安德森和苏珊·安德森曾经尝试基于直觉主义建构人工智能系统的道德原则。在该系统中，他们让伦理学家就特定行为对于某项义务满足或侵犯的程度给出直觉，并依据这些直觉来判定应采取何种行为。通过在足够多的特殊案例中进行学习，机器学习的程序可以归纳出一般性的伦理原则。当代直觉主义代表人物罗斯（W. D. Ross）是他们经常援引的学者。罗斯将直觉作为自明性义务的基础。所谓自明就是无须证明，依据行为者的直觉就能确定。他曾经提出，"有思想和受过良好教育的人的道德信念是伦理学的数据，就像感觉、知觉是自然科学的数据一样"。

　　直觉主义的应用所面对的主要问题是，它不能给机器或人的道德抉择提供明确依据。罗斯列出了七项显见义务，直觉和常识可以告诉我们，罗斯列出的显见义务确实是我们的义务。但他没有对各种显见义务给出排序或权衡标准。关于我们最终应当做什么，罗斯指出，我们最终应当付诸行动的，是不同于显见义务的实际义务。当行为涉及多种显见义务，那么，显见的正当性超过显见的不正当性的值最大的行为就是行动者的实际义务。然而，在如何权衡显见正当与不正当性的数值的问题上，罗斯没有提供任何可以依据的客观原则。胡克（J. N. Hooker）和金（Tae Wan Kim）曾对米歇尔·安德森和苏珊·安德森依赖专家伦理直觉的这一方法提出批评。他们指出，专家直觉也会有分歧，在这种情况下，系统就会无从选择。

　　甚至，很多人工智能伦理研究者都曾明确提出，专家直觉常常不是自洽的，并且是有偏见的。直觉毕竟是主观的，不能得到客观经验的证实，这也就导致其规范效力难以得到认可。现行的看法将经验科学视为综合知识的范式，一个可接受的对于伦理的说明，必须尊重这个范式。维也纳学派曾提出，有意义的陈述必须是重言式的或者被经验方法证实的，有意义的伦理陈述也必须是能够被证明为真的。正是这类观点在 20 世纪 30 年代的广泛流行直接导致了规范伦理学研究的中断。

由此可见，完全依赖于主观经验，或完全缺乏经验上的可证实性，都会显著削弱一个伦理理论的规范效力。与上述两种研究路径不同，胡克和金将来自道义论的"普遍性原则"作为建立道德原则的基础，尝试据此得出权威性的伦理法则。"普遍化原则"可以简单表述为：我行动的理由必须满足这样的条件，即每个人都可以凭此理由同样行事。当代科技的发展使得"普遍性"具有越发重大的意义。我们都不愿意接受一个植入了同我们文化中的道德原则完全对立的原则的机器人为我们提供服务，也会坚决反对一种违背了我们核心伦理信念的算法控制和影响我们在日常生活中的选择。但现实中，负载不同道德观念的技术会不可避免地并且越发深入地侵入每个人的生活。在这样的背景下，共同道德的确立显然有助于消除技术与人的对立。我们有理由尝试建立一种具有普遍规范效力的道德哲学理论。

遗憾的是，确立"普遍化原则"非常困难。道德规则似乎总有例外。每一个规范性理论，如果在实践中完全严格执行，都可能在某些情境下，导致人或机器做出完全违背直觉、非常不道德、甚至是非常荒谬的行为。原因在于，具体情境中的每一个行为都具有多重特征，关于行为是否可以得到许可的道德规则只涉及行为的非常有限的特征，比如在"不能说谎"的道德原则中，"说谎"描述的就是行为的单一的特征，而现实中，说谎的行为可能同时也是拯救无辜的人的生命的行为，而后一特征在道德原则中并不一定得到表述，这也就是为什么道德原则似乎总有例外。面对具体情境，我们要判断行为的某一特征是否具有压倒道德规则的道德权重，使行为成为一种例外。做出道德判断的过程往往就是权衡道德规范是否有例外的过程，而这种权衡并不是人工智能所擅长的。事实上，人类也常常因为缺少做出这种判断所依据的方法而无所适从。

以上是当代人工智能伦理设计在理论基础的探寻过程中遇到的主要困难。这些困难向我们揭示，来自功利主义、直觉主义和道义论的道德原则缺乏充分的权威性、客观性和普遍性。事实上，伦理学理论是否以及如何能够具有权威性、客观性和普遍性的问题正是 1900 年以来伦理学历史上受到广泛关注的重要理论问题，这个问题的论证事关规范伦理学能否成为一个严肃的哲学学科，事关规范伦理学的成败。① 当代的道德规范性研究力图重新确立道德所

---

① W. D. Hudson, *Modern Moral Philosophy* (New York: Anchor Books, 1970), p. 1.

具有的规范性，对于历史上有关规范伦理学基础的各种质疑给出了回应，相应地，这些回应为人工智能系统伦理设计所面对的困难提供了比较好的解决方案。

二 当代康德式理论对于道德规范性的论证和阐释

规范性问题是当代道德哲学研究中的核心问题。认为道德具有规范性，意味着道德可以指导我们、约束我们，甚至可以强迫我们。然而，道德所具有的这种强制力量究竟从何而来，则并不是一个容易回答的问题。

20世纪30年代，来自科学哲学理论的批判最终直接导致了规范伦理学的衰落，回应科学主义和分析哲学的观点也就成为当代论证道德规范性的前提。当代道德规范性研究中的很多重要理论均强调伦理学必须建立在实践理性而不是理论理性的基础上，从而明确了伦理学同科学之间的区别。同时，因为提出有实践理性这一事物能够作为伦理学的根基，这类观点同样可以确证伦理规范的客观性、普遍性和权威性。这种思想方法被称为伦理学中的康德式理论（Kantian Program in Ethics）。在发表于1980年的《道德理论中的康德式构建主义》一文中，罗尔斯曾提出，人的观念必须以一种特定的方式与正义原则关联起来，显示了一种康德主义的立场，同时罗尔斯强调，道德规范不是外在于主体的，基础性的道德真理对于理性行动性而言是建构性的，是理性行动者依据对自身行动性的辩证反思而构建的。除了罗尔斯之外，格沃斯的《道德与理由》（1981），斯坎伦的《我们彼此负有什么义务》（1988），以及科尔斯戈德的《规范性的来源》（1996）等著作中都体现了这一思想方法。康德式理论是当代规范性问题研究中最具有前景的思想方法，可以为当代人工智能伦理设计所面对的诸多困难提供解决方案。

首先，康德式理论显示，能够具有权威性的道德原则，是一种基于对理性行动性的根本特征的反思而得来的原则。因为道德原则是通过行动者不得不认可的那些事实所确证的，所以，作为一个行动者，任何人都无法否认道德原则所具有的权威性。

例如，格沃斯就是基于行动者的定义，构建了行动者彼此之间的义务。行动者是自愿地为其所选择的目的而采取行动的主体。对于有目的的存在物而言，达到目的的手段必然具有价值。多数手段仅有助于实现特定目的；而某些手段，如基本的自由和福利（称为必要善，necessary good），则对于任何目的的实现都是必要的。哪怕做出主动放弃必要善的决定也需要动用必要善。

因此，一个行动者不得不认为自己欲求必要善，并不得不声称自己对于必要善具有权利，否则，就会产生自相矛盾。如果行动者从自我反思到自身权利主张的推理是成立的，根据"逻辑一致原则"，行动者应当意识到，他人从其自我反思到其权利主张的推理同样成立。格沃斯由此得出他的"道德最高原则"，即所有人都不得妨碍一个行动者实现其"必要善"。

科尔斯戈德也曾采取相似思路进行论证，她提出，我们人类意识的反思结构决定我们不得不为我们的行动寻找理由，否则我们就无法做出任何行动。而我们是通过我们所具有的"同一性"找到理由的，例如母亲、教师，或士兵的"同一性"都显然能够为行为提供指导。关于你应该如何行动的看法就是关于你是谁的看法。当然，不同的"同一性"之间也会发生冲突，但最终我们还是能够通过具有更高权重的"同一性"获得理由，具有最高权重的是"作为人的同一性"。"作为人的同一性"是我们自身具有的被"同一性"支配的需要，为我们对其他所有"同一性"进行判断提供了基石。在科尔斯戈德的论述中，尊重人的道德义务同样来源于理性行动者对于自身的认识。正因如此，理性行动者无法否认这一义务对其所具有的权威性。

第二，康德式理论也为道德原则的客观性给出了论证。在罗尔斯看来，道德哲学的讨论不能有效解决伦理争议的原因，就在于采用了实在论的客观性标准，即一种独立于我们的理性判断的客观的道德真理观念。（如摩尔和罗斯的直觉主义就持这种观念）在讨论各方都认为自己的信念才是道德真理的情况下，实在论的客观性标准导致没有人能够对道德真理具有权威，因而无益于分歧的化解。与之不同，康德式理论认为，道德规范不是外在于行动者的，而是在行动者的行动当中建构的。罗尔斯曾提出，"道德客观性应被理解为一种所有人都能接受的、以恰当方式建构起来的社会视角的观点。离开了正义原则的建构程序，就没有道德事实。"在他看来，对道德表示赞同并不是说它是真的，而是说它"对我们而言是合理的"。科尔斯戈德也曾提出，"如果你意识到有一个真实的问题，并且这是你的问题，是你必须解决的问题，而这个解决方案是唯一的或者是最好的，那么这个解决方案就约束着你。"在康德式理论中，道德规范能够具有客观性，但其所确立的客观性概念不同于经验科学中的客观性。一个理论在实践上的可行性就是使一个理论为真的条件。

第三，康德式理论对道德原则如何能够普遍应用的问题也给出了特有的回应方案。通过将道德所"规范"的内容从行为本身转变为行为抉择的方法，康德式论证在很大程度上避免了道德原则总有特例的现象，使道德原则可以普遍地应用于具体情境中的道德抉择。例如，罗尔斯和科尔斯戈德的理论试图确定的，都是做出道德抉择的过程，而不是具体的道德行为本身。他们提出，道德原则的普遍性体现为存在据以做出道德抉择的普遍性的、一般性的方法。斯坎伦就这个问题做出了最有创造性的论述，将道德所"规范"的内容从道德行为转变为行为所依据的理由，从而使道德规范性体现于道德理由的推导过程。他明确提出，相比于对行为的规范，对道德理由的规范在更加重要的意义上显示了道德具有的规范性。例如，我们"可以谴责"是规范性存在的直接证明。而谴责的依据往往在于行为的理由而非行为本身。一个行动者故意伤害他人同因为疏忽大意而伤害到他人，具有完全不同的道德意义。因此，并非对行为的规范具有普遍性，而是对行为理由的规范具有普遍性。有关如何进行理由抉择，斯坎伦给出了一般性方法，并认为正确地使用这一方法就可以向我们揭示什么是道德上正确的行动。行动理由来自具体情境中的经验事实，因而这一思想方法也能够在很大程度上化解世纪之初元伦理学对规范伦理学的挑战。

三　当代康德式理论建构的原则何以能够具有一致性

康德式理论能够为人工智能伦理设计提供更为充分的理论基础，因而可以解决或避免已有的理论困难。然而，判断康德式理论是否应当被作为人工智能伦理设计的理论基础，还取决于其所构建的道德原则能不能够符合该领域中业已形成的若干形式上的标准。这些标准也是应用伦理学中，任何实践性的原则应当符合的标准。

机器伦理领域的实践先驱 Michael Anderson 等曾提出，要以伦理原则来指导人工智能系统的运行，我们就需要把伦理学理论转化为具有一致性、完整性，以及实践可操作性的原则。具有一致性，需要伦理标准具有单一的基础性原则，如果包含多个原则，就要论证关于它们优先权的顺序；具有完整性，也就是说这个标准应当能够告诉我们在任何伦理两难处境中应当如何行动；最后，实践性这个要求能够保证的是，我们在现实中有可能依据这个理论做出判断。Anderson 等认为，对于应用于机器的算法而言，一致性、完整性，以及实践性是必须要达到的标准。如果道德原则意在指导具体行为，那么一般的道德原则都应具有这样的形式上的标准。很明显的是，在这三个标准中，一致性是最为基础性的，直接决定了一个规则是否能够满足另外两个标准。

包含相互矛盾的，同时又无法对其重要性进行排序的多种原则的理论，不能为具体情境中相互冲突的道德原则给出权衡的依据，这意味着该理论不仅无力化解道德上的两难处境，甚至可能造成更多两难处境，因而，这样的理论显然不能对行动给出明确指导。

构建具有一致性的实践原则是非常困难的。一方面，来自单一理论的原则虽然能够比较好地符合一致性的要求，但在道德哲学当中，尚没有单一理论能够充分指导人工智能系统的道德抉择；另一方面，到目前为止，综合不同理论所建构的原则往往都不具有一致性。

在应用伦理研究中，综合不同理论建构实践原则的重要尝试当首推原则主义。原则主义是一种以若干得到广泛认同的、没有固定等级排序的一般原则作为基本框架的伦理分析进路。虽然原则主义已经在高科技伦理问题的研究中受到非常广泛的应用，但是，原则主义不是从单一的体系完备的道德理论出发而得出的自成体系的规则，因此，其原则明显缺乏一致性，无法为解决道德争端提供一个清晰、连贯、周延、明确的指导方针。如在彼彻姆和邱卓斯提出的著名的生命伦理四原则，即尊重自主、行善、不伤害和公平分配当中，自主原则来自康德的道义论、行善原则来自密尔的功利主义，公正原则来自契约主义。作为各个原则来源的传统理论在很多问题上的观点本就是相互对立的。这就决定了各项原则很可能会产生矛盾冲突。在原则之间相互冲突的情况下，有着独立理论来源的不同原则无法合理排序，因此原则主义本身不可能为化解原则间的冲突提供非常具有说服力的指导。

鉴于原则主义面对的困境，如果要通过康德式理论构建人工智能的伦理原则，首先需要回答，康德式理论如何能够得出具有一致性的实践原则。所谓康德式理论是在规范性的论证方式上具有显著共识的不同理论的总和，包含多个思想家的理论。在这些理论中，并没有任何单一的理论能够为实践提供充分的指导。如学者们普遍认为，虽然格沃斯通过逻辑分析的方法很好地建立起个体行动者不得不珍视的价值，但他没有对人际关系的道德意义给出说明，因而其提出的认为行动者必须尊重彼此必要善的"道德最高原则"并没有得到充分论证。斯坎伦对于人际间的道德义务给出了全面的阐释，但他的理论描述的是道德推理应当具有的形式，主要有关于道德论辩的方法，并没有为道德论辩明确提供经验层面的裁决标准。因而，上述两种试图提出单一的最高指导原则的理论都不能独自承担指导算法设计的任务。

既然没有单一理论能够提供充分的思想资源，依据康德式理论构建道德原则，就不得不综合不同理论，共同构建指导人工智能系统道德抉择的原则。

同四原则具有不同来源一样，这些理论也体现了不同伦理传统的特征。罗尔斯和斯坎伦的理论显示出明显的契约主义特征，科尔斯戈德的理论则在很大程度上秉承了道义论思想，格沃斯试图将伦理原则建立在纯粹逻辑推理的基础上。如果在综合不同康德式理论的基础上来建构伦理原则，我们是否可能面对原则主义所面对的那种困境：即无法在不同原则相互冲突的情况下给出权衡和解决的方案？

在当代康德式规范性理论多种多样的具体观点背后，存在相同的终极依据，即道德规范及其权威性就来自人对自身的理性行动性的反思。不同理论所构建的不同原则并非是通过不同方法得到论证的。罗尔斯、科尔斯戈德、格沃斯，以及斯坎伦等都在人的理性行动性的基础上建构了他们的道德哲学理论，并且都借助理性行动者的自我反思进行推理。正是这种共同的理论基础，可以超越不同传统的界限，使当代康德式理论能够被归为一个具有明显特色的类别。同时，这一基本特征也能够有效推动不同传统的融合。如斯坎伦曾坦言，他的契约主义理论具有很强的道义论特征。各个康德式理论之间的不同仅仅源于，不同理论对理性行动性这一终极依据提供了有限的理解，它们之间显现出的分歧是因为对相同理论基础的理解有各自的局限，对相同思想方法的使用也有各自的局限。因此，康德式理论的不同理解方案所呈现出的表面上的矛盾是可以通过进一步的理性论证和相互借鉴而消除的。康德式理论构建的不同原则可以形成一个具有一致性的实践指导方案。在不同理论背后有一个完善的、统一的理论依据的情况下，我们可以得到对不同原则进行排序的普遍性标准，因而可以为实践提供明确的指导。

四　依据康德式理论建构的伦理原则
及其现实意义

在康德式理论中，能够对各种具体情境提供指导的原则来自行动性本身内在包含的两个要求：第一，理性的行动需要理由；第二，行动需要基本的自由和福利，即必要善。我们称之为"行动性的规范性结构"的双重内涵。只要是一个行动者，否认自己需要必要善，或否认自己的行动需要理由，都会构成自相矛盾。仅仅从行动性的概念出发就可以推知，只要是一个行动者，就应当认为自己不得不欲求必要善以及行动理由。对理由的需要构建起道德推理的形式，而对于必要善的需要为道德推理提供了具体内容。格沃斯对于必要善给出了逻辑上充分的论证。斯坎伦对道德理由形成和起作用的方式给出了详尽说明，因而，下文将尝试通过综合斯坎伦和格沃斯的理论构建应用于人工智能伦理设计的道德原则。

将格沃斯对于每个行动者不得不珍视何种价值的论证合并到斯坎伦关于人与人之间基本义务的理论当中，不仅有助于揭示道德规范性的来源，而且能够解决双方各自理论所面对的困难。斯坎伦曾提出，行动者涉及他人的行为，必须以对方不能合理地拒绝的理由向对方进行论证。这一表述为道德规范确立了普遍化的形式，但没有提供道德原则所依据的经验基础，因而难以得出具体的道德原则。"存在着每个人都不得不珍视的必要善"这一事实就可以作为这样一个经验基础。格沃斯的"必要善"是任何人都无法合理拒绝的，可以为斯坎伦的理由权衡提供一个普遍性的终极依据。同时，格沃斯的理论也可以通过借鉴斯坎伦有关理由的论述得到完善。格沃斯证明了行动者对"必要善"的必然需求，但并没有充分证明，为什么一个行动者可以因为自己的必然需求而对其他行动者提出要求，让其负有一种义务。很多学者认为，格沃斯并没有对人际间的义务做出恰当的论证。而"理由"这个概念内在地包含着主体间的向度。在斯坎伦看来，理由就来自行动者与他人之间的关系。科尔斯戈德也将理由作为一个核心概念，在她看来，理由同样来自人际间的义务。有关理由的论证可以解决格沃斯从私人理由到公共理由的推导所面对的障碍。

理性的行动不得不需要理由，而道德理由需要经过理由论辩的过程才能确立。斯坎伦对于这种论证方式的表述是，"在特定情境下，如果一个行为的发生不能得到任何普遍原则的允许，那么，这个行为就是不正当的。这些原则作为拥有充分信息、不受强迫的人们达成普遍一致的基础，是没有人能合理地拒绝的。"简单地说，"没有理由拒绝"就是斯坎伦提出的道德论辩的标准。与之不同，也有人将"有理由接受"作为道德论辩的标准。例如，霍布斯、卢梭、罗尔斯等认为有约束力的道德原则应当通过人们的一致同意产生。"有理由接受"和"没有理由拒绝"的标准之间的关键不同可以通过下述这类案例得到清晰体现：在一个行动者的自我牺牲可以促进集体利益的情境下，依据"有理由接受"的标准，该行动者"有理由接受"自我牺牲，因为为集体而主动牺牲个人体现了某种美德，但是，依据"有理由拒绝"的标准，行动者则不应当做出这种牺牲，因为那样做是行动者完全有理由拒绝的。可见，采用"有理由拒绝"的标准，能够避免契约主义常常可能导致的集体对个体的侵犯，给予每个个体的自主性以充分尊重。一直以来，关于技术的伦理是人在对外部世界进行控制的过程中形成的，因而注重成本和收益、注重结果。

然而，在当代，位于人和自然之间的技术在改造世界的同时也在改变人本身，持续地构建着人的本质，因此，尊重人的内在价值，而不是整体利益的最大化，才应当被作为指导和约束技术发展的价值指归。"有理由拒绝"的原则不仅能够充分体现个体的内在价值，而且有助于促进这种价值的发展。

至此，我们可以通过康德式理论得出建立人工智能伦理原则的基本前提：第一，我们应当就每一个行为向行为所涉及的行动者进行论证，论证的方式是证明这一行为是其没有理由拒绝的原则所支持的；第二，我们应当认为，行动者不得不欲求必要善。根据这两个基本要求，可以推导出以下三个具体原则。

1. 一个行动不能侵犯任何行动者的必要善。

必要善是任何行动者不得不欲求的，因而对其必要善的侵犯是其必然有理由拒绝的。

2. 当行动者 B 的必要善处于威胁之中，如果行动者 A 有能力援助，并且，在这一情境中，B 的必要善的维护完全取决于 A 的援助，那么，在该行动不会导致任何行动者的必要善受到损害的情况下，行动者 A 应当援助。

这一原则是任何行动者没有合理的理由拒绝的。在理由权衡的过程中，行动者的必要善是具有最大权重的理由，可以压倒相反的所有理由。如果"行动者 A 有能力援助，并且，B 的必要善的维护完全取决于 A 的援助"，那么，任何认可行动者 A 不需要援助的原则，都是处于困境中的行动者 B 可以合理地拒绝的。当然，任何行动不应当导致必要善在不同行动者之间非对称的转移。如果援助行动必将导致其他行动者的必要善的丧失，那么 A 的这一援助义务就可以免除。

值得一提的是，这一原则并不支持彼得·辛格在《实践伦理学》中提出的富裕国家及其人民对贫穷国家及人民负有的援助义务。因为辛格描述的情境不满足"B 的必要善的维护完全取决于 A 的帮助"这一条件。例如，即便我确定地知道在某地，有人处于绝对贫困，并且随时面临生命危险，但我不清楚他的亲属、朋友是否已经放弃了对他的援助义务，也不清楚他的国家的政府是否已经拒绝履行对他的援助义务。我不能默认这些主体已放弃义务，毕竟这一义务的履行于这些主体而言是具有重大意义的。正如斯坎伦所说，行动理由只能来自具体情境中的经验事实，在我对相关事实没有把握的情况下，援助义务就不能得到确认。

3. 所有行动者的道德地位都是平等的。如果行动者的内在价值来自其理解理由的能力，那么，所有的行动者作为能够理解理由的存在物，都拥有平等的内在价值。因此，以上两项要求（1 和 2）平等地适用于所有行动者。

这三个原则恰好是受到广泛认可的"人的道德地位"的要求。一类生物的道德地位限定了一类生物应受或者不应受何种对待的最低标准。以符合这一标准的方式去对待该类生物，是所有道德行动者的义务。有关这一道德义务的具体内容，人们已经形成共识，如沃伦（Mary Warren）曾经提出，说所有人具有充分的、平等的道德地位意味着我们不能杀害、攻击、欺骗、折磨他人，以及不公正地囚禁他人，并且，意味着我们不能在我们能够帮助而他们又需要帮助的时候不去帮助。在《道德之维》一书中，斯坎伦表达了相似看法，即人的内在价值要求我们对彼此持有特定态度：不能以伤害他人的方式行事，在可能的情况下帮助他们，不要对他们说谎或者误导他们，等等；佳沃斯卡（Agnieszka Jaworska）在"道德地位的基础"一文中列出，即便是最高等级的道德地位的要求，也不过包括不被侵犯、在需要的时候得到救助，以及应当受到公平对待等基本权利。可见，"不伤害""援助"，以及"平等"作为人的道德地位的核心要求已获得比较普遍的认可，然而，迄今为止，并没有学者尝试对这一共识性的观点给出系统论证。上文通过康德式理论推导出三个道德原则的过程，恰好提供了这样的论证。

上述三原则符合我们对道德地位的常识判断，也可以对某些经典的道德难题提供明确指导。例如，在"电车难题"中，根据原则 1，搬动扳手使列车撞向一个人而避开五个人的行为显然是错误的，因为那是某些行动者（将会被撞到的那个人）有理由拒绝的。在这一情境下，"援助"的行为会导致无辜的人丧失其必要善，因而该情境也不符合援助义务产生的条件。相反，如果行动者决定不搬动扳手，那么行动者的选择同第 1、2 原则都不会产生矛盾。由此，可以得出这样的结论：即无论主道和旁道上分别有几人，行动者做出搬动扳手的行为一定是道德上错误的，同时不采取任何行动则不是道德上错误的。

在自动驾驶的伦理问题探讨当中，使人们感到困扰的一个案例是：如果自动驾驶汽车面对一个两难处境，即要么会撞到一个老人，要么会撞到一个儿童，系统应当如何选择？根据原则 3，老人和小孩作为行动者的内在价值是平等的，因而为了一方的必要善以牺牲另一方的必要善是道德上错误的。在行动所涉及的对象地位平等的情况下，系统只需要判断救哪个人的胜算更大，并将这一判断作为行为的依据。如果胜算一样大，那么无论系统决定救谁或者牺牲谁，都不是道德上错误的。

由此看来，来自康德式理论的三个原则似乎常常支持系统不主动采取行动。但这并不说明这套原则不能给实践好的指导，因为核心原则所规定的本就应是最基本的道德义务，道德规范性的范围也仅涉及最基本的道德义务。相比于其他原则，这套原则至少不会传达例如"五个人生命的价值大于三个人生命的价值"或"儿童生命的价值大于老年人生命的价值"这种道德上错误的观念。

以上三个原则在确立基本道德义务的同时，也为美德和特殊承诺留出了空间。在斯坎伦的理论中，基本的道德义务是通过人际关系而得到论证的。斯坎伦提出，在所有行动者之间，无论相识与否，都存在一种关系，即"理性存在物同伴"（fellow rational being）的关系。同为理性存在物，我们都具有理解理由的能力，这就导致我们之间存在一种关系，要求我们在做出涉及他人的行动时，应当以对方不能合理拒绝的理由向其进行论证。这是最基本的道德义务。在对这一基础性道德义务的论证过程中，斯坎伦显示了人际关系如何能够成为道德理由的来源。斯坎伦认为，道德理由具有本质的人际间的特征，反映的是与他人之间有价值的连接。甚至他认为，道德原则之所以重要就因为我们与他人的关系是重要的。如果"理性存在物同伴"的关系确立了基础性的义务，那么进一步的关系和承诺当然可以产生进一步的义务。例如，朋友关系可以要求彼此发自内心的关心。在基础道德义务之外的行为规范中，我们还可以加上不同文化的特殊要求。在这种以关系作为规范性来源的理论中，尊重不同文化的特点并不会影响基础道德原则的普遍性，因为，基础性的道德义务和进一步的义务分别来自不同层面的关系。

规范性问题是当代道德哲学研究中的核心问题。对道德规范性问题的回答，事关道德规范的基础，事关道德可能具有的那种至高权威的来源，因而决定着我们对于所谓道德规范的根本性看法。人工智能系统的伦理设计面对着和道德规范性研究相同的课题。这一现象不仅向我们揭示了基础理论研究对于理解和解决现实问题的重要意义，同时显示了技术的发展如何能够助益于基础研究。技术应用以及技术的发展所昭示的各种可能性，为道德哲学提供了反思的视角，为道德哲学的推演提供了实验场所。人工智能可以被用于协助人类做出道德决策，发展和测试道德哲学理论。为道德上敏感的机器确立道德标准的工作，已经促使我们推进了对于道德规范性的来源等长久困扰着我们的重大问题的思考。

不仅技术和伦理之间并不存在根本性的矛盾，而且技术的发展可以和伦理学研究相互推进。无论未来的人工智能是否能够成为真正意义上的充分的道德行动者，我们为此所做的道德哲学上的理论准备，最终将会在前所未有的程度上推进我们对于道德规范性问题的阐释和分析，并且能够从一个新的视角，为伦理学历史上影响深远的理论难题给出意蕴深刻的回答。

第七章

必要善如何能够得到保护

格沃斯和斯坎伦对道德义务的论证是康德式理论中非常具有代表性的理论，第六章通过对这两种理论进行比较研究，尝试论证道德地位的要求，并确立了三个基本的伦理原则：即应当维护必要善；在他人的必要善处于危险之中，应当给予帮助；以及道德地位的要求对于所有行动者而言是平等的。三个原则对任何道德主体应负有的最基本的道德义务做出了清楚阐释，能够普遍地应用于对科学技术的伦理反思。接下来的三个章节将依次对这三个原则进行进一步的分析和论证。

必要善（necessary good）是一个来自格沃斯的术语，意为一个行动者要作为行动者而存在就不得不欲求的基本自由与福利。在 1971 年的《正义论》中，被罗尔斯视为度量正义的恰当标准的"基本善（primary good）"，也具有类似的含义。如果我们尊重一个行动者，就至少不能伤害他最根本性的利益。所有人都不得妨碍一个行动者实现其"必要善"，就构成了"道德的最高原则"①。

在第六章论证的指导行动的道德原则中，不伤害必要善位列第一原则。第二原则提出，在一个具体情境中，如果行动者 A 的一个行动能够使行动者 B 的必要善免于受到侵犯，那么行动者 A 就应当做出这一行动，除非，行动者 A 做出这一行动会导致其自身的必要善受到侵犯。这也就是说，当不伤害必要善的要求同第二原则相冲突的情况下，我们就应当放弃对第二原则的遵循。在道德上，任何行动者必须最先做到避免侵犯人的必要善。在义务冲突的情况下，对必要善的保护将永远比其他道德义务更重要。

然而，对必要善提供保护就必须首先明确，必要善何以可能受到侵犯。

---

① Alan Gewirth, *Reason and Morality* (Chicago：University of Chicago Press, 1981), p. 135.

折磨、强奸、种族灭绝等毫无疑问是对基本自由和福利的侵犯。故意撒谎是一种冒犯，但其结果并不一定会伤害人的必要善。只有当某人的故意误导致使另一个行动者其失去了必要善，该行为才是一个道德上严重的错误。然而，当代技术的应用使得道德判断的图景更加复杂，例如，以影响了人的自我认知为前提而增进人的基本利益，或者以"自我"的消除为代价而增强人的自我控制，无论是从其本身，还是从其造成的结果，我们都无法判断是否有必要善因其而受到侵犯。对于技术发展所带来的这一类问题，人们则很难达成共识，甚至很难得出一个结论。

在本章中，我们选取两个引起了较多争议的技术展开讨论。道德增强技术和"换头术"的目的都在于保护人的生命，增进人的福利。例如道德增强的支持者们提出，在一个因技术的发展而使得伤害变得极为容易的社会环境中，只有道德增强能够维护人类的生存和基本利益。"换头术"的积极意义则更加明显。如果能够实现，"换头术"不仅可能挽救人的生命，也可能使残疾人重新获得运动的能力，然而，这两项技术还是受到了普遍的伦理上的质疑，人们关注的焦点在于，这两种技术起作用的方式都对人的同一性产生显著影响，而对于同一性的破坏无异于破坏了自主的基础，也使我们负道德责任的能力大大削弱，并阻碍使人成为人的那种特殊潜力的发展。对同一性的侵犯无疑构成了对人的必要善的侵犯。因此，是否破坏了人的同一性，是我们对相关技术进行道德评价的重要依据。

本章中将要论证的观点是，道德增强本身不会破坏同一性，而"换头术"构成了对同一性的破坏，通过对不会侵犯以及必然侵犯同一伦理原则的两类技术进行对照分析，我们能够在新型生物医学技术的伦理问题的背景下，澄清必要善的内涵，以及各种必要善之间的关系，进一步了解当代技术对人的必要善构成的新的挑战，并明确科技发展和应用过程中的人的道德责任。

一 道德增强与人的必要善

生物医学人类增强是近几十年以来生命伦理学研究领域中最重要的话题之一。所谓增强，就是通过一种人为的干涉行为提高人已有的能力，或者在人的身上创造新的能力。如果这种干涉在本质上是一种来自生物医学技术的干涉，并且直接作用于人的身体或大脑，那么这种干涉就可以被视为生物医学人类增强。相比于教育、锻炼和心理辅导等传统方式的人类增强，生物医学人类增强可以更加有效地帮助人类超越自身的局限，为人类的发展提供更多可能性。同时，因为可能挑战了社会公正，侵犯了人的主体性，以及威胁人类价值等等原因，生物医学人类增强也引起了广泛的伦理上的质疑。

在以上伦理争论的过程中，一种新的生物医学人类增强对人的自主的基础构成了更直接的影响，这就是生物医学道德增强。生物医学道德增强就是通过生物技术的手段直接提高人的道德水平。很多人认为，当前最主要的社会问题无一不与道德相关，因而提高人的道德水平才是解决这些问题最直接的途径。而近年来生物科学技术的发展也为直接、高效地提高人的道德水平提供了可能。有人认为道德增强可以给人类带来更好的未来，甚至有人提出道德增强是避免人类灭亡的必要手段。

与其他增强不同，情感增强似乎能够有效避免其他人类增强可能引发的社会和伦理问题。道德情感的增加往往会使一个人更加有益于他人，因此未被增强者不会因为他人的增强而处于不利地位，反而可能因此受益。道德上增强了的人更加不容易产生歧视的行为，因此情感干预的普遍应用也不会导致未接受增强者受到歧视。道德情感的增加和非道德情感的削减都会增加人际间的信任和团结。无论是在传统的道德增强还是生物医学道德增强中，情感干预是最典型的道德增强的方式。

然而，相比于认知等其他方面的干预，情感增强的伦理问题在更大程度上与人的同一性和自主性相关，在这个意义上，情感增强也被视为一种对于人的道德地位的潜在的威胁。相关讨论涉及必要善包含的两个要素之间的相互关系。必要善包含基本的自由和福利，在基本的自由和福利相互冲突的情况下，我们应如何抉择呢？例如，如果保护基本福利的行为威胁到作为自主的基础的同一性，或如果对生命的维持要求我们牺牲做出自主决定的能力，在这样的情况下，我们需要对保护必要善不受到侵犯这一道德原则进行进一步的充实和阐释，才能依据它的做出道德抉择。

（一）道德增强的目标和方法

道德增强将对于人类的发展有所助益或是构成阻碍，取决于我们如何定位道德增强的目标，以及采取何种方式实现道德增强。以生物医学道德增强的方式为人类的发展开辟新的可能性，需要首先对生物医学道德增强的目标和实现的方法做伦理上的考察。

当前，恐怖主义、社会公正、环境污染和贫困等问题的解决都在很大程度上依赖于道德的进步。人类道德与其生物基础之间的联系似乎给我们解决这些棘手的社会问题，维护人的必要善不受到无端侵犯，提供了一条新的进路。牛津大学教授索夫莱斯库（Julian Savulescu）和瑞典哥德堡大学教授皮尔森（Ingmar Persson）是最早提出生物医学道德增强的学者，对他们而言，生物医学道德增强是保护人类不被科学技术的发展所伤害的必要手段。他们提出，因为道德进化的速度赶不上科学发展的速度，所以全人类的安全正在受到威胁。一方面，当代科技的发展让人们获得了极大的力量和容易获得的毁灭性技术，一个疯子或白痴就可能永远地毁灭世界。另一方面，道德自然进化的能力是有限的，并不足以帮助人类应对当前的困境。因此，我们需要用生物医学手段加速道德的进步，避免技术的发展伤害人类自身。① 将生物医学道德增强的目标定位于通过促进道德进步解决当前社会生活中的现实问题，是多数生物医学道德增强的提倡者都认同的。德格拉兹亚（David DeGrazia）曾明确提出，道德行为的最终产品应当是一个更好的世界，让人类和其他有意识的生物过更好的生活。②

　　虽然以解决人类社会的现实问题为目标，但这并不是说生物医学道德增强更加注重干预行为和行为的结果。我们很难对于行为施加直接的和准确的影响，也很难把握行为的结果。通过干预道德动机而对人施加影响才是更加有效的方法，同时，动机干预也更有可能实现一个人的真正的、内在的发展。道德动机干预是生物医学道德增强最主要的方法。比如，道格拉斯（Tom Douglas）曾经提出"如果一个人通过生物医学方式改变了自己，使自己在未来拥有更好的道德动机，这个人就从道德上增强了自己"③。索夫莱斯库和皮尔森则将生物医学道德增强的内涵直接表述为通过生物医学方式"增强道德行为的动机"④。

　　道德动机包括道德认知和道德情感。道德认知的发展对于道德的进步意义重大，道德推理能力的增加，对道德原则的认识和反思都是一个人道德进步的重要推动力量。但是认知增强可能导致科技的发展超出人的控制，加剧社会不平等、引发歧视，并且认知也很难直接地激发行动，因此，在当前道德增强的研究中，情感干预被认为是更加适当的手段。德格拉兹亚提出情感

---

① I. Perrson and J. Savulescu, "The Perils of Cognitive Enhancement and the Urgent Imperative to Enhance the Moral Character of Humanity," *Journal of Applied Philosophy*, 25, 3 (2008): 162 – 177.

② D. DeGrazia, "Moral Enhancement, Freedom, and What We (Should) Value in Moral Behaviour," *Journal of Medical Ethics* 40, 6 (2014): 361 – 368.

③ T. Douglas, "Moral Enhancement," *Journal of Applied Philosophy* 25, 3 (2008): 229.

④ I. Perrson and J. Savulescu, "The Perils of Cognitive Enhancement and the Urgent Imperative to Enhance the Moral Character of Humanity," *Journal of Applied Philosophy* 25, 3 (2008): 162 – 177.

干预对于激发道德行为具有直接的作用。道德动机主要就是来自人的情感。①
索夫莱斯库和皮尔森认为可以通过加强某些核心道德情感达到道德增强的目
的。他们提出的两类核心道德情感是利他情感和产生公平与正义的一系列
情感。②

一方面，情感增强可以帮助我们形成正确的道德判断。多数研究情感的
学者都同意，情感包含思想、判断和评价。而强的情感的认知理论甚至认为，
情感可以概括为同情感相关的认知过程，情感不过就是思想和认知。比如努
斯鲍姆认为生气就是判断一些人错误地对待了你，并且导致人的尊严受到侵
犯。③在很多情况下，情感的形成过程包含着认知的进步，情感的增强常常可
以有助于认知过程的发展。

另一方面，情感对于道德判断的执行却有着不可替代的影响。即便相比
于情感，认知对于正确的道德判断的形成发挥最主要的作用，但抽象的道德
判断不能直接引起道德行为，还需要推动的力量，而这种力量就主要地来自
情感。正是基于这种考虑，休谟提出情感是道德进步的原因。抽象的原则是
因为激发了羞耻心或崇高感，推动我们去做理性认为应该去做的事，而抽象
的原则本身并不能够让人去做他不想做的事。道德理性可以导向正确的道德
决定，但离开了道德情感，就无助于道德行为的产生。④即使是康德这样对于
人类道德能力持有一个坚定的理性概念的人，也认识到道德提高的非认知方
法的重要性，他曾经提出通过胡萝卜加大棒的刺激，来帮助灌输道德原则，
并帮助形成道德推理能力发展的先决条件。⑤康德的判断力批判通过对情感的
分析给道德行为的可能性提供论证。在审美活动中，我们可以感受到我们同
他人心灵的共通之处，意识到人同此心、心同此理，从而获得道德活动的动
力。同情这样的道德情感很明显对于道德的发展是必不可少的。因为道德情
感可以有效地辅助理性发挥作用，所以应当成为增强干预的对象。

① D. DeGrazia, "Moral Enhancement, Freedom, and What We (Should) Value in Moral Behaviour," *Journal of Medical Ethics* 40, 6 (2014): 361 – 368.

② I. Perrson and J. Savulescu, "The Perils of Cognitive Enhancement and the Urgent Imperative to Enhance the Moral Character of Humanity," *Journal of Applied Philosophy* 25, 3 (2008): 168 – 169.

③ J. A. Carter and E. C. Gordon, "On Cognitive and Moral Enhancement: a Reply to Savulescu and Persson," *Bioethics* 29, 3 (2015): 153 – 161.

④ Farah Focquaert and Maartje Schermer, "Moral Enhancement: Do Means Matter Morally?" *Neuroethics* 8, 2 (2015): 139 – 151.

⑤ G. Felicitas Munzel, "Kant on Moral Education, or 'Enlightenment' and the Liberal Arts," *Rev Metaphys* 57, 1 (2003): 65 – 66.

　　通过道德情感的增强，生物医学道德增强则可以利用技术手段，直接、有效地赋予我们执行道德决策的行动力，从而帮助我们更容易地成为一个我们想要成为的那个在道德上更加理想的人。在道格拉斯看来，道德增强的目的就是要废除无自制力或意志的软弱。比如有些人明明知道种族主义或侵犯行为是不好的，但他们的反面动机太强了，难以对特定种族表达善意。所以，他们想要通过生物医学技术手段，相对容易地摆脱这些他们不希望的并且认为不可取的感觉。正如德格拉兹亚所说，作为生物医学道德增强的结果，一个人可能会有更强的意志并且因此不太会受到意志薄弱的危害。① 如果人的道德地位的基础就是自主，那么有能力执行自己所做出的道德判断对于人的发展无疑具有重要的意义。

（二）情感增强是否促进了人的发展

　　然而也有观点认为，所谓的生物医学道德增强仅仅是有助于推动一个人做出道德行为，但并不能真正提高人类的道德能力。因为，在很多人看来，只有认知所激发的行为才具有道德价值，由于情感的推动而做出的行为可能并不具有真正的道德价值。

　　在有些情况下，通过增强道德情感，我们可以越过理性思维的过程直接导致道德行为的发生。在一些极端例子中，我们可以看到完全排除了认知活动的道德增强没有促进个体道德的进步。例如，精神病人身上引起恐惧可能导致这些个体做"对"的事情或者做出"好"的行为的可能性增加，但不会增进他们对于什么构成了正确或错误的行为的认识。② 又比如，我们可以将计算机芯片植入某人的大脑，任何时候，只要这个人想做出不道德的行为，芯片都会刺激他产生厌恶的情绪。因此植入的芯片可以有效改变他的决策。但是在这个过程中，人被贬抑为一个没有心灵的机器，即便个体做出道德的行为，也没有实现真正的道德进步。一个人得到的新的特征和价值要成为个体自我认识的一部分，个体必须首先意识到这些改变。在上述例子中，个体不能意识到自己的改变，也不能理解这种改变。自主也就无从谈起。因此，即便个体做出道德行为，这些行为也不具有真正的道德价值。

　　对于道德原则的反思、对于自己与他人关系和义务的思考等认知范畴的

① D. DeGrazia, "Moral Enhancement, Freedom, and What We (Should) Value in Moral Behaviour," *Journal of Medical Ethics* 40, 6 (2014): 361 – 368.

② Farah Focquaert and Maartje Schermer, "Moral Enhancement: Do Means Matter Morally?" *Neuroethics* 8, 2 (2015): 139 – 151.

活动是道德进步的基础。卡特（Adam Cater）曾经提出，想要带来个体的道德的进步，道德增强必须包含增强特定认知能力的目标，这些能力对道德繁荣是至关重要的。① 只有当一个行为伴随着对于道德原则的增进的理解或更深入地思考，行为才具有道德价值，才能说某行为者的道德水平得到提高。否则，行为可能只是外在力量操纵的结果，或者借用科尔斯戈德的表述，即行为者并非自身行动的作者。

这一观念体现了人们思考道德问题的一种由来已久的传统，即一种理性主义的传统。这一传统为了保证道德的普遍性，把有关道德的研究归于一种对于道德知识的探索。柏拉图曾经提出，道德进步本质上是一个由理性辩论来推动的智识过程。从斯宾诺莎和康德到罗尔斯等许多最有影响力的哲学家都拥护这一观点。康德曾经提出，体现了美德的行为应当是行为者有意识地做出的，体现了行为者对于善的清晰把握。毫无意识地行动并且对行动毫无知识，就不是美德。② 行为的道德性来自恪守职责，来自对法则的敬重，而不是对行为效果所具有的喜爱和偏好。③ 仅仅出于偏好而行善，是没有道德价值的。漠视或摆脱激情才是实现道德价值的先决条件。斯宾诺莎也曾提出，如果人被情感操控，没有理性思考，就根本谈不上道德或者不道德。按照这种思路，仅仅通过情感增强导致的道德行为并不体现道德的进步，不具有真正的道德价值。

完全由情感所激发的行动常常越过了理性思考，这样的行为不能体现个体对于至高的和普遍的道德原则的把握，也不能体现个体深思熟虑的道德推理过程。然而，即便如此，这些行为仍旧可能具有很高的内在价值，这种内在价值来源于它们在美德形成的过程中所起到的重要作用。美德不仅来自理性思考，同样也来自行动，由情感所激发的行为完全可以助益特定美德的形成。

无论道德行为的驱动因素是什么，反复地做出道德的行为就能够让一个人养成道德的习惯，最终培育出真正的美德。亚里士多德曾经提出德性来自习惯的观点。他的习惯化的德性就是人们通过反复行动形成的习惯。一个人开始做合乎正义的行为时可能并不因此而感到愉快，但是随着不断地那样做，

---

① J. A. Carter and E. C. Gordon, "On Cognitive and Moral Enhancement: a Reply to Savulescu and Persson," *Bioethics* 29, 3（2015）: 153 – 161.

② 〔美〕弗兰克·梯利：《西方哲学史》，贾辰阳、解本远译，吉林出版集团有限公司，2014，第124页。

③ 宋希仁主编《西方伦理思想史》，中国人民大学出版社，2010，第329页。

他可能变得乐于那样做。① 我们是在实践中获得德性的。"一个人是通过做正义的事而成为正义的人，通过做节制的事而成为节制的人，通过做勇敢的事而成为勇敢的人。如果不去做，一个人就永远不可能成为好人。"② 通过生物医学方式增强道德情感，能够有效激发人们去行善，日复一日，积习成性，最终让我们获得一种好的品德。一种好的品德的形成显然可以视为道德的进步。相比于接受了生物医学情感增强的情况，一个人在没有接受情感增强的情况下做出道德行为的概率会低得多，品德的培养也就会困难得多。

甚至亚里士多德认为，跟情感相关的行动才具有更高价值。一个具有实践智慧的人不仅要知道，而且要乐于行动。③ 具有实践智慧是说一个人知道在某种情境下何为正确的选择，同时也是说，该行动者乐于做出这样的选择。儒家伦理中也明确提出了这样的观点。儒家认为道德的最高境界就是可以根据情感而做出正确的选择，对道德上正确的事产生一种热爱，即达到"随心所欲不逾矩"的状态。《荀子》中也认为道德修为应达到内心对道德产生强烈喜爱的状态："及至其致好之也，目好之五色，耳好之五声，口好之五味，心利之有天下。是故权利不能倾也，群众不能移也，天下不能荡也。生乎由是，死乎由是，夫是之谓德操。"④ 由此可见，强烈的道德情感的产生有时候恰恰是道德修为的最高成果。完全由情感激发的行为也可以具有很高的道德价值。

（三）非道德情感的消除是否侵犯了人的自主性

以道德增强为目的的情感干预不仅包括道德情感的增强，还包括反道德情感的削弱或消除。反道德情感的削弱或消除能够让人失去作恶的愿望，从而让人没有机会在善恶之间做出自主的选择。这样的干预很可能侵犯了人的自主性，因而对人的必要善构成了威胁。

每个人身上都或多或少存在一些反道德的情感，比如做出暴力行为的冲动、种族厌恶或者歧视。这些反道德情感常常是一个人做出不道德行为的原因。它们会扰乱一个人的理性思维，让我们的道德推理变得困难，并且在反道德情感的影响下，道德情感就会难以被我们体验到。因此，不论我们持有什么样的道德和心理理论，一个主体感受到这些反道德情感的程度的减弱，

---

① 〔古希腊〕亚里士多德：《尼各马可伦理学》，廖申白译注，商务印书馆，2003，第23页。
② 宋希仁主编《西方伦理思想史》，中国人民大学出版社，2010，第62页。
③ Aristotle, *The Nicomachean Ethics of Aristotle*, trans. David Ross（Oxford：Oxford University Press, 1925），Ⅶ, p. 1152.
④ 安小兰译注《荀子》，中华书局，2015，第17页。

都可以导致道德上的增强。生物医学的强力干预能够有效地削弱甚至消除我们的反道德情感。经过了这样的干预，在很多情况下，我们将无须再与驱使我们做出不道德行为的情感进行斗争，我们将会不愿意做出不道德的选择，甚至我们根本不会意识到还存在不道德的选择。也就是说，做出不道德的行为对我们而言可能不再是一个选项。这样的干预当然能够减少恶行的产生，但同时也有人认为，这种干预会让我们失去在诸多行为选项中自主地选择道德的行为的自由。

在很多人看来，如果能让人生活得更加幸福，那么在自由方面的损失也是值得的。比如，道格拉斯提出，即便生物医学干预减少了成为不道德的人的自由，在自由方面的损失可能无法跟善良的动机或行为所带来的道德益处相比，因此我们似乎可以牺牲一些做坏事的自由来防止恶行。[①] 生物医学道德增强的最终目的是解决与道德相关的社会问题，让人们都能够生活得更好，因此我们有理由重视干预的结果。然而，好的结果的价值是否能够抵消自由的减少而带来的价值的损失，不同的人持有截然不同的观点。

哈瑞斯（John Harris）是迄今为止生物医学人类增强的最持久、最热情的支持者，然而他对某些道德增强却提出了强烈质疑。哈瑞斯认为，在接受道德增强后，个体可能不再具有坏的动机，但是代价是他的自由，即执行特定坏的动机的自由。消除选择错误的自由、堕落的自由，也就同时消除了做出正确选择的自由。他明确提出，自由为道德行为赋予了几乎全部价值。只有经过自由选择做出的行为，才能体现美德。[②] 虽然具有和执行坏的动机本身没什么价值，但拥有和执行这些动机的自由是具有价值的。在哈瑞斯看来，自由具有内在价值，而不仅仅具有工具价值。

哈瑞斯将选择的自由同人的内在价值联系在一起。他曾经提出，自主性让我们能够自由地塑造自己的生活，而在塑造生活的过程中，我们把价值赋予了自己的生命。[③] 也就是说，自主性是我们的内在价值的来源。自由和福利都是不可侵犯的必要善，如果对人的自主性构成侵犯，即便生物医学的干预可以导致更多的道德行为，让更多的人受益，仍然是道德上错误的。哈瑞斯表示，如果真的像皮尔森和索夫莱斯库说的那样，人类会因为没有推广生物

---

① T. Douglas, "Moral Enhancement Via Direct Emotion Modulation: A Reply to John Harris," *Bioethics* 27, 3 (2013): 160 – 168.

② J. Harris, "Moral Enhancement and Freedom," *Bioethics* 25, 2 (2011): 110.

③ Roger Brownsword and Deryck Beylevel, *Human Dignity in Bioethics and Biolaw* (Padstow: T. J. international Ltd, 2001), pp. 237 – 239.

医学道德增强而走向毁灭，我们也不应当为了生存而牺牲自主。①

保护人的自主性在生命伦理研究中具有重要意义，我们应当确保科学技术的发展不会在根本上威胁人的自主性。然而，对于自主性的含义以及实现自主性的方式仍然存在不同的理解。

自主是西方生命伦理学诞生之初就确立起来的基本原则，也被认为是生命伦理学四原则中的最高原则。提出生命伦理学四原则的比彻姆和丘卓斯曾在他们的著作中对自主性原则给出了详尽的阐释。他们认为，自主的行为是指有意图、理解的并且不受控制和制约的行为。因此自主最重要的要求就是独立于控制影响，以及有能力按自己的意愿行动。相应地，说一个人的自主减少，意味着受到别人的控制和不能思虑以及不能按他的计划和要求行动，比如犯人和精神病患者由于被强制限制自由和精神上的无能力而丧失自主。②根据比彻姆和丘卓斯对于自主性的解释，反道德情感的消除并不会威胁人的自主，反而还有可能增强人的自主性。

第一，一个人接受了削弱非道德情感的生物医学道德增强，并不意味着受到他人的控制，因为在正常情况下，决定接受道德增强一定是个体自主地做出的决定。人们了解道德增强的后果，并自愿地接受道德增强。自主地接受反道德情感的减弱或消除同样体现了自主。第二，自主性通过推理过程来发挥作用。反道德情感的削弱或消除并不能够让我们丧失推理的能力，因而不会对自主性构成影响。情感和认知是两种不同的动机，对于情感的干预不会直接地对认知能力构成影响。即便像哈瑞斯说的那样，接受了增强的人失去了坏的动机，不再具有做出不道德行为的愿望，只想去做那些道德上正确的行为，他们还是能够清醒地意识到自己要采取的行为是道德上正确的，同样也可以对自己的行为进行道德上的反思和评价。第三，接受了反道德情感的减弱或消除，一个人仍旧可以按照自己的计划和要求行动。有的情况下，因为反面情感过于强烈，我们即便能够做出道德上正确的判断，但是却难以根据这一判断做出道德上正确的行为。如果通过生物医学方法消除了作为干扰因素的反道德情感，一个人将能够更容易地贯彻自己的理性思考，更容易地将道德决策付诸实践。这样道德增强不仅没有侵犯我们的自主性，反而增强了自主的能力。从这个意义上来讲，通过生物医学干预削弱反道德情感不仅能够增加道德行为，同时也能够促进人类的发展。

---

① J. Harris, "Moral Enhancement and Freedom," *Bioethics* 25, 2 (2011): 110.
② James F. Childress and Tom L. Beauchamp, *The Principles of Biomedical Ethics* (New York: Oxford University Press, 2000), p. 121.

虽然在道德判断的形成过程中，情感的贡献远不及认知，但情感干预增强了人的意志力，为道德判断的执行提供了必要的动力。习惯性的道德行为有助于一个人的美德的形成，因此即便道德行为完全由情感所激发，也同样具有内在的道德价值。并且，根据很多伦理学理论，道德进步的更高境界恰恰是受情感激发而做出道德行为。在我们接受情感干预的同时，我们的基本认知能力并没有被削弱。我们还是能够自主地决定行为并对我们做出的行为进行道德评价。采用生物医学方法进行道德增强，我们不应该仅仅强调认知增强的重要作用。情感干预能够有效地实现生物医学道德增强的目标，而且也是一种合乎伦理的道德增强手段，并不会必然导致作为必要善的核心内容的自主受到侵犯。

二 "头部移植"的伦理问题：生命价值
与自我认知

头部移植在科学和伦理层面是否应当被允许，引发了十分激烈的探讨。本小节从儒家伦理的视角探究了头部移植的伦理问题，并提出了反对允许头部移植的观点。从儒家视角出发，人是世界上最珍贵的存在，"仁"和"礼"是人类的基本道德原则。只要头部移植技术还不成熟，就不应当予以实践，因为它会给人类带来严重的风险，从而违反了儒家"仁"和"礼"的原则。即便头部移植技术成熟到可以在人类身上安全应用，也不应该应用此项技术，因为它将改变头部捐赠者和身体捐赠者的自我或同一性，从而创造一个新的个体。儒家的个人品德在很大程度上依赖于自我或个体同一性，而自我或个体同一性又取决于个体的修身和正心。通过修身和正心的艰苦努力，个体得以改变其自我、同一性，以及人格。每个人的自我、同一性和人格都不能脱离他自己的身体，而是存在于他自己的身体之中。因此，头部移植就会破坏两个人的身份，并产生一个新的个体，而这个新个体的身份是未知的。在这个意义上，头部移植必将严重损害接受移植的个体的自主能力，因而是道德上错误的。

（一）头部移植技术的发展

2017 年 11 月 17 日，意大利神经外科医生卡纳韦罗（Sergio Canavero）在奥地利维也纳举行的新闻发布会上宣布，世界上第一例人类头部移植手术已在中国的人类尸体上成功完成。头部移植手术早在几年前就已经引起了公众关注。2013 年 6 月初，卡纳韦罗在《国际外科杂志》上发表了他的论文《HEAVEN：首次人类头部移植与脊柱连接的头部吻合风险项目纲要（GEMI-NI）》，在文中，他提出"头部移植"手术在技术上是可行的，并将其命名为"HEAVEN"项目。① 就在他的论文发表后 1 个月，患有先天性霍夫曼肌肉萎缩症的俄罗斯计算机科学家斯皮里多诺夫（Valery Spiridonov）成为"HEAV-EN"项目的第一位志愿者。2015 年 4 月，卡纳韦罗宣布，他将与哈尔滨医科大学任晓平教授领导的团队合作，完成世界上第一例人类头部移植手术。2017 年 11 月，手术团队的负责人任晓平在尸体上进行了手术。在 18 个小时的手术中，他和他的团队成功地重新连接了一个被切断的头部的脊柱、血管和神经。包含该手术数据、过程和结果的手术报告在美国《国际外科神经学》杂志（SNI）上发表。② 尽管任晓平强调，他所完成的只是人类头部移植手术的一个模型，即这只是一个医学实验而非一个成功的手术，但该医学实验仍然被认为是一个重大突破。

随着这一消息在世界范围内的传播，来自科学家和伦理学家的质疑和反对越发强烈。科学家们质疑头部移植目前是否能够实现。许多批评者声称，所谓的头部移植是在人类尸体上进行的，所以严格来说不能被视为手术，因此，目前讨论活体的头部移植是没有意义的。③ 许多伦理学家坚持认为，头部移植是严重违反医学伦理的行为。例如，中国器官捐献与移植委员会主任黄洁夫认为，头部移植的实验违反了中国有关器官移植的规定，违反了"基本的伦理原则"。他断言，任晓平的实验对中国在器官移植方面的声誉产生了负面影响，并提出"这种临床实验在中国是不允许的"④。神经外科医师协会名誉会长凌峰认为："虽然我们在科学研究中要不断探索，但必须确立医学伦理的底线。不道德的实验和探索不仅没有意义，而且会毁掉医学的根基。"⑤

---

① Sergio Canavero，"HEAVEN：The Head Anastomosis Venture Project Outline for the First Human Head Transplantation with Spinal Linkage," *Surgical Neurology International* 4，Suppl 1，（2013）：335 – 342.

② X. Ren et al.，"First Cephalosomatic Anastomosis in A Human Model," *Surgical Neurology International* 8，11（2017）：276.

③ J. Li and Y. Li，"World First Human Head Transplant in Harbin Medical University Produced Controversy," *Science and Technology Daily*，Nov. 20，2017，http：//www. stdaily. com/index/kejixinwen/2017 – 11/20/content_597685. shtml.

④ Huang，J.，"Head Transplant：Morally and Technically Infeasible," Nov. 24，2017，http：//tech. sina. com. cn/d/2017 – 11 – 24/doc-ifypceiq1440857. shtml（accessed March 1，2020）.

⑤ Ling，F.，"Firmly Oppose Meaningless and Unethical Experiments," Dec. 7，2017，http：//www. sohu. com/a/209078193_296660（accessed March 1，2020）.

头部移植违反了什么样的"基本伦理原则"或"医学伦理的底线"? 从儒家的角度来看,在目前技术发展不充分的状态下进行头部移植,是对人类的尊严的侵犯。然而,即使这种技术是成熟和安全的,它也会破坏儒家美德的核心——自我与个人同一性。在本节中,我们将从人的高贵和"具身的自我"的角度探讨儒家伦理,并使用这些概念来说明为什么头部移植在伦理上是不允许的。

(二) 人类的高贵与头部移植的伦理问题

与亚里士多德伦理学一样,儒家伦理学是一个以美德为基础的体系,强调培养人类美德的重要性,是做人的核心要素。与以神学为基础的基督教伦理学不同,儒家伦理学以人本主义哲学为基础(虽然有些学者说儒家思想也是一种宗教,但它与神学宗教有很大不同。儒家并没有提倡崇拜神,其伦理理论也不以神的存在为基础)。也就是说,儒家认为人是一种特殊的存在,这一观点影响着儒家对头部移植的态度和看法。

1. 人具有至高的道德地位

儒家伦理源于对人的高贵和人类生命重要性的强调。在《易经》中有这样一句话:"天地之大德,曰生。"① 《孝经》中讲道,孔子曾提出"天地之性,人为贵"② 的观点。《礼记》中提出:"人者,天地之心也。"③ 孟子与孔子有相同的想法。孟子认为:"民为贵,社稷次之。"④ 后来的著名儒家学者董仲舒认为:"天地之精所以生物者,莫贵于人。"⑤ 在儒家传统中,人拥有着至高的道德地位。

为什么人比其他事物更加高贵呢? 儒家思想家(孔子、孟子和荀子等)认为,人在本质上与动物不同,这些不同使人类超越于众生。孔子认为,"礼"(礼制、礼节)是人之所以为人的关键。在《礼记》中,他声称,如果一个人不遵守礼的规则,他就与鸟兽无异。孟子认为,"人道"(人类的行为方式),即人类之间的道德行为,是使人之成为人的原因。孟子断言"人皆有不忍人之心"⑥,这种独特的能力使道德在人类群体当中得以可能。荀子认

---

① 郭彧注译《周易》,中华书局,2010,第 304 页。
② 胡平生、陈美兰译注《礼记·孝经》,中华书局,2014,第 248 页。
③ 戴圣译《礼记》,北方文艺出版社,2013,第 147 页。
④ 万丽华、蓝旭译注《孟子》,中华书局,2015,第 324 页。
⑤ 冯国超注译《春秋繁露》,吉林人民出版社,2005,第 203 页。
⑥ 万丽华、蓝旭译注《孟子》,第 69 页。

为，是"正义"或"义"使人成为人。荀子曾提出，"水火有气而无生，草木有生而无知，禽兽有知而无义，人有气、有生、有知，亦且有义，故最为天下贵"①。

虽然"礼"、"道"和"义"的概念在表述上并不相同，但它们在本质上具有相同含义。它们都表明，道德的精神和道德的行为使人与动物不同。关于人类是世上最高贵的生命的原因，董仲舒做了这样的总结："人受命于天，固超然异于群生，入有父子兄弟之亲，出有君臣上下之谊，会聚相遇，则有耆老长幼之施，粲然有文以相接，欢然有恩以相爱，此人之所以贵也。"② 我们可以和其他人类建立具有意义的连接，通过在这些各种各样的人际关系中实践道德原则，我们在成为道德共同体一员的同时也建构了自身。在世间万物中，只有人类之间可能建立这样的关系。这样的关系是道德的基础，也是人的高贵地位的基础。

人类具有这样的高贵性质，因而值得受到关爱和尊重，"仁"（仁爱或人性）和"礼"（礼节，对他人的尊重）成为儒家伦理的核心观念。正如孟子所说："君子以仁存心，以礼存心。仁者爱人，有礼者敬人。爱人者人恒爱之，敬人者人恒敬之。仁义者，博爱慷慨者也。"③

2. 当前头部移植的伦理问题

儒家思想认为：人是世界上最高贵的存在，而仁、义、礼和智（尤其体现于孟子的概括）都植根于人性之中。如果将这一思想应用于医学伦理领域，那么，儒家的基本生物伦理规则就是仁、义、礼、智的原则。科学家和医生在决定是否以及如何使用医疗技术时要考虑的最重要的义务就是造福人类、尊重人类、不伤害人类，并巧妙地将其医学知识应用于救助人类。就头部移植而言，因为它是一种不成熟、不安全的技术，一定会给人类带来伤害，因而是绝对不能进行的。就目前的技术水平而言，如果在活人身上进行头部移植手术，最终必然导致病人死亡。人是最高贵的生命；仁、义、礼、智是将生物医学技术应用于人所应当遵循的基本道德原则。因而当前技术条件下的头部移植必然是儒家伦理所反对的。如果明知进行移植就会导致病人受到伤害还故意为之，就是对于人至的高道德地位的无视和侵犯。

许多人可能会争辩说，头部移植在未来可能成为一项成熟的技术。例如，卡纳韦罗引用航天之父齐奥尔科夫斯基（Konstantin Tsiolkovsky）的话说：

---

① 安小兰译注《荀子》，中华书局，2017，第 90 页。
② 董仲舒：《天人三策》，载班固《汉书》，中华书局，2005，第 2515 页。
③ 万丽华、蓝旭译注《孟子》，中华书局，2015，第 185 页。

"今天的不可能将成为明天的可能。"① 但头部移植距离成功尚远。如果一项技术会带来高风险和"致命的冒险",且风险与收益的比率高得令人无法接受,那么从儒家的角度来看,这种技术同样不能得到支持。对这种技术的探索和发展,同样表现了对人类内在价值的无视。以伤害人的生命为代价来发展技术,就是将技术发展的价值视为一种高于人自身的价值,这种价值排序不符合儒家伦理的基本立场。

然而,即使头部移植在并未造成重大伤害的情况下,发展成了一项成熟的技术,可以在未来安全地使用,从伦理学的角度来看,它仍然不应该在人类身上应用。因为头部移植技术的应用将会侵犯人的自我同一性,而这种自我同一性恰恰是人具有内在价值的重要原因,也是发展人类美德的必要条件。

(三) 自我同一性与头部移植的伦理问题

与其他类型的移植相比,如心脏和肝脏移植,头部移植对外科医生的挑战要大得多,而且这一过程不仅仅关系到身体的健康及功能良好,它还关系到人的自我认知,而这是道德和一切价值的基础。正如艾伦·福尔(Allen Furr)等所指出的,"移植头部和大脑也许是器官移植的最后前沿";它"不是普通将一个头颅转移到另一个身体上的实验,它包含着异常复杂的医学挑战,也包含着各种伦理的和存在论的困境。这些问题以前只限于小说作家的想象力。用一个健康的身体取代一个无法治愈的身体的可能性,不仅考验了我们的手术极限,也挑战了肉体生命的社会和心理界限,改变了我们对生命的认识"②。

1. 儒家的美德和自我认同理论

儒家认为,"性相近,习相远"。从本质上讲,所有的人都是一样的具有道德潜力,因而同样地具有内在价值,但同时在实践中,人们做出的道德行为使不同的人之间体现出差距。每个人都有成为圣人的先天能力。然而,在现实中,绝大多数人都不能成为圣人。在人类发展的过程中,不同的人可能会发展出不同程度的美德,这些美德构成了每个人的自我、同一性或人格。③

---

① Sergio Canavero, "HEAVEN: The Head Anastomosis Venture Project Outline for the First Human Head Transplantation with Spinal Linkage," *Surgical Neurology International* 4, Suppl 1, (2013): 335.

② Allen Furr et al., "Surgical, Ethical, and Psychosocial Considerations in Human Head Transplantation," *International Journal of Surgery* 41, 5 (2017): 190 – 195.

③ P. W. K. Lo, "Human Dignity: A Theological and Confucian Discussion," *Dialogue: A Journal of Theology* 48, 2 (2009): 168 – 178.

自我、同一性和人格看起来是不同的东西，但在本质上它们有相同的含义。它们都体现一个人的美德的特征。正是一个人所具有的美德，构成了他的自我，也构成了他的同一性和人格。在儒家思想中，一个人通过培养他的美德来获得同一性。培养一个人的美德的过程被称为"修身"。根据儒家思想，人的自我是身体和心灵的结合。心灵和身体是一个完整的人的两个部分，是不能分开的。正如王阳明在他的《大学问》中所提出的："身之主宰便是心，心之所发便是意，意之本体便是知，意之所在便是物。"① 当代著名的儒家学者杜维明曾提出，"在中国哲学中，心与身、物质与精神、庸俗与神圣、天与人、人与社会都融为一体，不存在相互排斥的二分法"②。

由于心与身密切相关，自我修养，包括身体修养，对成为君子非常重要。如在儒家看来，"古之欲明明德于天下者，先治其国；欲治其国者，先齐其家；欲齐其家者，先修其身；欲修其身者，先正其心；欲正其心者，先诚其意；欲诚其意者，先致其知，致知在格物。物格而后知至，知至而后意诚，意诚而后心正，心正而后身修，身修而后家齐，家齐而后国治，国治而后天下平"③。

正因如此，"修身"对一个人获得自我或同一性至关重要。一个人如何修身？儒家的修身是一个自我转变的渐进过程。根据儒家思想，君子的美德体现在他的身体上。孔子认为，君子是一个血气平和的人。孔子提出："君子有三戒：少之时，血气未定，戒之在色；及其壮也，血气方刚，戒之在斗；及其老也，血气既衰，戒之在得。"④ 孔子认为在人一生的修身过程中，"血气"的修养最为重要。

孟子也曾提出，"气"和"形"（形式，可见性）在培养君子的过程中扮演不可缺少的角色。"尽心"则是成为君子或圣人的必要条件。至于如何做到"尽心"，孟子认为，人需要努力达到"养气"和"践形"。"养气"是指形成一种"浩然之气"，具有巨大的力量和正义感（"至大至刚"）。"践形"是指通过自己的身体姿态来实现美德的练习。通过"尽其心，养其气，践其形"，一个人达到了他的理想人格，这种人格表现在他的身体姿态上。"君子所性，仁义礼智根于心。其生色也，睟然见于面，盎于背，施于四体，四体不言而喻。"⑤

① 王阳明、吴光、钱明译《王阳明全集》，上海古籍出版社，1992，第971页。
② 杜维明：《现代精神与儒家传统》，载《杜维明全集》，武汉出版社，2002，第308页。
③ 王国轩译注《大学·中庸》，中华书局，2006，第3页。
④ 张燕婴译注《论语》，中华书局，2015，第256页。
⑤ 万丽华、蓝旭译注《孟子》，中华书局，2015，第298页。

荀子也表达了类似观点，强调君子应该能够"美其身"。荀子认为，要成为君子，需要社会上礼的规范来约束自己的行为。他认为："礼者，所以正身也；师者，所以正礼也。无礼何以正身？无师，吾安知礼之为是也？"① 在荀子看来，如果礼依据规范来修炼，它就会从一种外在的要求转化为一种与生俱来的习惯，内在于人的身体。那么，礼和人体是结合在一起的，不能分开。礼就存在于人体中，人体被礼所占据。荀子断言："君子之学也，入乎耳，著乎心，布乎四体，形乎动静，端而言，蝡而动，一可以为法则。小人之学也，入乎耳，出乎口。口耳之间，则四寸耳。曷足以美七尺之躯哉！"② 与小人之学不同，君子之学是身与心、内与外的结合，这种结合令君子表现出美丽的光彩，并体现高尚的个人尊严。

简而言之，从儒家的角度来看，身体和心灵是紧密相连的。一个人的身体外观和行为是一个人的自我认同或个体身份的重要组成部分和反映。

2. 儒家的自我和头部移植的伦理问题

根据儒家思想，人的珍贵不仅仅来自他的物种身份，这种价值同样来自有关作为一个人意味着什么的观念。人体现了高标准的美德。如果一个人改变了他的自我或者同一性，那么他的人格也会改变，美德、自我控制，以及原有的价值排序可能都不复存在。如果头部移植改变了一个人的自我或同一性，那么也可能改变他的人格。因此，问题就在于，如果技术已经完全发展，可以安全地在人身上进行，那么头部移植是否会改变一个人的自我或者同一性？

有些人可能认为，即使一个人的头被连接到了一个不同的身体上，头的主人的人格同一性也不会改变。例如，斯皮里多诺夫认为，如果手术能够成功进行，他仍将是他自己。他认为，在他的头被移植到新的身体后，他将拥有一个全新的身体。他本人身体残疾，因而在他看来，他的大脑就是他的全部的人格同一性。他不担心新的身体是否会影响他的人格。他曾清楚地表示，身体就像一台可以支持他生存的机器；在他看来，头部移植手术不是一个哲学问题，而是一个物理学问题。因此，对于斯皮里多诺夫而言，获得一个新的身体无异于获得一个新的轮椅。③

---

① 安小兰译注《荀子》，中华书局，2017，第30页。

② 安小兰译注《荀子》，中华书局，2017，第11页。

③ S. Kean, "The Audacious Plan to Save this Man's Life by Transplanting his Head: What Would Happen if it Actually Works?" Sep. , 2016, https://www.theatlantic.com/magazine/archive/2016/09/the-audacious-plan-to-save-this-mans-life-by-transplanting-his-head/492755/.

　　然而，正如上文中所讲到的，人类的自我或人格同一性在很大程度上取决于身体的修养和心灵的矫正。要成为一个君子，必须修身、正意。对于修身养性，孔子强调血气的形成（元气，或性情）；孟子强调"尽心、养气、修身"；荀子则提出"美其身"。一个人要获得所有这些特征需要时间。在人生的不同时期，一个人形成不同的美德，体现出不同的素养，这取决于个体的发展。由于儒家的美德在很大程度上依赖于身体知识，杜维明把儒家称为"体知"。"体知"不仅是认知，也是实践。在儒家思想中，几乎所有关于认知过程的词都包括"体"（身体）一词。例如，"体验""体悟""体认""体会"等。杜维明认为，知识被区分为两种类型：认知性知识（cognitive knowledge）和体知性知识（embodied knowledge）。认知性知识可以是逻辑性知识，但体知是身体知识，这种身体知识来自现实的人类经验和具体的身体实践。一个数学定律，如"平行公理"，可能是认知性知识，但骑自行车的技能不仅是认知性知识，也是体知性知识。儒家还将知识区分为"闻见之知"以及"德性之知"。儒家的"闻见之知"是认知性知识，但"德性之知"不仅是认知性知识，也是体知性知识。体知与实践紧密相连，特别是对于德性知识而言。一个有德性的人是一个不仅了解德性，而且实践德性的人。美德体现在君子的身上。因此，君子不仅是一个精神上的人，而且是一个以身体去体现美德的处于实践活动中的人。

　　根据这样一种对人的理解，如果能够成功地进行头部移植，移植接受者的身份既不是"头部的所有者"，也不是"身体的所有者"。这个人将是一个新的人，因为在移植之后，新的身体整体（头部和身体一起构成的身体）不仅不同于头部被移植的人，而且也不同于身体用于与移植的头部相连的那个人。新的人的认知性知识（通过听觉和视觉获得的知识）有可能与头部拥有者相同，但新的个体有关美德和技能知识则不仅与头部的拥有者不同，也与身体的拥有者不同。这个新的人拥有什么样的美德知识是不可知的，因为没有案例可以检验。但很明显，这种知识不会与头部拥有者或身体拥有者的知识相同。儒家的德性在很大程度上取决于自我或同一性，而这些取决于一个人的修身和正心。通过修身和正心的努力，一个人改变了他的自我或同一性，这种身份和个性不能与他的身体分开，而是存在于他的身体之中。头部移植是通过破坏两个人的身份和人格来创造一个新的人，而对这个新的人而言，其人格同一性也尚不具备形成的条件。从人类价值和美德的角度来看，显然不应该进行头部移植手术。

　　考虑到所有这些复杂的问题，头部移植将会产生的有关自我或同一性的问题并不像斯皮里多诺夫表达的观点那样简单，即获得一个新的身体就像获得一个新的轮椅一样。从儒家的角度来看，即使头部移植能够成功，也会显著削弱一个人参与道德实践和负有道德责任的能力，因而是道德上非常严重的错误行为。

第八章

援助义务的来源与限度

我们已经描述了一种作为共同体成员身份的道德地位。我们的道德地位不是凭借仅仅隶属于我们自身、可能高于或低于他人的某种性能，即自主能力产生的，我们的道德地位是基于我们对于我们和他人同等分享的道德共同体成员身份的认识而产生的，赋予我们道德地位的能力就是将他人认可为我们的道德上的对等物的能力。这样一种观念将对于如何理解个体的"必要善"产生重要影响。

我们的根本利益的重要性来自我们同他人的连接，那么，个体的"必要善"与他人的"必要善"之间一定存在内在的联系，而不是能够截然分割开来，或者能够相互对立的。我们以各种不同的方式认识到彼此的生活计划，我们分享相同的情境和活动，并在这样的分享的活动中认识自身、建构自身。如果我们付出的某种并不会危及我们的必要善的利益，能够成就他人赖以生存的必要善，那么我们也就借此反观到了我们同他人之间意蕴深厚的连接，我们建立了一个使道德本身得以可能的道德共同体。

一 器官捐献与移植的伦理原则探析

人体器官移植是挽救终末期器官衰竭患者生命，提高其生存质量的最有效手段。然而，目前全球范围内器官供体短缺严重。据世界卫生组织统计，全世界每年大约有 200 万人需要器官移植，而可以使用的器官不足 10 万。我国的器官移植技术发展几乎与世界同步，器官短缺的问题同样始终存在。

为防止器官短缺的现状可能带来的一系列隐患，我国曾出台一系列法律法规。2011 年 2 月 25 日，全国人大常委会通过《中华人民共和国刑法修正案（八）》，明确将组织他人出卖人体器官的行为入罪，情节严重的，可以判处五年以上有期徒刑，并处罚金或没收财产；对于未经本人同意摘取器官，或者摘取不满 18 周岁的人的器官，或者强迫、欺骗他人捐献器官的，按照故意伤害罪和故意杀人罪定罪处罚；对于违背本人生前遗愿摘取其尸体器官，或本人生前未表示同意，违反国家规定，违背其近亲属意愿摘取其尸体器官的，依照侮辱尸体罪定罪处罚。推动人体器官捐献工作成为解决器官短缺难题的唯一方法。2015 年 1 月 1 日起，我国全面停止司法渠道器官的使用，公民自愿捐献成为唯一合法的器官来源。

在摘取器官时供体会面临手术的痛苦与风险，有时甚至是牺牲生命的代价；而器官被摘除后供体本人还要承受失去一个器官，或一部分器官所可能招致的风险。摘取尸体器官同样被视为一项重大的代价，例如被视为"不孝"：我们的文化传统中认为身体发肤受之父母，不可毁伤，在这种观点看来，主动出让身体器官可视为不敬重父母。又比如，"死无全尸"在传统文化中被认为是一种非常悲哀的下场，同样会给捐赠人带来很大的压力。在这种情况下，捐赠身体器官的援助行为是否能够被理解为一种道德义务？

一方面，捐出部分器官，在不会对自己的生活构成严重影响的同时，能够拯救他人于绝境，符合上文论述的援助义务成立的条件。直至今日，每天巨大数量的器官在火葬场被焚毁，而这些器官本来有可能让一个濒死之人健康地生活下去。想到我们维护的善同失去的善之间的不对等，会让我们不禁对这个行为进行反思；但另一方面，我们失去的善和维护的善并不是同一主体的善，不是可以并列比较的，这一观念正是自主原则的要义之一。因此，自主原则似乎准许我们心安理得地依照自己的心愿处置属于自己的东西，在这一处置的过程中，我们也没有义务考虑他人。即便在有些情况下，对他人的考虑体现了美德，但我们似乎仍然不能说我们有"义务"这样做。回应这个两难问题，需要我们反思我们对于自己同身体之间的关系的理解，当前器官捐献与移植所遵循的基本伦理原则之间的张力，为我们理解这种关系提供了重要线索。

（一）器官捐献与移植的基本伦理原则

"自愿"和"无偿"是有关器官捐献与移植的核心伦理原则。《中华人民共和国民法典》（2020 年 5 月 28 日第十三届全国人民代表大会第三次会议通过，自 2021 年 1 月 1 日起施行）第一千零六条规定："完全民事行为能力人有权依法自主决定无偿捐献其人体细胞、人体组织、人体器官、遗体。任何组织或者个人不得强迫、欺骗、利诱其捐献。完全民事行为能力人依据前款规定同意捐献的，应当采取书面形式，也可以订立遗嘱。自然人生前未表示不同意捐献的，该自然人死亡后，其配偶、成年子女、父母可以共同决定捐献，决定捐献应当采用书面形式。"第一千零七条第一款指出："禁止以任何形式买卖人体细胞、人体组织、人体器官、遗体。"自愿和无偿的原则意在对人的必要善提供保护。

"自主"是人的必要善的重要内容。一个人格人能够对自己的倾向、欲望和价值进行反思，因此他的道德地位决定他不应当仅仅受到作用于其内部的力量的驱使，也不能受到来自其自身之外的力量的驱使，用科尔斯戈德的话来说，在一个自主的行动中，行动者可以被认为是行动的作者。如果一个人格人被强迫做一个行动，或者在被欺骗的情况下做出了伤害自身利益的行为，那么其在这个行动上的自主就被减少了。比如，如果医生隐瞒了药的副作用促使患者服药，患者在服药这件事上就遭受了自主的减少。人们大多也会赞同，一个遭受了洗脑的人，被想要摆脱的瘾困扰的人，因意志薄弱而感到痛苦的人的自主都受到了损害。并且，一个人缺乏心灵的独立性，以及盲目跟从他人的引导将不会充分地拥有自主。①

器官捐献会对人的未来的生活质量造成重大影响，这样的决定必须是自主地做出的。一个人被强迫卖了一个肾，那么在卖掉这个肾的问题上，他就遭受了自主的减少。除了直接的强迫之外，还有一种以隐蔽的形式发生的强迫，例如，如果一个人想要生存下去或能够给家人提供必要的生存物资，除了贩卖自己的器官之外已别无他路，那么就说明他正处于一种有违人类尊严的处境之中。当一个人面对这样的处境，即便是自愿地选择了"出售"自己的器官，这种行为仍然不能被认为是"自主的"行为。陷于贫困的人的自主必然受到损害。保罗·休斯（Paul M. Hughes）曾提出，人格人（person）必然地会对售卖身体器官感到矛盾，因此，器官供应者的自主将在任何他做出的出售行为中受损害。② 这也就是为什么，"无偿"原则事实上具有重要的保护功能。如果无论当事人是否自愿，器官的贩卖本身就是违法的，那么就以法律的形式禁止了将会导致损害行动者自主的情况。

值得注意的一个现象是，在不允许器官买卖的同时，个体实际上被允许，甚至被鼓励将自己身体的各个构成部分赠予他人。2022 年初，我国政府发布

---

① James Stacey Taylor eds. , *Personal Autonomy：New Essays on Personal Autonomy and Its Role in Contemporary Moral Philosophy*（Cambridge：Cambridge University Press，2005），pp. 2 - 32.

② Paul M. Hughes，"Ambivalence，Autonomy，and Organ Sales，"*Southern Journal of Philosophy* 44，2（2006）：237 - 251.

的有关器官移植的规定对部分相关条例进行了修改。器官捐赠者有望获准得到部分经济补偿。一方面，这种经济补偿被视为对勇于助人的高尚品质的一种社会认可；另一方面，这也是对于捐献者医疗费用的补偿，以及对捐赠者家属的慰藉。这种经济补偿究竟是否等同于"器官买卖"，以及这一补偿是否是道德上合理的，引发了大量探讨。讨论的焦点在于，这种经济补偿是否会成为某些捐献者捐献器官的诱发因素，从而使这样的器官移植不能被视为一种"捐献"，而可以被视为一种"买卖"。是否掺杂任何经济利益都必然导致捐献者的自主性受到损害，从而使其不能成为自身的行动的"作者"？

仅仅为了保护自主并不能论证无偿，甚至自主和无偿之间可能存在逻辑矛盾。一方面，自主意味着我拥有我的身体，并且有权支配我的身体，但另一方面，我是某物的拥有者同时不能出卖该物的原因是什么？如果我将我所拥有的身体部分卖给愿意付款的买家，并且这一出售行为不仅有利于买家而且有利于我自己（至少我认为是这样），这种自主的行为为什么是道德上错误的呢？这是困扰着当代生命伦理学的一个矛盾。器官捐献已经预设了所有权，为什么这个所有权可以并且应当受到限制？这也就是说，关于器官捐赠与移植的两个基本道德原则之间可能是相互矛盾的。那么，是否其中一个原则是错误的，还是说我们理解这两个原则的方式存在问题？

（二）原则主义的自主概念

在生命伦理学语境中，对"自主"的理解主要来自原则主义。原则主义是生命伦理学诸多分析进路中最具影响力的一种，是应用于当代我国生命伦理研究中的主要理论资源。原则主义提出了明确的道德裁决框架和程序性规则，面对繁杂的具体道德实践，这一方法显示出很大优势，并已经在解决高科技伦理问题方面发挥了重要作用。

许多伦理学家为生命伦理原则主义做出了贡献：彼彻姆和邱卓斯在1989年出版的《生物医学伦理学原则》一书中，提出著名的"生命伦理四原则"，即尊重自主原则、对患者行善的原则、对患者不伤害的原则和公平分配原则；美国莱斯大学恩格尔哈特在1986年出版的《生命伦理学基础》一书中提出了生命伦理两原则：即允许原则和行善原则；丹麦学者彼特·坎普和杰可布·都·兰道夫在欧洲人权法律思想的基础之上提出了欧洲生命伦理四原则，即自主原则、尊严原则、完整性原则和脆弱性原则。其中对我国生命伦理学研究产生最直接的影响的，是比彻姆和邱卓斯的理论。

器官移植和捐献的伦理规范中，自愿和无偿这两个核心原则呼应了"生命伦理四原则"中的三项基本原则：自愿对应的是自主原则；无偿对应的是不伤害和公平的原则。如前文所述，如果不坚持无偿捐献，就很可能会导致伤害，例如可能有人受到欺骗或胁迫而失去器官。因此，坚持无偿捐献可以被视为确保不发生伤害的重要方法。此外，器官买卖将导致只有具有一定经济能力的人才可能受益于技术的发展，活得更长久、更健康，这无疑进一步加剧了社会的不平等。这些都是我们拒绝器官买卖的理由。然而，当这些理由跟自主的要求相冲突的时候，我们无法凭借"生命伦理四原则"本身得出，应当将什么作为行动的最终理由。

原则主义不是从一个体系完备的道德理论出发，经过推理得出的自成体系的规则，原则主义是在吸取众多伦理理论的基础上发展而来的，不同原则有不同来源，它并非根植于一套完整的理论体系，这就决定了其各项原则之间必然存在着发生冲突的可能性。并且，同样是因为没有一个统一的理论根源，各个原则之间没有排序，也不清楚原则之间是什么关系，因而原则主义无法为解决不同原则间的矛盾提供非常具有说服力的指导。自愿和无偿之间的矛盾就反映了上述问题。这两个原则涉及的考量来自不同的伦理传统，不是来自一个完整的理论体系，所以原则主义不能对这两个原则的关系给出完善的解释，这就影响了我们对于原则的理解和原则的应用。回到上文提到的"自主"和"无偿"之间的矛盾，虽然器官买卖可能对诸多重要的价值构成威胁，但是，这些可能受到侵犯的价值和自主相比，是否是那种在道德上更加重要的价值，则并不是原则主义本身能够提供解释的。我们需要站在原则主义之外，对不同原则的理论基础进行反思。

生命伦理原则中的主要概念尚未得到充分说明。如果我们也认同"自主"和"无偿"是具有道德价值的，同时我们建构的对道德规范性的说明试图弥补各种理论传统在道德规范性的论证问题上的局限性，那么我们就应当尝试指出原则主义对于这两个概念的理解和论证存在哪些问题。在生命伦理学的语境中，自主被解说为知情同意。这也是原则主义对于我国当代生命伦理学最直接的影响。这意味着，涉及一个行动者的医疗行为需要行动者的知情和许可，并且仅仅意味着行动者的知情和许可。

我们对于"自主"原则的推崇确认了我们对于自己的身体拥有所有权，因为身体是属于我们自己的，所以只有我们自己才能够支配这个身体。在当前的生命伦理实践上来看，认为自己对身体具有支配权的这个许诺根深蒂固。这个对自主的关注显示了来自洛克的理论的解释模型。洛克论证了一种基于权利的伦理，使近代的政治哲学获得了一个十分明显的特征：个体摆脱了古代的目的论的束缚而变为单纯的利益主体。洛克提出："理性也就是自然法，教导着有意遵从理性的全人类，人们既然都是平等和独立的，任何人就不得侵害他人的生命、健康、自由或财产。"霍布斯也曾提出："社会的目的就是形成共同的力量和统一的支持来保护每个人的生命与财物。"在这里，人的身体同各种生存物资一样，被理解为一种财产。

个人拥有他的身体。这种拥有建立在权利的基础上：一个人拥有一种基本的权利决定自己的身体，这是一个他人不能剥夺的权利。这也就显示，以自主为基础的生命伦理学的来源是洛克的哲学，而不是康德的。说个体做出了自主的选择，意思是这一行为是在知情并且没有强迫的情况下做出的，而并不是说该行为符合实践理性的法则。在这样的解释模式之下，道德原则很难得到论证，至少我们不能以一种避免了普理查德两难处境的方式对道德的规范性给予充分说明。在康德看来，这样的理论使得道德原则仅仅成为应付环境的权宜之计，只有工具性的价值，而不具有内在价值。人成了一个没有道德性的存在。

（三）器官移植语境中的"身体"

河流、山川和森林是生产能量和创造物质的储备资源，在当代生命伦理学中，身体的部分也成为储备资源，即生产健康和人类增强的储备资源。如果我们将自己的身体视为资源或财产，那么我们就不能回答为什么不能将其出售的问题。我们可以通过资源或财产的理论，抵抗他人或者其他力量对我们身体的侵犯，但却难以凭借这样的理论理解我们应当负有的义务。而讨论人的义务恰恰是道德具有的更加重要的责任，因为一个人能够负有义务的能力是我们认为他具有内在价值的前提条件，也是道德本身能够存在的条件。

对义务的论证至少需要说明我们在何种意义上与其他人相关，而不是仅仅划定一个不可入侵的界限。有很多哲学传统不同于洛克的理论，试图建立自我与他人的内在连接。例如海德格尔（Martin Heidegger）对于调谐（Attunement）的分析显示主体间性在逻辑上优先于主体的存在，为批评作为资源的身体这一隐喻提供了一种视角。海德格尔用调谐这个概念来传达，情绪与世俗意义的语境密不可分地构成"此在"的意义。① 通过与环境调谐，我们发现了自己。当我们做出行为或产生感受，我们总是被置于他人的世界中，

---

① Matthew Ratcliffe, "Heidegger's Attunement and the Neuropsychology of Emotion," *Phenomenology and the Cognitive Science* 1 (2002): 287–312.

与此同时，还有一个力量可以把我们带到我们自己的"具身性"体验当中，将事情经历为痛苦或者快乐等。

这样一种"离心"和"向心"的双向的过程让我们感受到同他人的共同存在相对于个体存在的优先性。"共在"是此在与其他"共同此在"得以照面或打交道的前提。用海德格尔的术语说，"共在"就是此在和"共同此在"生存的可能性的条件。① 赵汀阳曾经提出，既然自然产生万物，那么万物能够共存便成了一个先验性的条件，因为一切事物都能够共同存在，所以每一个个体便能够存在，或者说，如果不能共存，那么一个个体也不能存在。这就是"共存先于存在"②。

在海德格尔看来，作为人的存在的此在总是"在世界之中存在"，"世界"总是此在与他人共同栖居、无可离弃的世界，是其存在意义得以展开的命定式的境域。此在总是通过操持其他此在的方式，在世界之中展开自己的生存境域，并与其他此在建立起浑然天成、融合一体的共在关系。缺少此在、他人、世界中的任何一环，它们所建立的生存结构就必然不能成立，它们各自的存在也会变得毫无意义。换句话说，海德格尔"共同此在"概念的基本含义是：作为在世界之中存在的此在，是与世界、与其他此在同享有一个共同世界，它始终是"在世存在"，始终是"共同此在"。这是一个预先给定的可理解性的摇篮，一个被调谐所构建的敞开的领域，任何认知的决定都在在世的调谐中具有他的存在的本体论构成。③ 此在总是与他人共在，此在与他人的关系就不可能是主体与对象或主体与主体之间的关系。

显而易见，无论是情绪还是认知，身体是我和他人共同存在的核心结点，那么身体就不仅仅是把我们和其他人分割开的东西，也把我们和其他人连接起来。将身体作为一种财产或资源，就否认了这种联系，因而无法用来说明身体所具有的道德意义。每当面对他人的痛苦，我们总是不可能不感到悲伤，我们能够和他人一起感受，并且认为应当马上做点什么来缓解他人的痛苦。在很多情境下，我们采取措施的冲动会被现实条件打断或阻碍，但是这样的愿望是如此真实而强烈。

这正是器官移植伦理的起点：我们面对着他人的痛苦，他们需要一些东

---

① 王琦、许海洋、李杰：《从"共在"到"共/与"——让－吕克·南希对海德格尔共在思想的批判性解读》，《美学与艺术评论》2021年第2期。

② 赵汀阳：《天下体系的一个简要表述》，《世界政治与经济》2008年第10期。

③ M. Heidegger, *Being and Time*, trans. J. Macquarrie and E. Robinson（Oxford：Blackwell. 1962），p. 177.

西。如果在某些情况下我们也能给予他们，那么，在这样的情况下，我们就应当给予他们。我们的身体部分可以在特定情况下，给予另一个需要的人，不是因为我们拥有这个身体，并且可以和其他的身体所有者洽谈合约，而是因为我们共同存在、相互连接。这就是我们自身的存在得以可能的方式。

如果救他人于濒临死亡的境地仅仅需要我们伸出手臂，就好比使孺子免于落井的情景中描述的那样，那么我们多数人会倾向于认为前边的章节中论证的"在他人需要救助而我们又能够救助的情况下应当给予救助"的原则是完全合理的。但是，如果这样的救助是在我们死后捐出身体的部分，我们往往就无法那样简单明确地做出判断。但在器官捐献的情境中，我们都不会像在孺子落井的例子中那样笃定，多数人都会怀疑这是否真的是我们的义务。

每年有数量巨大的患者因为没有合适的器官而在本应充满活力的年纪离开人世，同样有很多人因为无法得到合适的器官正在日复一日忍受着绝望和痛苦，无法正常生活。与之相对，每年有大量健康的器官在火葬场焚毁，在红十字会登记表达死后捐献器官意愿的人数量很少。器官捐献的例子中，对于援助的需要是确定无疑的，并且我们在死后并不需要器官来维持我们的必要善。因此器官捐献的情况完全更符合"他人需要救助"以及"我能够救助"这两个使援助义务得以成立的条件。即便在不知道受捐者是谁的情况下，我们也可以确定捐出的器官将拯救另一个人的生命。

在多数情况下，在器官捐献的问题上一个首先得到考虑的因素是敬重父母的观念。"身体发肤，受之父母，不敢毁伤，孝之始也。"[1] 很多人认为这句话对我们提出了保持身体的完整性的要求。但这样的理解过于片面，这句话所表达的只是我们不能够做伤害自己健康和生命的事情，但它并不是说，我们不能捐献我们维持生命和健康已经不需要的那些东西。我们的身体是维持我们生命和健康的必要条件。我们对它的珍视表达了对于身体的给予者的敬重。我们身体的给予者就是我们的父母以及他们的祖先。因此这句话恰恰说明，我们身体是一个馈赠，它的价值不仅来自对我们生命的价值，在更重要的意义上，它的价值来自我们同亲人和祖先之间的关系的价值。这就说明我们的身体不是"属于"我们自己的，它是我们与他人共有的。

如果要论证捐赠器官的道德意义，至少我们应当避免用基于权利的财产观念看待自己的身体。我们每一个人的身体本来就来自他人的身体。器官是一个我们自己曾被给予的礼物，来自我们的父母以及他们的父母。所有人都

---

① 胡平生、陈美兰译注《礼记·孝经》，中华书局，2016，第256页。

因这个谱系而相关，这个谱系可以回溯千万年。当然，这不意味着我们总是要爱着彼此，但是这意味着我被许可，并且实际上应当被鼓励，在我们维生不需要它们的情况下给出我们的身体部分。身体不是一种出售的资源或者财产。捐赠一个器官可以理解为归还，这和所有权无关，而是我们存在方式的问题。

二　彼得·辛格的国际援助义务理论

我们的存在方式就是存在于一个共同体之中，一定需要借助他人才能实现自我的存在。以这样的方式，他人和我的自我构建有着密切的关系，是自我的构成性元素。这一观念使人们之间的相互援助在理由论辩的过程中具有了更大的道德上的权重。然而，我对于所有需要的人类都有相同的责任吗？相比于远方的我只是听说过或者在电视上看到过的人，我对于日常生活中跟我有连接的人，面对面接触的人，是不是具有更强的责任？以上问题可以通过分析辛格的国际援助义务理论而得到阐释。辛格的这一理论引起了广泛争议，相关讨论为深入分析援助责任的本质与程度问题提供了重要思想资源。

（一）对于援助义务的形式化论证

彼得·辛格（Peter Singer）发表于 1972 年的《饥荒、富裕和道德》（Famine, Affluence, and Morality）一文，探讨了以孟加拉国为代表的饥荒与贫困问题。辛格试图在该文中论证，富裕国家及其人民拥有对贫穷国家及人民进行国际援助的义务，依据辛格的理论，富裕国家的人民应当捐出收入的大部分用于海外援助，他们将一直负有这一义务，直至变得和贫困国家的人民一样贫困。甚至辛格认为，富有的人应当停止生育，把这些可能用于养育孩子的资源转移到穷人身上。显然，这种观点显示了一个激进的立场，将在道德实践中带来很多困惑。

辛格对这种援助义务给出了　种形式化论证。[①]

前提一：如果我们能够阻止恶，而又不至于牺牲在道德上具有类似重要的事情，那我们就应该去阻止。

前提二：绝对贫穷是恶。

[①] Peter Singer, "Famine, affluence, and morality", *Philosophy & Public Affairs* 1, 3 (1972): 229 – 243.

前提三：我们能够阻止某些绝对贫穷，而又不至于牺牲在道德上具有类似重要性的任何事情。

结论：我们应该阻止某些绝对贫穷。

为了说明这个原则，辛格请我们考虑一个著名的案例。我们可以想象，当你路过一个浅水池塘，发现一个孩子正在池水中挣扎。如果你不伸出援手，那么这个孩子就会溺水而亡。直觉上，绝大多数人都会认为你应当走入水中对孩子施救，即便这样做会弄湿你的衣服或者让你上班迟到。在这种情形下，就这样走过去什么都不做一定是道德上错误的。① 辛格认为，通过对这一案例的反思可知以下原则是不可否认的："如果我们能够阻止恶，而又不至于牺牲在道德上具有类似重要的事情，那我们就应该去阻止"。

辛格由此得出了一个不符合通常的道德直觉的结论，即既然我们认可应当救援落水儿童，那么我们也会认可，应当把我们的大部分收入捐给国外的救助机构。在奢侈品上花费金钱，例如支付开销巨大的度假，以及购买昂贵的衣服都是道德上错误的，待在家里或穿普通的衣服并不是一个道德上重大的牺牲。近来的科技发展使我们可以便捷地支付，我们可以阻止遥远的国家中重大的恶的发生，那些因为可以避免的原因而导致的穷人的痛苦和死亡。

辛格对落水儿童的案例的道德判断没有错，我们在那种情况下具有救援的义务。儒家文献中也用"孺子落井"显示重要的道德潜能是人所共有的。这是一个只要不对人性做出有违常识的假定就不会有争议的案例。辛格试图通过同这个引起强烈共鸣，并且完全符合道德直觉和常识的案例进行类比，论证援助义务。的确，科技和社会发展为我们带来的新问题常常很难直接通过已有的道德哲学理论得到清楚阐释和深入分析，而"类比论证"则为这些问题的思考提供了重要方法。"类比论证"在当代已被广泛地应用于现实问题的分析当中。然而，辛格的这一"类比论证"是否是一个恰当的类比论证？研究者们有不同看法。

很多反对意见提出，尽管我们能够确认不去救助那个溺水的孩子是道德上错误的，但这个例子并不能等同于我们对于遥远的贫困人民的极端的捐助。通过"类比论证"得出相同或相近的结论的关键在于，被类比的双方和多方是否具有逻辑上或事实上的相似性。很明显，救助落水儿童和救助穷人的情境是不同的。救助溺水儿童的案例和辛格的救助贫困人口的案例之间存在的

---

① Peter Singer, "Famine, affluence, and morality," *Philosophy & Public Affairs* 1, 3 (1972): 229 – 243.

关键性不同体现在很多方面，例如，近在眼前和远在异国他乡；我可以亲自确证和仅仅听说；受助者对自己的处境有没有责任；以及，是否存在其他和受助者关系更为密切，或对其负有更直接的义务的人可以施救，等等。我们无法通过辛格的类比确认形式化论证的"前提一"是正确的，即"如果我们能够阻止恶，而又不至于牺牲在道德上具有类似重要性的事情，那我们就应该去阻止"。

辛格的前提一和本书中对于援助义务的论证非常相似。一方面，有人处于绝对贫穷之中，而绝对贫穷毫无疑问是对于人的必要善的侵犯；另一方面，富裕国家的人民，或者至少衣食无忧、在个人娱乐和享受方面花费颇多的人，显然可以在不损失自身必要善的前提下为那些亟须援助的贫困人口提供他们所需要的至少部分物资。因此，辛格描述的前提在很大程度上符合本书中提出的援助义务的前提条件，即有人的必要善处于危机之中，并且，有人可以在不损失必要善的情况下提供帮助。但是，辛格对于援助义务的论证还是忽略了一个重要条件，即援助义务应当结合具体情境进行论证，我们需要在具体情境中确认，一个人的必要善的维持在非常大的程度上取决于另一个人的援助。

（二）"道德类似重要性"

辛格的观点基于"道德类似重要性"的考虑。"前提一"即相当于认为，我们应当阻止道德上重大的不幸的发生，直到我们不得不牺牲我们自己在道德上非常重要的利益。很显然，在这个判断中，我的善和他人的善被等同看待。这就使援助义务建立在了一个错误的基础上。

"道德类似重要性"原则说明，富人不应因援助而无法满足自己和家人的基本生活需求，为了满足基本生活需要，援助者可以减少捐款或不捐款；此外，受助者只能是那些处于生死边缘无法满足自身基本生活需求的人，一旦拥有相应的金钱能满足自身基本需求，他们就不应继续受到援助，捐款就应当被用到其他还没有满足基本生活需求的穷人身上。根据边际效应，对于越穷困的人来说，特定数量的财富就具有越重大的意义，相反，一个人越是富有，特定数量的财富对其而言的意义就越小。"道德类似重要性"以及基于这个观念做出的判断显示，总体的善的增加才是辛格的最终目标。道德义务的最终落脚点是个体，而不是整体。对每一个个体而言，其自身的善和他人的善是不可能视为等同的。

虽然怀有好的动机，但这样的功利主义的分析仍旧造成了集体对于个体权利的侵犯。我们为了整体的善的增加而要求某些个体出让他们的利益。在很多情境中，个体牺牲自己的利益成全整体的行为的确可能是道德上正确的，但它正确的原因可能在于体现了行动者的自主选择，可能在于体现了重要的人类美德，它的正确性不应当是通过功利主义的计算证明的。这样的计算是对个体权利的否认。

辛格的观念显著侵犯了一些根本性的个体权利。辛格认为生育率过高是产生贫困的一个重要原因，并且援助义务会促使贫困国家人口增长过快，从而导致贫困难以得到缓解。因此，贫困的人应当避免生育，因为这样才能防止非常大的恶降临到可能出生的孩子身上。富有的人应当避免生育，从而将养育可能出生的孩子的物资用于支援贫困人口。同时，富人有责任，并且有权利阻止贫困人口进行生育。显然，辛格阻止贫困人口生育的做法可能会侵犯他们生育自由的权利，而这种权利正是具有类似道德重要性的权利。当然我们可以通过知情同意解决这个问题，例如让贫困的人在援助和生育之间自主地做出选择。然而，在富人一方，这样的知情同意是不太可能达成的。人们没有很充分的理由为了遥远地方的陌生人而放弃自己的重要人生规划。

对自己人生目标的规划也是自主的重要体现和保障。约翰·亚瑟（John Arthur）同样反对辛格的原则，亚瑟给出的理由在于，辛格的理论不合理地要求富人为贫困人口做出牺牲，以至于影响到富人对于幸福的追求和人生目标的规划。据此，亚瑟提出以一个相对较弱的义务来替代辛格的那种援助义务，即如果我们有能力在不牺牲任何"实质性意义"的情况下防止糟糕的事发生，我们就在道德上应当这样做。有关判断是否具有"实质性意义"的标准，亚瑟指出，如果缺少 X 不会影响一个人的长期幸福，那么 X 就没有实质性意义。① 在这里，约翰·亚瑟将辛格的"类似道德重要性"标准替换为"实质性意义"的标准。这种替换将个体的重要性显示出来，因为不同于"类似道德重要性"将不同的个体的善无差别地看待，"实质性的意义"是个体所赋予的，是由个体所决定的，直接来自个体独特的价值判断和人生规划。

（三）具体情境与援助义务的确立

即便是对于"如果我们有能力在不牺牲任何'实质意义'的情况下防止糟糕的事发生，我们就在道德上应当这样做"这样的观点，我们仍然可以合理地提出质疑：即便做出这一善举不会影响一个人长期的幸福，我为什么有

---

① Cf. Michael McKinsey, "Obligations to the Starving," *Noûs* 15, 3 (1981): 309 – 323.

义务这样去做？在不影响我的长期幸福的诸多选项中，为什么我应当选择那个能够拯救陌生人免于痛苦和死亡的选项？应当如何行为的论证总是比有关不可以如何行为的论证更加困难。约翰·洛克等提出的权利观念从"自然状态"角度考虑问题，认为每个人都有生命权，这种权利要求我的生命免于他人的威胁，但并不是在我处于生命危险时要求别人给予帮助。而辛格明确反对这样的观点，提出不仅我们要对我们的所作所为负有责任，我们对于我们的不作为同样是有责任的。这种观念的积极意义在于，他消解了洛克等塑造的彼此隔绝的个体，突出了人与人之间的连接。然而，其所描述的连接的方式并不准确。

首先，同一种受到广泛认可的观点不同，我认为这种连接方式的不正确不能通过责任问题而进行说明。例如，托马斯·博格（Thomas Pogge）将不正义的全球政治经济制度作为贫困的根源，认为富裕国家及其人民对贫穷国家的贫困负有道德责任，并据此来提出富裕国家及其人民所具有的正义的援助义务。此外，贫困可能是当地政府的失败的政策造成的，可能是不良的社会环境，也可能是贫困者自己不努力或失败的生活规划造成的。但是，一个人是否为他的贫困负有责任，一个国家是否应当为其贫困负责，和他是否应当受到援助并不是一个问题。一个对自己的生活不负责任的人或多或少因为自己的这种态度而使他得到援助的权利受到一定的削弱。但他是道德共同体的成员，我们对他的援助义务就是对自己的义务，对他人处境的无动于衷也会削弱我们负责任的能力。

在这个问题上，最重要的是涉及人际关系的具体情境的考量。可能在遥远的国家中，有人可以更加便捷地帮助那些处于贫困中的人。他们可以以更加恰当的方式，并且以更低的成本，实现更好的援助效果。跟儿童落水的那种情况不同，在儿童落水案例中，我很确定，如果我不援助，那么孩子就会死亡，我是他在那个情境中唯一可以指望的人。这也就是为什么我对他的置之不理就相当于任凭他死亡，因而是道德上非常严重的过错。在器官捐献的例子中，我们也可以推导出某些直接的责任。虽然我在登记同意捐献的时候也不可能知晓，我的器官在我死后将用于患何种疾病的哪一个患者，不清楚他的年龄、性别和性格特征，不认识他。但是至少我可以确定，如果没有捐赠的器官，他的必要善就不能得以维系。因此我的器官、我的援助，总是被用于维系一个人的必要善，并且这个人完全指望这个器官。我的援助给予的必定是一个完全指望它而维持其必要善的人。

在海外援助的案例中，我不知道那些受捐者在何种程度上需要我，我也不清楚我的捐赠会以何种方式发挥作用，不清楚救助机构是否以一种有效的方式使用了这些资源，我甚至不能确定是否真的有人因为我的捐助而受益。

再回到落水儿童的案例和海外捐助的对比：一方面，从受援助对象和实施救援者来看，前者非常明确，后者却难以确定；另一方面，从援助后果上看，只要实施救援，孩子就会被救生还。而援助穷人是否能帮助穷人？能够帮助多少？其后果是不确定的。不仅如此，援助后果的不确定性也表明二者在援助时效上的差异，前者立刻就可以看到后果，而后者可能需要长时间的观察和评估。辛格曾称，援助义务不因援助者和受援助者的不确定性、援助后果的不确定性、援助时效的差异等而有所动摇。但道德义务，包括援助义务，是在具体情境中产生的，如果我不能对于关系、情势得出具体判定，我的义务就不能得到确立。道德规范性是一个需要从第一人称来回答的问题。不清楚以上具体情况，我就无法说服我自己。在这样的情况下采取的行动，也不是理性的行动。

如果我在一个贫困国家，路遇一个濒死的饥民，他需要我手上的面包维持生命，并且周围也没有其他人。在这种情况下，我说因为我要用这个面包去投喂野生动物，享受互动的乐趣，所以不能把面包给他，我就非常错误地对待了这个饥民。我显然没有平等地对待他。但如果我在自己的国家，听说有个遥远国家中的人濒临饿死，但我还是选择用一定数量的钱购买投喂动物的面包而没有把钱打给救助机构，就不能说我错误地对待了某个人。确立义务的必要条件包括一个我能够清楚地把握的具体情境。

最重要的是，在援助海外贫困人口的例子中，我不清楚其他相关角色是否作为。贫困者的亲人、朋友、该国政府，显然都具有某种相比于我的义务而言更加直接的援助义务。我不清楚这些个体或组织是否已经放弃了义务。默认他们已经放弃了这样的义务，将援助义务直接归于自己，并没有以一种正确的方式对待这些相关的个体或政府组织。因为对他们而言，履行这样的道德义务是负责任的能力的直接体现，也是追求获得性尊严的重要方式。默认他们放弃了这样的义务就是对他们的道德人格的贬低。除非已经确认他们拒不履行他们的责任，否则我不能贸然免除他们的责任，并将这样的责任归于自身。

第九章

人类平等的基础

人类个体作为人类这一自然类别的成员而平等分享类的道德地位。所有个体的人类成员身份是没有差异的，因而其分享的地位也没有差异。可见，平等的基础在于我们同属于一个类别，而类别得以形成就在于其典型的类本质特征。

人类的自然本质是全体人类在最基本的层面上所共享的性质。只要技术的应用不会分裂或侵蚀完整的人类本质，就不会对个体的道德地位的平等产生直接的威胁。例如，接受了增强的人类群体和没有增强的人类群体即便在生理、心理和精神能力方面存在诸多不同，如果仍然共享同一的人类本质，就可以平等地享有至高的道德地位。如果人类增强改变了人类的本质，或者削弱了人们发展人类特有潜力的可能性，那么人的道德地位就会受到侵犯。

一 人类增强是否构成一种侵犯？

在生命伦理学的语境中，人类增强是指用生物技术手段实现人在身体、心理、智力、认知或情绪等方面已有功能的提高，或者在人身上培育出之前不曾拥有过的新的功能。新的生物科学技术已经使人类增强成为可能，人类增强将会显著地改变我们的生活，对现有的道德观念、人际交往模式、价值观，以及政治体制形成重大冲击。无论是在科学还是在社会领域，对于人类增强技术的探讨都将会是 21 世纪最重要的争论。①

---

① Fritz Allhoff, et al., "Ethics of Human Enhancement: 25 Questions & Answers," *Studies in Ethics, Law, and Technology* 4, 1 (2010): 25 – 26.

（一）共同本质与道德地位

在当前关于人类增强的讨论中，人类增强对于人类道德地位的主要威胁就在于可能会创造出一个具有更高的道德地位的群体，即增强了的人类会在道德地位上高于没有接受增强的人类。比如在一个只有部分人得到显著增强的世界里，可能出现所谓的"超人类"或者"后人类"与普通人类共存的情境，他们与普通人类在身体状态和能力等方面可能显示出重大不同。在人类增强的伦理探讨中，很多观点认为，这种本质特征上的差异足够导致道德地位的差异，人的道德地位的平等性和至高性都将因此而不可避免地受到威胁。

一些药物能够在健康人身上增加心智能力。虽然其显示出的效果还很有限。但是神经药物学、大脑－机器相互作用技术，以及遗传学的进一步发展，在将来有可能显著增强人的认知能力、审美能力、情商，以及控制冲动的能力等。这些显著提高了的精神能力让接受增强的人更聪慧、更善于自我控制，更加精于世故。假设有很多人但不是所有人得到了这一系列的增强，那么最终就可能产生出精神能力显著超过我们的一个群体。这一新的群体和我们之间的差距可能就像我们和其他动物之间的差距那么大。

如果说我们灵长类近亲的道德地位低于我们是因为它们较低的精神能力，那么我们可以推测，比我们精神能力高的存在物可能拥有比我们更高的道德地位。[1] 一些人认为，通过连续世代的基因增强，社会断裂将会在智人物种之中出现。[2] 福山曾对此表示担忧，提出如果只是一些而不是所有人类都得到了增强，结果将不仅仅是已有的资源、机会和福利等方面分配不平等的恶化，还有一个更加意义深远的不平等，那就是具有更高的道德地位的一个群体的出现。[3] 甚至一些学者明确提出，道德地位本是同精神能力的高低程度相对应的。在精神能力的连续发展中，人仅仅占据一个点或者一个范围，如果我们通过对科学技术的使用，最终创造出精神能力大大强于普通人类的群体，那么这个群体就可以拥有更高的道德地位。[4]

---

[1] Thomas Douglas, "Human Enhancement and Supra-personal Moral Status," *Philosophical studies* 162, 3 (2013): 473 – 497.

[2] Françoise Baylis and Jason Scott Robert, "The Inevitability of Genetic Enhancement Technologies," *Bioethics* 18, 1 (2004): 1 – 26.

[3] 〔美〕弗朗西斯·福山：《我们的后人类未来：生物科技革命的后果》，黄立志译，广西师范大学出版社，2017，第151页。

[4] Thomas Douglas, "Human Enhancement and Supra-personal Moral Status," *Philosophical studies* 162, 3 (2013): 473 – 497.

如果增强的人类具有更高道德地位，那么，道德地位最根本的性质就会受到破坏。第一，道德地位的平等性会受到破坏。世界人权宣言将平等道德地位地赋予人类家庭的每一个成员。如果人类增强技术的应用可能带来一个道德上分为两部分的世界，增强的群体因为他们更高的精神能力而拥有一个更高的道德地位，那么被广泛认同的道德平等假设就受到了挑战。第二，人的道德地位的至高性也会受到破坏。所有生物之中，只有人拥有道德地位，并且所有人类物种成员平等地拥有最高的道德地位。增强了的人类群体的出现将可能导致普通人类不能够再像世界上只有人类和非人类动物的时候那样，享有一种不可侵犯的地位，因为增强了的人类群体将占据一个相对更高的道德地位。在这样的情况下，人的必要善就不再是不可权衡的、应当无条件得到维护的了。平等性和至高性是人的道德地位的基本性质，当平等性和至高性受到破坏，人的道德地位就受到了侵犯。

当然，也有人反对这种观点，提出增强的人类并不能具有更高道德地位。这样的观点主要基于一种门槛式的观念，即存在一个精神能力的门槛，达到这一入门条件就可以拥有至高的道德地位。只要是精神能力能够达到这个门槛的生物，都能够平等地拥有至高的道德地位。至于每一个个体在多大程度上拥有这些精神能力则并不重要，也不会对其道德地位产生任何影响。① 这个观点来自康德伦理传统。这一传统有三个最主要的特征，第一，有一些精神能力可以授予一种特殊的道德地位，这些能力可能是实践理性的能力，道德能动性的能力，或互相负责任的能力。第二，一个人在多大程度上拥有这些能力是不重要的。第三，更高的能力不能够授予更高的道德地位。② 因此，无论增强了的人类的精神能力在多大程度上高于我们，所有人仍旧可以享有平等的道德地位。因为就位于门槛之内这一点而言，我们是平等的。人类物种的任何一个成员也都可以继续享有最高的道德地位，因为没有什么能够创造更高的道德地位。

为人赋予了特殊道德地位的性质本质上就是一系列特殊潜力。潜力是一种尚未实现的发展倾向，因而只有"有"和"没有"的区别，是不能分层次、程度的。获得最高的道德地位的门槛就是当前的人类所典型具有的那些潜力。如果人类增强的普及使那些增强了的个体能够在更高的程度上发展这

---

① Allen Buchanan, "Moral Status and Human Enhancement," *Philosophy & Public Affairs* 37, 4 (2009): 374–375.

② Thomas Douglas, "Human Enhancement and Supra-personal Moral Status," *Philosophical studies* 162, 3 (2013): 473–497.

些潜力，或者增强了的个体拥有了某些不在这些特征之列的新的潜力，与此同时，人类所共同具有的一系列潜力仍旧为全体人类——包括增强的人类个体和没有增强的人类个体——所共有，在这样的情况下，我们就可以继续平等地获得人的自然本质所赋予的道德地位。精神能力的显著不同也不能成为区分道德地位的理由。道德地位的基础并不是某些依条件而改变的特征，比方说智力、荣誉、种族、性别、信仰、等级和地位等。① 给人类赋予了道德地位的是全体人类所共同具有的那些特征。更强的力量、权力、智力，甚至更高程度的美德本身并不能够给予一个人更高的道德地位。正如苏尔马西所说，人与人之间的不同不会威胁一个人的基本的道德地位，只要我们接受这样一种观念，即一个人的根本的道德地位植根于一个人最充分地和社会的其他成员分享的东西。②

当然，这一论证能够成立的前提是接受了增强的人和没有接受增强的人共享相同的人类本质。如果用于增强的新的特征不是来自动物而是来自其他人类，那么这样的增强显然没有打破人类的边界；如果新的特征来自非人动物，在非人动物的基因进入人的身体之后，不会影响到主宰人类典型特征的基因正常发挥作用的情况下，人类物种的界限也没有破坏。在悬殊的水平上拥有人类典型特征的不同个体，仍旧平等地作为因某种典型类本质特征而珍贵的类别的成员。

在人类边界未受破坏的情况下，认为后人类或者超人类更高的精神能力可以对应更高的道德地位的观点，显然会造成滑坡效应。如果增强了的人类因更强的能力获得了更高的道德地位，那么在没有增强的人之间，以及增强了的人之间也可以进行这样的程度划分，从而把人与人之间道德地位的类型无限地区分，这样就必然导致一个强权和暴政的世界。历史上，我们曾经以精神能力的不同为名，给不同的人类群体赋予不同的道德地位。性别、种族、身份地位等因为被认为同精神能力相关，都曾经成为是否能够给予一个人平等道德地位的根据。这些标准不断地将一些人分割到人的道德地位的保护范围之外。性别歧视、种族主义和奴隶制度等都通过对人类进行划分，导致了

---

① Alan Gewirth, "Human Dignity as the Basis of Rights," in *The Constitution of Rights: Human Dignity and American Values*, ed. Michael J. Meyer and William A. Parent (Ithaca: Cornell University Press, 1992), pp. 10 – 28.

② Daniel P. Sulmasy, "Dignity, Disability, Difference, and Rights," in *Philosophical Reflections on Disability*, ed. D. Christopher Ralston and Justin Ho. (Dordrecht: Springer Science & Business Media, 2009), pp. 183 – 198.

人权受到侵犯。

只有将道德地位基于所有人类成员所普遍共享的东西，才能避免以珍视某种内在价值为名给人类带来伤害。近代历史发展过程中，人与人之间真正共享的东西被赋予了越来越多的重要性。比如在启蒙时期，人们以男女拥有共同的本质，即男人和女人都是理性的生物为由，开始为女人要求同男人平等的权利。林肯正是因为接受了《美国独立宣言》中所表达的同为人类成员即可拥有平等权利的思想，签署《解放黑人奴隶宣言》，推进了废奴运动的发展。我们通过人与人之间的共同点来论证人与人之间的平等权利。当我们把作为人与人的共同点确定为同属人类物种这一事实，才能为所有人提供最大的保护。正如罗蒂所说，我们应当通过"不断扩大'我们'的范围，扩大我们认为是'作为我们一员'的人们的数量"来解决道德难题。[①] 当"我们"的范围涵盖全体人类，道德地位概念才真正充分发挥对人的保护作用。

（二）公共理由与道德共同体

虽然能力水平的差异本身并不会造成道德地位程度的区分，但是，如果因为能力悬殊而导致理由交换的失败，则会直接危及道德共同体的存在。道德共同体成员之间相互交换和评价理由的活动，构成了道德共同体存在的基础。因为理由是可以交换和评价的，对于完全不重视他人的理由的成员的谴责才是有意义的；因为存在公共理由，我们才能确证道德规范的存在。在有关人类增强的某些激进的形式中，人与人之间生理和心理条件的巨大差异必然削弱交换理由的可能性，因而这样的技术应用就会通过破坏道德共同体存在的基础，威胁每一个个体的道德地位。

当然，就交换理由的能力而言，人类增强技术可能起到两个方面的影响：如果人类增强能够促进个体理解和遵循理由的能力的发展，就可以促进人的内在价值的发展；反之，如果人类增强对人类发展自身的道德典型潜力构成了阻碍，那么这种技术的应用就可能造成人的价值的贬损。事实上，人类增强可以在很大程度上促进人的典型潜力的发展。比如认知增强可以让我们创造出更加丰硕的人类精神和文化成果，使人的理性能力得到更进一步的展现。道德增强可以帮助我们成为一个更加道德的人。以上增强都以不同的方式增加了我们同他人交换理由以及遵循理由而行动的能力，增进了人类的价值。

---

① Richard Rorty, *An Ethics for Today*: *Finding Common Ground Between Philosophy and Religion* (New York: Columbia University Press, 2010), p. 13.

然而另一方面，人类增强也有可能通过造成人与人感觉上的疏离，破坏人的主体间性，从而阻碍公共理由的形成。

在增强技术推广应用的过程中，有些人接受了增强，有些人没有接受增强。并且，接受了增强的人们往往是在不同的方面，不同的程度上接受增强。在一个人们在不同方面显著增强了的社会中，人们在体貌特征、心理特点和生活方式方面出现很大的不同，人们对于相同事物和境遇的体验会存在巨大的差异。

比如，很多研究衰老的专家预言，通过使用干细胞技术再生器官和组织，或者通过减慢甚至阻止细胞衰老的过程，生命的显著延长将最终成为可能。[1]过度延长的寿命会让这些人对于生活的意义的认识与我们大不相同，每个人都极度珍视自己的生命这样一个普遍的假设可能不再成立。又比如，某些心理能力的增加也会削弱我们的同感的能力。压制记忆的药物的研究正在进行中。其目的在于让人们不再受到痛苦记忆的困扰，保持心理上的愉悦和平静。这种类型的增强会让接受了增强的个体在很大程度上不再经受剧烈的心理痛苦的折磨，当他们遗忘了人生重大不幸能够带来的长久悲痛，也就不能充分地理解仍旧承受这种悲痛的人们所经历着的感受。有一些增强甚至可以通过在一部分人身上创造新的能力，比如蝙蝠的回声定位能力、鹰的视力，或者能看到红外线。[2] 这样的改变最终让某些方面的人际交流变得根本不可能。"人同此心，心同此理"的观念将不再是不言自明的。

人与人主体间性的逐渐削弱会让很多典型人类特征的发展变得非常困难，甚至成为不可能。理解和交换理由的能力相关于一系列重要的人类特征。其中比较核心的包括人的同情能力和人的社会交往能力。这两种能力的发展都可能因为人与人之间感觉上的分殊而受到阻碍。

第一，人与人之间感受的不可通约会阻碍同情心的发展，因为同情心在人的道德决策和道德行为中扮演了极其重要的角色。儒家伦理认为，人类之所以可能成为道德的动物，是因为"恻隐之心，人皆有之"[3]，"人皆有不忍人之心"[4]。"恻隐之心"和"不忍人之心"就是同情心。这种情感是人的本

---

① Allen Buchanan, "Moral Status and Human Enhancement," *Philosophy & Public Affairs* 37, 4 (2009): 374 – 375.

② Fritz Allhoff, et al., "Ethics of Human Enhancement: 25 Questions & Answers," *Studies in Ethics, Law, and Technology* 4, 1 (2010): 25 – 26.

③ 万丽华、蓝旭译注《孟子》，中华书局，2015，第245页。

④ 万丽华、蓝旭译注《孟子》，中华书局，2015，第69页。

质特征，也让道德的发展成为可能。休谟也强调情感在道德决策中的重要作用。他发展了道德情感主义，提出同情是最根本的道德动机。① 在当代的一些理论中，同情在道德活动中的重要性得到进一步的强调。牛津大学教授索夫莱斯库（Julian Savulescu）和瑞典哥德堡大学教授皮尔森（Ingmar Persson）认为，"同情其他存在物，仅仅因为他们自身的原因希望他们的生活变好而不是变坏的这种倾向是道德的核心"②。当代的生物学哲学研究也提出，我们的高智商能够让我们预期我们的行为对于他人的结果，并根据结果评价行为，这就是道德行为的生物学基础。③ 认识到我们有相同的感受，为我们的相互理解和尊重提供了理由，导致我们做出道德行为。如果人类增强技术的普遍应用在不同方面，不同程度地改变了人们的精神状态、生活方式，以及身体的结构和功能，对他人感同身受将越来越困难，甚至根本不可能。在这种情况下，彼此理解将会变得更加困难，我们将也将失去追求公共理由的重要动机。

第二，人与人之间感受性的不可通约也会影响到人结成群体的能力。人是社会性生物，我们能够建立意蕴丰富的、复杂的人类关系，并且每个人都需要与他人合作才能生存。然而非常明显，这种社会性同样是以感觉的可通约性为基础的。如果在不同方面增强了的人类有很多基于自身特殊构造和功能的体验不能够同他人分享，人们的生活方式和价值观就会逐渐趋于不同，交流与合作就会越发困难。如博斯特罗姆（Nick Bostrom）曾经指出，未来的技术的可能以各种方式带来各种伤害，潜在的结果包括扩大社会不平等或者逐渐侵蚀那些我们非常珍视的又很难量化的资产，比如有意义的人类关系。④

其一，如果只有一部分人得到显著增强，我们不同的身体结构将让我们很难共享一个物质世界。有观点提出，一个在基因上提高了的人类种群，可能因为不能适应为普通人设计建造的社会环境而成为残疾人。⑤ 比如有人使用基因增强技术增加身高就是一个例子。身高较高的人能得到特定的社会和经

---

① Rico Vitz, "Sympathy and benevolence in Hume's moral psychology," *Journal of the History of Philosophy* 42, 3（2004）：263.

② J. A. Carter and E. C. Gordon, "On Cognitive and Moral Enhancement: A Reply to Savulescu and Persson," *Bioethics* 29, 3（2015）：153 – 161.

③ Francisco J. Ayala and Robert Arp ed., *Contemporary Debates in Philosophy of Biology*（Malden, MA：John Wiley & Sons, 2009），pp. 333 – 334.

④ Cf. Nick Bostrom, "Introduction—The Transhumanist FAQ: A General Introduction," in *Transhumanism and the Body. Palgrave Studies in the Future of Humanity and Its Successors*, ed. C. Mercer et al.（New York：Palgrave Macmillan, 2014），pp. 1 – 17.

⑤ Cf. Ivan Illich, Irving K. Zola, and John McKnight, *Disabling Professions*（London：Marron Boyars Publishers Ltd., 1977），pp. 28 – 31.

济利益，但是也存在一个限度，超过了这个限度，身高就会成为不利因素。在世界平均身高最高的荷兰，有很多人做手术阻止身高进一步增加，因为我们的社会环境不是为那么高的人而设计的。① 特别是，如果增强不是仅仅增加了人的身高或力量，而是增加了新的身体结构和功能，这种不适应就更明显。如果增强了的人类为适应自身需要重建了社会环境，那么不适应的，就是没有增强的这部分人。不仅增强的人和普通人很难生活在相同的社会环境中，在不同方面增强了的群体也很难生活在同一个环境中。

其二，增强也可能对人际交流造成不利影响。例如在《哲学研究》中，维特根斯坦曾经说过，"即使一只狮子会说话，我们也不能理解它"②。因为狮子和我们的生活方式是不同的。对于维特根斯坦来说，想象一种语言，就是在想象一种生活方式。分享一种语言就包括要分享一种生活。狮子和人在身体结构上存在巨大差异以至于不能分享一种生活方式，所以，他（它）们也不能分享语言。语言是社会的，我们有理由相信我们或多或少地能够彼此理解，是因为我们是一个相同的物种，由相同的材料构成，有相似的形状，有相同的感官。③ 当增强给人们带来新的身体结构和功能，交流就会变得困难。甚至有人提出，增强了的人类可能不再是社会性的生物。④

其三，拥有截然不同的体验也会让人们形成不同的价值观。就好比当我们能够容易地获得避孕技术和各种生殖技术之后，我们关于生育、孩子和家庭生活的文化观念显示出了重大不同。增强技术的应用会显著影响我们对于美德和其他重要人类精神的看法。比如人们普遍认为节制是一种美德，一个明显的原因是节制可以让人们更加健康。但是如果一部分人通过基因增强让身体几乎不受尼古丁和酒精的影响，或者让摄入的过多热量很难转化成脂肪和胆固醇。这部分人就缺少充分的理由将节制视为一种美德。除了美德之外，增强还会影响人们对于一些重要人类精神的看法。如果一些人凭借增强获得身体和智力上的优势，从而总是能够轻易地达到个人目标，坚忍不拔的精神很可能不再是值得赞颂的。当然，增强了的人类个体也可能遇到困难，但是在一个普遍增强的社会中，人们不会倾向于通过坚持不懈的努力解决这些问

① Cf. Françoise Baylis and Jason Scott Robert, "The Inevitability of Genetic Enhancement Technologies," *Bioethics* 18, 1 (2004): 1 – 26.
② 〔奥〕维特根斯坦：《哲学研究》，李步楼译，商务印书馆，1996，第341页。
③ Cf. Fritz Allhoff, et al., "Ethics of Human Enhancement: 25 Questions & Answers," *Studies in Ethics, Law, and Technology* 4, 1 (2010): 25.
④ Cf. Fritz Allhoff, et al., "Ethics of Human Enhancement: 25 Questions & Answers," *Studies in Ethics, Law, and Technology* 4, 1 (2010): 26.

题，而是自然而然地将困难的解决诉诸新的技术。比如因为有了相关药物，多动症患者常常被告知病因是神经性的，而不是性格缺陷或者意志薄弱。人类增强将加重医学化的倾向，通过将各种人类问题完全归于生理问题，不断消解培育精神力量的意义。① 当技术让生命和竞争变得更容易，增强了的群体可能会失去培养和发展重要的人类精神的机会。增强了的人类群体同没有增强的群体之间也将很难共享相同的价值观。

难以适应同一个物质世界，出现交流障碍，以及价值观上的显著分歧，无论是在增强的个体还是在未接受增强的个体身上，都会严重阻碍社会性的发展。这种状况将导致大规模的、稳定的合作变得几乎不可能，从而削弱了我们结成一个群体并且彼此负责任的能力，这些都会对个体的道德地位构成威胁。如果不能发展自身的社会属性，失去了和人类共同体的其他成员交换理由的能力或者机会，那么，道德地位赖以存在的共同体也就难以维系。

二　人类物种完整性的道德意义

"完整性"是 20 世纪 90 年代以来随着基因技术的发展而进入伦理学研究中的一个术语。在当代生命伦理学中，人类物种完整性成了一个规范性概念。很多学者通过援引这一概念反对人类克隆、干细胞研究、可遗传基因干预等技术的应用。至 21 世纪初，保护人类物种完整性甚至成为人类尊严的道德要求，这意味着侵犯人类物种完整性就侵犯了生命伦理学的核心价值。保护人类物种完整性的观念促使我们关注这样一种重要价值，它不能被表述为权利，因而无法通过人权框架而得到保护。只有明确了这一价值，我们才能辨识科技应用所带来的究竟是福祉还是伤害，并明确科技发展过程中人的道德责任。虽然人类物种完整性的保护范围不同于人权，但该概念对于保护人权同样具有重大意义，并且能够完善我们对于人权的理解。在当代生命伦理学研究中，保护人类物种完整性的原则就是通过保护人权的道德义务而得到论证的。如果技术对人类典型特征的改变获得准许，那么每个人的基本权利最终都会受到侵犯。如果我们有义务尊重基本人权，我们就同样有义务维护人类物种完整性。对人类物种完整性的哲学探讨，揭示了人类平等的真正基础。

---

① 〔美〕弗朗西斯·福山：《我们的后人类未来：生物技术革命的后果》，黄立志译，广西师范大学出版社，2017，第151 页。

（一）完整性——超越个体权利之外

从 20 世纪 90 年代至今，在人类生殖性克隆、干细胞研究、人类可遗传基因编辑，以及"人类增强""脑机连接"等与人类未来密切相关的技术的伦理探讨中，人类物种完整性的概念受到了越发广泛的援引，成为伦理论证中的关键概念。在有关生物医学研究的各种国际公约和法律文书中，保护人类物种的完整性也已经被视为一项重要原则，得到了普遍认可。然而，生命伦理学中至今仍旧缺乏对于完整性问题本身的系统论述。完整性概念常常在不同的意义上被使用，其所具有的规范性要求也始终没有得到充分说明，导致完整性概念无法在伦理论证中充分发挥其应有的重要作用。

当代新技术所具有的最显著特征，恰恰是能够对人进行重新定义，其所带来的最严峻的伦理挑战当首推"人"与"物"之间边界的模糊。在这一背景下，完整性概念及相关理论为理解科技的伦理和社会影响提供了不可替代的理论资源。生命伦理研究亟须对完整性概念的内涵、理论功能及道德意义做一详尽的阐释。面对当代科技发展带来的诸多伦理困境，对于人类物种完整性的含义和意义的理解将最终决定我们所做出的价值抉择。

完整性最初是动物伦理研究中使用的术语，用来说明基因技术所带来的、与动物福利无关的一类侵犯。在 20 世纪 90 年代，通过基因技术创造"无感觉的鸡"就是人们通过诉诸完整性进行伦理评判的一个经典的例子。有鉴于养殖场中鸡舍的狭小空间造成了鸡的痛苦，格雷·康斯托克（Gray Comstock）等在 1992 年提出，我们可以借助基因技术把鸡变成毫无感觉的生蛋机器。[①]直觉上，很多人感到这样的基因改造构成了对动物的侵犯，但此类改造不仅没有增加，反而还会减少动物的痛苦，因而已有的动物权利理论并不足以为人们的这种道德直觉提供解释。当时的伦理学中并没有能够准确阐明这种侵犯的理论资源。正是在这一背景下，完整性一词开始被应用于伦理研究。它提供了一种超越权利理论之外进行道德评价的视角，可以用来填补道德理论和道德直觉之间的裂隙。[②]

要将完整性作为一个规范性概念来使用，就需要对其道德要求做出清晰阐发。1999 年，巴特·拉特格斯（Bart Rutgers）和罗伯特·希格（Robert

---

① Cf. Gray Comstock, "What Obligations have Scientists to Transgenic Animals?", https://core. ac. uk/download/pdf/83605423. pdf.

② Cf. Bernice Bovenkerk, Frans Brom, and Babs van den Bergh, "Brave New Birds: The Use of Integrity in Animal Ethics," *The Hastings Center Report* 32, 1, 2001, pp. 16 – 22.

Heeger）将尊重动物完整性的道德原则表述为：（1）我们不应干涉动物的完整性和完备性；（2）我们不应当干扰一个动物作为其物种一员的那种典型的平衡；（3）我们不应当剥夺一个动物在对于其物种而言适当的环境中保持独立的能力。① 他们反对遗传工程，特别是转基因技术的应用，因为他们认为，在动物基因组中加入不属于该物种的基因，动物的完整性就在最基础的层面上受到了破坏。② 在《勇敢的新鸟类：将动物完整性应用于动物伦理》一文中，伯尼斯·博文克（Bernice Bovenkerk）等基本接受了拉特格斯和希格对于完整性的定义，将完整性表述为"完整和未经改变、物种特异性的平衡，及其在适合于其物种的环境中维持自身的能力"③。他们提出，虽然创造无感觉的动物并未直接造成动物的痛苦，但这类行为使动物失去了它们物种的典型特征，因而是道德上错误的。

保护完整性必然要求保护个体身体的完整性和基因的完整性，即身体和基因不受到破坏。然而，完整性概念最核心的含义则是生物物种的完整性。首先，保护身体和基因不受到破坏仅是保护物种完整性的手段，物种完整性才是人们借助完整性概念确立的终极价值。对身体和基因的人为干预本身并不是道德上错误的，只有当这类干预破坏了物种的完整性，才会使其成为道德上错误的行为。例如，出于医学目的去掉身体部位或敲除致病基因通常都不会受到道德上的反对。只有对身体和基因的改造改变或消除了动物所属类别的典型特征，使动物不能按照物种典型的方式继续生活，才会被视为"破坏"，我们才会认为应当对这一干预进行限制。在杰里米·里夫金（Jeremy Rifkin）看来，跨越物种边界及合并不同物种基因在道德上错误的原因，就在于这样的做法使一个物种无法作为独立的、可识别的存在物而存在。④ 肖显静教授在有关转基因问题的分析中也曾经提出，基因完整性之所以具有规范性力量，正是因为对基因完整性的侵犯将会导致"生物正常的性状、功能等的

---

① Bart Rutgers and Robert Heeger, "Inherent Worth and Respect for Animal Integrity," in *Recognizing the Intrinsic Value of Animals*, ed. Marcel Dol et al. （Assen：Van Gorcum, 1999）, pp. 45-46.

② Cf. Bart Rutgers and Robert Heeger, "Inherent Worth and Respect for Animal Integrity," in *Recognizing the Intrinsic Value of Animals*, ed. Marcel Dol et al. （Assen：Van Gorcum, 1999）, p. 49.

③ Bernice Bovenkerk, Frans Brom, and Babs van den Bergh, "Brave New Birds：The Use of Integrity in Animal Ethics," *The Hastings Center Report* 32, 1 （2001）：16-22.

④ Cf. Rob De Vries, "Genetic Engineering and the Integrity of Animals," *Journal of Agricultural and Environmental Ethics* 19, 5 （2006）：469-493.

改变"①。可见，正是物种的完整性为有关身体和基因的技术干预划定了界限，为道德正确性提供了更加根本性的判别标准。其次，对身体和基因的人为改变所引起的道德上的反对通常都可以借助权利理论得到清楚表达，而不必须诉诸完整性概念。在生命伦理学中，人们通过完整性一词意欲阐发的，本就是一种区别于个体权利的重大价值。只有物种完整性可以确切地表达这种价值。

随着物种完整性在伦理探讨中受到越发广泛的援引，物种完整性的内涵和规范性要求更加清晰地显现出来。物种完整性即物种同一性未受破坏的状态。在生命伦理学的语境中，物种同一性主要被理解为物种的目的（telos）和物种典型能力。保护物种完整性，就意味着保护物种的目的和物种典型能力不受破坏。当代生命伦理研究对物种目的的说明借用了亚里士多德的理论。亚里士多德认为，每一类生物都有独特目的，这个独特目的可以定义它们物种的根本特征。生物都可以实现物种的终极目的，通过实现这个目的，生物充分地展示了物种的典型生活方式。保护物种的目的不被消除或篡改，是保护种完整性的首要要求。如里夫金曾提出，那些破坏了物种目的的基因干预侵犯了物种的完整性，因而其本身就是错误的，应当受到道德谴责。② 物种的目的决定了实现该目的所需要的一系列能力，只有这些能力能够保证目的的实现。因此，要保护物种完整性，还需要在保护物种目的不受到技术篡改的同时，保护实现物种目的所必需的一系列能力。拉特格斯和希格曾断言，"一个动物越是失去了它们物种的典型能力和特征，它们的完整性就受到了越严重的侵犯"③。在有关基因干预的伦理研究中，"改变或消除了其物种特有的目的"同"破坏了这一目的所对应的物种典型能力"并列作为判断物种完整性受到侵蚀的标准。④

保护物种完整性的要求不同于个体的权利，也不是物种全体成员各自享有的权利的总和。完整性的概念让我们开始反思与权利具有紧密关系但又不同于权利的一类重要价值。在世纪之交有关人类尊严的讨论中，正是物种完

---

① 参见肖显静《转基因技术的伦理分析——基于生物完整性的视角》，《中国社会科学》2016 年第 6 期。

② Cf. Paul B. Thompson, "Ethics and the Genetic Engineering of Food Animals," *Journal of Agricultural and Environmental Ethics* 10, 1 (1997): 13.

③ Bart Rutgers and Robert Heeger, "Inherent Worth and Respect for Animal Integrity," in *Recognizing the Intrinsic Value of Animals*, ed. Marcel Dol et al. (Assen: Van Gorcum, 1999), p. 49.

④ Cf. Rob De Vries, "Genetic Engineering and the Integrity of Animals," *Journal of Agricultural and Environmental Ethics* 19, 5 (2006): 469 – 493.

整性的概念，改变了我们对于人的尊严的含义和基础的理解，并促使人的尊严的道德要求从单一的保护人权，转变为保护人权和保护人类物种完整性并重的双重规范性要求。

（二）人类物种完整性——人类尊严的道德要求

从 20 世纪中期开始，随着一系列宣言和法律文件的颁布，人的尊严成为国际学界一项重要的、前沿性的研究内容。尊重人的尊严成为人类生活的一项根本价值。值得注意的是，在 20 世纪 90 年代以前，人的尊严和人权是完全对应的一对术语：人的尊严是人权的基础，维护人权是尊严的道德要求。在这一阶段，尊严概念很少脱离人权而单独得到使用，对尊严概念的援引通常都出现在对个体人权进行辩护和论证的语境中。

从 90 年代末起，随着生物医学技术的发展，人们开始在一类新的语境中使用尊严概念。如人类克隆、遗传工程、种系干预等当代生物医学技术的应用不仅影响人类个体，同时也可能影响作为一个整体的人类物种。不恰当的技术应用侵害的不仅是个体尊严，还有可能危及人类物种的道德地位以及人类物种的同一性所具有的价值。人权的承载者只能是人类个体，作为一个整体的人类物种并不能拥有人权，因此，仅凭借人权框架显然并不足以为人类整体的尊严做出辩护。[①] 在这一背景下，人们开始使用人类物种完整性这一术语描述生物医学技术给人带来的不同于侵犯个体人权的那一类侵犯。人类物种完整性作为一种区别于人权的价值，被纳入尊严的保护范围之中。自 90 年代以来，有大量研究从保护人类目的和典型能力的视角，对某种生物医学技术的应用是否侵犯人类尊严的问题做出伦理上的反思。

认为人兽嵌合体的创造会侵犯人的尊严是一种得到了普遍认同的观点，但是对于这种观点进行论证却很困难。在创造人兽嵌合体的过程中，嵌合体尚未出现，如果没有创造嵌合体的过程，嵌合体也不会出现。因此不能认为创造嵌合体的行为侵犯了嵌合体的权利。但是，这一行为显然侵犯了物种的完整性，因而可以从维护物种完整性的视角对其进行反思。在人兽嵌合体的生命形态中，人类典型能力的发展很可能受到严重限制。例如，当嵌合体的研究者将足够数量的人类神经干细胞植入一个非人类的胚胎，并且这些细胞控制嵌合体的大脑功能，结果必将导致嵌合体不能运用他的特殊的人类

---

① Cf. Roberto Andorno, "Human Dignity and Human Rights", in *Human Dignity and Human Rights Hand Book*, ed. H. A. M. J. ten Have and B. Gordijn, (Dordrecht: Springer, 2014), pp. 45 – 57.

能力。① 在一个非人类的身体里，与尊严相关的人类典型能力或者根本不能发挥功能，或者只能在一个高度有限的程度上发挥功能。类似地，如人类克隆、干细胞研究等技术都涉及将人的遗传物质加入含有动物细胞质的动物卵细胞中；将鲽鱼和番茄的基因相混合以制造保鲜番茄的技术也预示了在人类基因编辑过程中加入其他物种基因的可能性。如果人的尊严要求保护人类的典型能力得到适当发展，那么以上技术的应用都有可能侵犯人的尊严。

基因技术不仅可能削弱对于物种目的的实现至关重要的能力，也可能侵蚀物种的目的本身，从而动摇人的尊严的基础。例如，受到普遍认可的人类目的之一，就是实现更高程度的道德修为。在实现这个目的的过程中，我们生活得更像人。然而，这一目的的存在是需要以人的有限性为前提的。人类增强技术的应用则有可能通过不断减少人的有限性，消解人类美德存在的基础。席勒（Friedrich Von Schiller）曾在其美学思想中充分强调人类的脆弱性对于崇高感的产生必不可少。② 格伦·廷德（Glenn Tinder）也曾经断言，有一些对人类而言特有的善，恰恰来自我们对于自身作为一种有限的存在物的意识。③ 只有作为有限的个体，人才有机会做出艰难的道德选择，在不可抗拒的力量面前显示出人的崇高，在逆境中培育重要的人类精神，正是这些行为体现了人类的典型特征。正如亚里士多德曾提出，如果我们是神，我们就会过一种非限定的生活。这就意味着像公正、节制这样的美德不适合我们。说这些美德适合于我们，恰恰就是对人的概念的诠释。由人的全部典型特征所决定的人的生存状态及人与环境的关系，是人类美德得以产生的基础。人类增强技术的应用将不断减少人的脆弱性从而消解人类物种的目的。在这一点上，人类增强与制造"无感觉的鸡"殊途同归。无论对能力进行增强还是削弱，对物种目的的改变终将侵犯一个物种最根本性的价值。

各种生物医学文书显示，从 20 世纪 90 年代末期开始，人的尊严的道德要求已经从保护人权的单一道德要求转变为保护人权和保护人类物种完整性并重的双重道德要求。例如 1997 年的《人类基因和人权世界宣言》（*Universal Declaration on the Human Genome and Human Rights*）对于人的尊严的理解体现

---

① Cf. Cynthia Cohen, *Renewing the Stuff of Life: Stem Cells, Ethics, and Public Policy* (Oxford: Oxford University Press, 2007), p. 126.

② 参见〔德〕弗里德利希·席勒《秀美与尊严——席勒艺术和美学文集》，张玉能译，文化艺术出版社，1996，第 187 页，第 203 页。

③ Cf. Matthew Jordan, "Bioethics and 'Human Dignity'," *Journal of Medicine and Philosophy* 35, 2 (2010): 180 – 196.

了人类物种完整性具有的特殊意义，该《宣言》在第 1 条中提出："人类基因组是人类家庭所有成员根本统一性的基础，也是认可他们的内在价值和多样性的基础。在一种象征的意义上，人类基因组是人类的遗产。"这个表述意味着，任何个体或者机构都没有权利对人类基因组实施操纵，国际社会有责任保护人类物种的完整性不受到不适当的操纵的危害。① 世纪之交，保护人类物种完整性成为一种受到广泛认可的立场。1999 年的世界卫生大会第 51. 10 号决议对于否决生殖性克隆所给出的理由是，生殖性克隆"违背了人类的尊严和完整性"。2001 年，波士顿大学召开会议"超越克隆：保护人性不受物种改变手段的侵犯"。在会议共识的基础上，"保存人类物种公约"（Convention on the Preservation of the Human Species）逐步形成，用于禁止所有故意修改人类基因物质的行为或人类生殖性克隆。② 曾在 80 年代对物种完整性概念进行了大量哲学探讨的杰里米·里夫金此时撰写了《保护共同基因条约》（Treaty to Protect the Genetic Common），并明确提出，如转基因技术等导致人类基因池受到人为影响的技术都是道德上错误的。③

　　以上生命伦理研究和国际文书显示：我们对于保护人类物种的完整性负有直接的道德义务；对于故意改变人类物种完整性的行为的批判，可以诉诸"侵犯人的尊严"这类最为严重的道德上的谴责。尊重人的尊严是生命伦理学的最高原则。作为人的尊严的道德要求，保护人类物种完整性的原则不仅可以限制技术的应用，而且可以合理地为人的自主选择划定界限。例如为了保护人类物种的完整性，个体对自己后代进行基因改造的自主选择就应当受到限制。物种完整性的概念完善了我们对于人权的理解，并显示，人的尊严不仅为人权提供基础，也为人权的扩张（引入新类型的人权来扩展人权概念框架）设立边界。

（三）　人类物种完整性的规范性论证

　　随着人类物种完整性概念在有关尊严的道德论证中发挥越来越重要的作用，并且俨然成为一个规范性概念（Normative Concept），对这一概念进行系

① Georges Kutukdjian, "Science and Social Responsibility, the Ethical Implication of Scientific Progress Concern Everyone," *The Unesco Courier* 51, 5（1998）: 4 – 7.

② Cf. Stephen P. Marks, "Tying Prometheus Down: The International Law of Human Genetic Manipulation," *Chicago Journal of International Law* 3, 1（2002）: 115 – 136.

③ Cf. The Economist Newspaper Ltd., "Special: America's Next Ethical War", *The Economist*, 359, 8217（2001）, pp. 21 – 24; Rebecca Roberts, "Biopiracy: Who Owns the Genes of the Developing World?", *Science Wire*, 2000, Dec., 4th.

统论证的要求变得更加迫切。在有关保护动物物种完整性的哲学论证中，曾有学者提出，每个物种都具有一些典型的特征和生存方式，对这些特征和生存方式的破坏会侵犯动物的根本利益，这种侵犯有悖于某些有关如何对待动物的伦理原则，如"动物解放论"、"动物权利论"和"生物中心论"等。因此，我们可以根据这些原则，论证保护物种典型特征和生存方式的道德义务。[1] 保护人类物种完整性的道德义务也可以通过相似方法进行论证。破坏人类物种完整性有悖于我们有关如何对待人类的基本原则，比如尊重基本人权，因而是道德上错误的。我们可以从人权的视角出发，完成对人类物种完整性所具有的规范性意义的论证。当代伦理研究对这一问题的论证显示，人类物种的完整性对于维护基本人权至关重要。

根据现有的国际文书，个体权利显然包括个体作为某个群体成员而生活下去的权利。比如《联合国原住民权利宣言》（*United Nations Declaration of the Rights of Indigenous Peoples*）在第 6 条中提出，原住民族有权保有、维护并加强其特有的政治、经济、社会、文化特色，以及法律制度。在第 7 条中，该《宣言》规定原住民族有不遭受种族与文化灭绝的集体与个人权利。很多哲学、人类学和法学研究传统也曾经表达了对特定人类群体的典型特征予以尊重的要求。大卫·弗里德曼（David Feldman）是著名的法学家，曾对《欧洲人权和生物医学公约》给出最有影响力的解释。[2] 在有关人的尊严概念的论述中，弗里德曼提出，人的尊严可以在三个层面上起作用，即人类物种的尊严、人类物种中群体的尊严，以及人类个体的尊严。人类物种中群体的尊严要求我们设定规则，防止群体间的歧视，让群体至少能够在和其他群体平等的程度上，要求一种尊重他们的存在以及他们的某些传统的权利。[3] 可见，我们有直接的道德义务尊重特定人类群体的同一性和根本特征。要履行这一道德义务，同时不允许群体中的成员继续保持其群体成员身份是不合逻辑的。因此，我们显然有义务尊重权利主体作为一个群体的成员而生活下去的权利。面对当代科技发展对人类本质构成的挑战，如果权利主体想要继续成为其中一员并因此希望保存的群体恰恰是原有的人类物种，那么，对人类物种本质特征

---

[1] 参见肖显静《物种之本质与其道德地位的关联之研究》，《伦理学研究》2017 年第 2 期。

[2] Cf. Nir Harrel, "Pulling A Newborn's Strings, The Dignity-Based Legal Theory Behind the European Biomedicine Convention's Prohibition on Prenatal Genetic Enhancement," Dissertation for Degree of Master of Laws, The University of Toronto, nov. 20, 2012, https://tspace. library. utoronto. ca/bits-tream/1807/33236/1/Harrel_ Nir_201211_ LLM_ Thesis. pdf

[3] Cf. Nora Jacobson, "Dignity and Health: A Review," *Social Science & Medicine* 64, 2 (2007): 292 – 302.

的保护就可以通过权利框架得到论证。

当代生物医学技术和计算机科学技术的应用将必然导致人的生活方式、典型特征，以及发展前景发生重大改变。随着人们在越来越大的程度上将进化掌握在自己手中，技术的发展可能造成新的人类物种，例如所谓"后人类"的产生。当技术将从未有过的选择摆在人类面前，会有人主张应用新技术实现进一步的自我发展，同时也会有人选择继续原有的人类身份和人类生活。然而，根据已经清晰显现的当代技术的社会影响可以预知，一旦我们允许技术对人类本质特征进行改造，每一个人都会受到影响。当技术得到充分发展，世界上将没有任何人能够依自己的选择，作为原有的人类物种成员继续生活。兰茨·米勒（Lantz Miller）和乔治·安纳斯（George Annas）等都曾明确提出以上观点并给出论证。

不乏历史先例证明，技术的发展终将改变所有人的生活方式。无论一个人对技术应用持何种态度，最终都会受到技术的影响或控制。热心于新技术的人会不断寻找新的资源，并不可避免地冲击拒斥此类技术之人自主的疆土。选择以原有人类的身份和生活方式继续生活下去的人，可能因为没有选择人类的进一步"进化"这一似乎更加合乎伦理的路径而受到指责。[1] 甚至他们在功能和能力上的"不足"还可能导致他们的尊严和权利受到威胁。例如艾伦·布坎南（Allen Buchanan）曾提出，资源的不平等并不是人类增强带来的最严重后果，对不平等更加深刻的担忧在于，技术所造就的增强了的人类群体可能拥有比原有的人类更高的道德地位。由此，拒斥技术的改造将导致一个人失去其原有的那种至高的道德地位。[2] 当然，选择继续原有人类身份和生活的人可能会努力阻止技术的全球扩展，但这样做的结果将是冲突双方都不能继续自己选择的生活。如同乔治·安纳斯所说，可遗传基因干预造就的人类新物种，要么是人类物种的毁灭者，要么是人类物种的受害者。[3] 这就是为什么在安纳斯看来，反对克隆和可遗传基因干预的态度在严格的意义上是保守的，在同样严格的意义上也是自由的。认为它保守是因为它意在保存原有人类物种，认为它自由是因为只有在原有人类物种能够得以保存的情况下，

① Cf. Lantz Fleming Miller, "Is Species Integrity a Human Right? A Right Issue Emerging from Individual Liberties with New Technologies", *Human Rights Review* 15, 2 (2014), pp. 177 – 199.

② Cf. Allen Buchanan, "Moral Status and Human Enhancement," *Philosophy and Public Affairs* 37, 4 (2009)：346 – 381.

③ George J. Annas, Lori B. Andrews and Rosario M. Isasi, "Protecting the Endangered Human：Toward an International Treaty Prohibiting Cloning and Inheritable Alternations," *American Journal of Law and Medicine* 28, 2 – 3 (2002)：151 – 178.

我们才可能保护所有人类物种成员的民主、自由和普遍人权。①

即便假设选择改变的群体和选择以原有人类身份继续生活的群体之间不会发生冲突和竞争。考虑到基因技术的特殊性质，采用基因干预技术本身就侵犯了所有人的基本权利。例如，可遗传基因编辑的临床应用将导致人类基因池受到影响，这种影响产生的后果绝无可能仅限于人类中的某一群体。规定基因受到人为干预的人是否可以生育，可以和什么人进行生育，或者以什么方式生育都是侵犯人权的行为，因而我们不可能有合乎道德的理由将基因改造的影响限制在某一群体内。受到改造的基因最终可能影响的是任何人的后代。如果采用可遗传基因编辑技术改造后代是一个直接关系到现存的和未来的所有人的决定，那么当一个人通过这种技术对后代进行了改造，事实上也就做出了改变"人"的定义中所包含的根本特征的决定。显然，这样的决定不应当是仅仅由某些个体做出的，不应当是任何人未经所有受影响之人共同讨论而决定的。如果我们认真对待人权和民主，我们就有充分的道德上的理由保护人类物种的完整性不受侵犯。

（四）人类物种完整性与人类道德地位平等性的论证

道德地位是伦理学中最为基础性的概念。所谓尊严就是一种道德地位。对于认为道德地位不能分为不同等级的人而言，人的尊严就是唯一道德地位；对于认为道德地位应当分为不同等级的人而言，尊严就是最高道德地位。尊严概念在运用上偏重描述人的内在价值，道德地位强调一个人因其内在价值而应受什么样的对待。比如是否应该被授予人权就是由一个人的道德地位所决定的。

《世界人权宣言》第 1 条即宣称，"人人生而自由，在尊严和权利上一律平等"，无论种族、性别、智力、信仰或年龄。如果我们认可《世界人权宣言》中的观点，也就意味着我们认同，"属于人类物种"这个简单的事实就可以让每个人拥有平等的道德地位。自该《宣言》问世以来，人类道德地位平等的观念已经得到普遍认同。这一观念深刻影响了为数众多的具有约束力的规范的形成，并为不计其数的法律决议和伦理判断提供了依据。② 然而，与这

---

① George J. Annas, Lori B. Andrews and Rosario M. Isasi, "Protecting the Endangered Human: Toward an International Treaty Prohibiting Cloning and Inheritable Alternations," *American Journal of Law and Medicine* 28, 2–3 (2002): 151–178.

② Cf. Cançado Trinidade, "Universal Declaration of Human Rights", https://legal. un. org/avl/pdf/ha/udhr/udhr_ e. pdf.

一观念受到普遍认同的事实不相符的是，我们至今尚未对人类道德地位的平等性做出完满论证。任何一种伦理传统都未能提供充分证明，每一种论证方式都包含难以解决的矛盾。

多数伦理学理论将人类道德地位的基础归于理性、行动性，或道德自主性等人类的典型特征。然而，无论我们将什么特征作为人类道德地位的基础，都必然存在一部分人类个体并未表现出这些特征。我们可以凭借什么将道德地位平等地授予所有人类物种成员的问题至今没有得到圆满回答。① 最终，试图论证人类道德地位平等性的学者似乎或者宣告失败，或者只能接受一种被称为"物种主义"的立场。② 显然，物种主义是武断的。我们有理由拒绝在没有进一步论证的情况下，把严重缺乏或完全没有表现出人类典型能力的人纳入道德地位的保护范围中来。

在人们对人类道德地位平等性问题所做出的各种伦理论证当中，只有两种论证思路堪称颇具前景。一种思路尝试寻找人类全体成员普遍具有的特征，通过这种特征论证人类道德地位的普遍平等。另一种思路则选择首先确立人类物种的特殊道德地位，从而，人类物种成员的身份就成为平等分享物种的道德地位的充分条件。在众多论证中，只有这两类论证显示出能够证明人类道德地位平等性的可能。而这两种论证思路成功与否，最终都依赖于人类物种的完整性是否能得到保存和维护。

首先，寻找人类全体成员共同特征的这一类理论，通过将能够为人赢得道德地位的典型特征归于人的潜力或者某些人类能力的基因基础，试图将道德地位的基础确立为一种人所共有的性质，从而论证所有人类个体同等地具有的道德地位。例如约翰·芬尼斯（John Finnis）提出，具有人类基因的有机体通常都拥有某些进行智力活动的潜力。只要具有这样的潜力，无论潜力是否得到展现或发展，都足以让人成为一个有人格的实体。芬尼斯要求我们不要仅仅将潜力理解为"一种能力即将出现"而已，而是将潜力理解为一个已经出现的事实。就任何人类生命而言，这一潜力都是一个已经开始，并将一以贯之的发展历程，这个事实完全可以为所有潜力的拥有者授予同等的道德

① Cf. Roger Brownsword and Deryck Beylevel, *Human Dignity in Bioethics and Biolaw*（Padstow：T. J. international Ltd，2001），pp. 23 – 24.

② Matthrew Liao，"The Basis of Human Moral Status," *Journal of Moral Philosophy* 7，2（2010）：159 – 179.

地位，无论他们是否发展了这种潜力。① 绝大多数人类个体的确具有发展人类典型能力的潜力，但是也存在一些人因疾病或事故而永久性地失去了这种潜力。为什么这些人能够拥有道德地位？上述理论并未给出回答。马修·廖（Matthew Liao）有关道德地位的基因基础的观点回答了这个问题。在他看来，即便有些人已经失去了发展人类典型特征的潜力，但所有的人都拥有发展这些特征的基因基础，因此所有人都平等享有道德地位。② 马修·廖将道德能动性视为人类的典型特征。他认为，各种先天智力残疾，甚至无脑儿出现的原因也并不在于基因，而在于胚胎发育过程中的环境因素。由此，可以得出结论，"所有我们可能遇见的活着的人类都具有道德能动性的基因基础"③。这就是为什么我们应当将平等道德地位授予人类物种中的全体成员。这一论证体现了作为一个生物学概念的人类物种所具有的道德意涵。

在论证人类道德地位平等性的另外一种思路中，人类物种的道德含义得到更为深入的阐发。这类理论提出，如果一个生物类别因具有某些具有重大道德意义的典型特征而获得了道德地位，那么，这个类别的每一个成员都可以凭借其物种成员身份平等地分享这一地位。例如，斯坎伦（Thomas Scanlon）曾经提出，"我们可能错误对待的存在物包括能够具有判断敏感态度的类的所有成员"④。这里表达的意思是，人类这个整体因以判断敏感态度为典型特征而应受道德考量，因此，人类的全体成员都应受道德考量。伯纳德·威廉姆斯（Bernard Williams）也曾经提出，"属于一个特定的种类，即人类，就是这些造物应在某些方面受到某种对待的全部原因"⑤。乔治·凯特布也曾提出，人类物种整体的尊严对个体尊严的确证具有重要意义。⑥ 当我们首先将道德地位赋予了人类整体，平等道德地位的基础也就转化为了自然类别的成员身份这样简单的事实。对所有人而言，作为人类物种一员的身份是没有差别的，因而这一身份所授予的地位也是没有差别的。

---

① Cf. John Keown ed. , *Euthanasia Examined*, *Ethical Clinical and Legal Perspectives*（Cambridge：Cambridge University Press, 1995），pp. 48 – 49.

② Cf. Matthrew Liao, "The Basis of Human Moral Status," *Journal of Moral Philosophy* 7, 2（2010）：159 – 179.

③ Matthrew Liao, "The Basis of Human Moral Status," *Journal of Moral Philosophy* 7, 2（2010）：159 – 179.

④ Thomas Scanlon, *What We Owe to Each Other*（Cambridge：Harvard University Press, 1998），p. 186.

⑤ Bernard Williams, "The Human Prejudice," in *Philosophy as a Humanistic Discipline*, ed. A. W. Moore（Princeton：Princeton University Press, 2008），p. 142.

⑥ Cf. George Kateb, *Human Dignity*（Cambridge：Harvard University Press, 2011），p. 6.

　　然而，如果人类物种的道德地位不能得到确证，那么人类个体道德地位的平等性也就不能以这种方式得到论证了。这正是以上理论所面对的一个困难。在生物学和生物学哲学研究中，很多观点认为存在自然类别和类的本质，但同时，也有某些观点认为物种并不是真实的自然类并且缺乏类意义上的本质属性。[①] 在哲学研究中，类不具有特殊意义的观念最初在唯名论中出现，后现代生命伦理学家则提供了更激进的版本。针对这个问题，丹尼尔对自然类别这个概念做出了进一步的哲学探讨。无论所谓人的本质是否真实存在，不可否认的是，至少存在某些人类典型特征，例如理性、道德能动性等特征典型地为人类物种的成员所具有。即便其他物种的成员可能偶然表现出这样的特征，对该物种而言，这个特征也不是一个典型特征。相应地，即便有人类物种成员没有显示出这样的特征，这个特征对人类这个类而言仍旧是典型的。正因如此，我们才有理由将没有显示这一特征的人类个体视为"不正常的"，如果没有某种程度的本质主义，障碍、疾病、残疾这些重要概念也就不可能成立了，所谓医学即便在概念上也是不可能存在的了。[②] 苏尔马西确信，在生物学领域，"一直有着像法律一样的原则决定每一个自然类别的典型发展模式"[③]。类的典型特征同该物种整体应受的道德考量之间具有足够充分的联系。如果人类物种的典型特征具有重大道德价值，那么，作为一个类别的人类整体是可以凭借这些特征而获得特殊道德地位的。

　　上文中论述的两类理论，就是当代有关人类道德地位平等性论证中最有前景的两种思路。并非所有人类个体都表现出典型人类特征的事实，导致了人类道德地位平等性论证中最大的困难。论证人类道德地位平等性的关键，就在于为那些没有表现出典型人类特征的个体赋予平等道德地位。显而易见，无论是认为全体人类成员都普遍具有的某种性质（发展人类典型特征的潜力或基因基础）给所有人赋予了平等道德地位，还是认为所有人平等的道德地位来自人类成员的身份，两种论证的成败都最终取决于是否存在一个完整性未受侵犯的人类物种。

　　一方面，当人类物种的典型能力和发展倾向受到来自生物医学技术的干

---

①　Cf. John Dupré, "Natural Kinds and Biological Taxa," *The Philosophical Review* 90, 1 (1981): 89.

②　Cf. Daniel Sulmasy, "Disease and Natural Kinds," *Theoretical Medicine and Bioethics* 26 (2005): 487 – 513.

③　Daniel Sulmasy, "Disease and Natural Kinds," *Theoretical Medicine and Bioethics* 26 (2005): 487 – 513.

预，与人类同一性密切相关的重要基因信息将受到不可逆转的破坏。一旦人类物种成员普遍具有的基因基础无法维系，我们也就不能通过人类成员共有的潜力或基因基础论证人类道德地位的平等性。另一方面，当技术的应用模糊了物种边界，人类整体作为一个自然类别的本体论地位受到侵蚀，"决定一个自然类别的典型发展模式的像法律一样的原则"也必将消失，我们无法确认每个个体作为一个自然类别成员的身份，从而只能将人类道德地位的基础建立在感觉经验的基础上而无法形成任何普遍必然的结论。在这种情况下，通过人类整体的地位论证个体平等道德地位的努力也就不能获得成功了。如果人类物种的完整性不能得到维护，我们就绝无可能对人类道德地位的平等性进行合理的论证，相应地，在人类道德地位平等的假设上建立起来的道德原则和各种为我们所珍视的价值也将随之消失殆尽。正是对人类道德地位平等性的基础的探究，揭示了人类物种完整性所具有的最为重大的道德意义。

结　论

本书以道德地位概念的分析为主要线索，对根本性的道德义务进行论证，从而为理解和应对科技发展带来的伦理难题提供思想方法。作为一个基础性的道德概念，道德地位有助于我们将与这个概念相关的重要基础理论应用于现实问题的分析；区别于其他基础性的道德概念，道德地位为我们提供了一个跨越不同语境的统一评价标准，一个认同道德对于人类生活具有至高重要性的人都会认可的标准。只要我们能够成功地、充分地论证道德地位概念，就可以在各种情境中为行为提供普遍性的指导原则。

道德地位概念非常适合于构建行为规范。它可以有效地在各种规范性理论和现实问题间建立连接，从而为当代的应用伦理研究注入丰富的思想资源。前沿科技的应用带来复杂的社会影响，导致我们在应用伦理研究中，常常很难直接通过道德哲学理论解决问题。不同于复杂的道德哲学理论，道德地位概念可以为行为提供直接的、明确的指导意见。作为一个实践性的概念，道德地位意在为行动方案的抉择提供终极依据，在根本上决定着规范性判断的形成；同时，道德地位概念又和基础理论密切相连。对于不同的规范伦理学理论而言，对道德义务的论证和阐释都是核心工作。道德地位是义务的基础，每一个规范伦理理论都不可避免地构建自己的道德地位观念，并且一个规范性理论构建的道德地位概念反映了其核心主张和基本价值判断。本书中对道德地位的来源的解说不一定是我们最终认可的，我们可以对理论进行进一步检验，但无论我们认可哪一种道德地位理论，只要我们对道德地位进行充分论证，我们都将在基础理论和现实问题之间建立一种比较清楚的连接。

正是在这个意义上，我们也可以以道德地位为线索对各种道德哲学基础理论进行深入反思。例如，自主是传统理论中充分地讨论过的概念，我们知道它为人赋予了内在价值，并且是非常值得珍视的价值。但是根据各种传统理论，如何在现实情境中基于尊重自主来指导行为抉择，则并不十分的清楚。道义论对自主能力的强调是否会将不具有这种能力的人类个体排除在道德共同体之外？如果是这样，我们就可以为了让该个体重新获得道德共同体成员资格这一对其而言具有最重大道德意义的目标，进行可能对其自我认知的精神能力造成严重影响的手术，尽管手术本身在很重要的意义可以理解为一种侵犯，但是获得重回道德共同体的资格显然是具有压倒性的价值。相反，如果失去自主能力的人并没有因此被排除出道德共同体，那么我们就没有特别强的理由进行这样的手术。又比如，功利主义将自主视为能够增进个体利益的能力，既然利益是可以计算的，我们是否可以根据这种能力在特定个体身上表现的不同程度而对道德地位的层次进行区分？如果可以，那么相比使用健康的黑猩猩，将智力残疾的人类用于医学实验更加合乎伦理。如果不可以，那么我们需要在功利主义的解释框架之中阐释不可以的原因。

以往的哲学传统虽然都明确提出了各种典型的人类能力同权利、义务以及各种规范性判断之间具有直接关系，但是，它们并未充分论证这一关系。很多理论将自主能力、理性能力或者感觉能力等体现在个体身上的天赋的人类特征，作为个体道德地位的来源。尽管将天赋的自然性质作为个体受到尊重对待的原因，并不是一个错误判断，但在对于人类能力和道德地位之间如何相关的问题没有充分理解的情况下，我们有可能错误地从这个判断推导不恰当的结论，并且会导致论证自相矛盾。自主的生物类别具有内在价值和特殊的地位，因而具有自主选择能力的生物的目的和选择具有道德上的重要性，值得被给予尊重。但是，如果个体仅仅将自主的实现理解为做出符合自身目的和利益的选择，并压倒其他个体的选择，就违背了自主的要求，并且会侵蚀个体的内在价值。如果没有内在价值，个体的选择就不再具有道德上的重要性了。这一困境导致道德地位的相关研究越来越多地关注个体之间因某种能力而具有的相互关系，而不仅仅是个体自身具有的典型能力。

对道德规范性进行论证，需要回答道德为什么可以引导我们、约束我们，甚至可以强迫我们，即道德施加于我们的义务是如何得到论证的。为了说明道德义务，我们不得不解释我们和他人的关系。尽管道德义务最终的落脚点是个体，但义务总是有关于他人的，只有在充分论述了人际关系的道德意义的基础上，道德义务才能得到充分说明。已有理论中，很多理论由于没有阐释这种关系，而不能对道德义务做出充分论证。

天赋的自然性质就是一个人受到尊重对待的原因。虽然理性等能力使个体能够和其他任何人类成员发展一种道德的关系，但是拥有这个性质的事实本身同这样一种关系的发展之间并不具有必然的联系。例如，在格沃斯的道德最高原则的论证当中，个体的自我反思仅仅意识到其自身不得不欲求之物，而没有意识到自身同他人的关系，因而其对于普遍义务的论证并不成功。即便对自主的含义充分了解并且善于进行逻辑推理的自我，能够确定他人的必要善对其而言非常重要，并且现实中，这样的理性的个体可能往往非常愿意限制自己不去侵犯他人的必要善，但他终究无法借助格沃斯的理论本身对他的这一意愿进行论证。这样的理论对于我应当如何同他人相关联没有具体的指导。

建立一个得到充分论证的、实践性的规范性理论，就必须探讨个体与他人之间的关系所具有的道德意义。本书中提出，道德地位应当被理解为一种以成员之间交换理由的活动为典型特征的共同体中的成员身份。作为共同体成员身份的道德地位概念内在地包含对道德共同体成员之间关系的说明，揭示了具有道德地位的个体之间如何相关，说明了他们彼此所负有的道德义务，从而论证了道德规范性的基础。

能够理解理由的能力是一个类别获得道德地位的原因，相应地，道德地位产生的要求就在于尊重这种能力。对于具有道德地位的个体，我们应当通过理由，就自身涉及该个体的行为向其进行论证。道德共同体成员之间应当就涉及彼此的行为交换行动理由，对方没有合理的理由拒绝的行为，才是道德上许可的行为。道德地位所要求的理由论辩，即体现个体独有的欲望、特征、价值判断，内在地包含个体间的关系。通过交换理由的活动，以及对于公共理由的追寻，成员将彼此认可为规范性或权威性的来源。一个对道德地位概念的论述以一种实践的视角有效推进了人对于自身，以及自身与他人关系的理解，也显示了特定的人类能力和价值同规范性判断相关的方式。

如果我们将道德地位理解为一种通过理由论辩而实现的相互认可，那么，我们"应当给予其他道德存在物以道德考量"不能同仅仅是"应当服从道德规范"相混淆，我们对一个存在物的尊重相当于在我们应当做什么的考量中，给他一个特殊地位。他就是我的道德共同体的成员：有关他所做的涉及我的事情，他应当给我一个理由，反之，对于我所做出的影响到他的行为，他有资格向我要求理由。如芬博格（Joel Feinberg）曾经指出的，我们的道德实践不仅仅由道德行动者必须服从的非个人的规范组成，我们对于其他人的义务有一种不可化约的主体间的向度：认为"我不能伤害你是因为那样做将会侵犯道德的一项要求"，同认为"你作为我的道德存在物同伴可以要求我抑制自己不伤害你"之间有着重要不同。① 只有通过关系的建立，才能显示彼此具有的道德地位。道德地位就是同为道德共同体成员的理性生物同伴的地位。拥有道德地位，就是进入了一个人们彼此之间相互认可的共同体。

相应地，规范性的道德原则就存在于关系之中。要评价各种对人的侵犯，清晰阐释道德义务，就要思考处于一种道德关系之中究竟意味着什么，我们处于道德关系中的事实究竟能产生什么道德要求。当然，各种各样类型的关系都会产生规范性要求。例如，友谊关系就是由双方的相互之间的规范性的期待构成。朋友应当愿意在我们需要他的时候给予帮助和支持，应当发自内心地关心我们的福祉，等等。这些期待提供了有关于一个行动者的行动可以被评价的规范性标准。重点是，这样一种评价指向我们与之有着特定关系的人，假设了一种关系的存在：参与者仅仅因为处于同彼此的特定关系中就具有某些相互的义务。但为什么我们应该认为人仅仅因为是人就处于一种一般的互惠关系中？

基本的道德关系同其他关系的不同之处就在于，它是任何人类个体之间都存在的关系，并且这种关系表征着义务，即我们对于彼此最基本的同时也是不能没有的要求。我们都必然进入这样的关系是因为，这是任何一个理性存在物自我建构的必要条件。我的自我反思不仅意识到存在于我身上的理性、自主性等性质，也同样意识到一种和这些性质相关、建立在这些性质的基础上，但又不同于这些性质的能力，即认可他人的道德地位的能力。认可他人的地位，和他人合理地相关，就是我进入道德共同体的方式，是我的道德地位的前提，同时也是我实现自主的方式。在这样的道德地位观念之下，一个人和外在的道德规范的关系，变成了他同自己的关系，一个人同他人的关系，也转变成了他和自己的关系。人际关系，特别是和其他道德行动者交换理由的关系，对于一个理性行动者的自我而言是构成性的，是自我产生和存在的形式。

作为一种相互认可的道德地位同时也解释了道德动机从何而来的问题。理性能力要求我们和自己的欲望保持距离，我们可能因此不去侵占他人的资源，但是如果仅仅基于理性能力的性质而进行分析，即便我不去侵占他人资源的思想过程是道德上成功的推理，他人的需求、权利、价值以及这一切对我而言的重要性也是仅仅是抽象地存在于这一推理过程中，不清楚事实上我

---

① Joel Feinberg, "The Nature and Value of Rights," *The Journal of Value Inquiry*, 1970, (4), pp. 243 – 257.

是如何被驱动的。一个成功的规范性理论需要描述我与他人在事实上是如何相关的。只有处于具体情境中的独特个体能够实现特定的道德关系，因此成为道德和伦理辩护的来源。集体性的实体，例如民族、国家、社会、集体、家庭或生态系统，等等，都不能实现这个功能。"不偏不倚的"视角也不能实现这个功能。个体的实践同一性、他的特殊的关系和承诺，他对于自身理性行动性的独特理解，通过理由论辩的形式展现出来，让个体意识到自己的动机。

关系中的自我建构显示了一个个体的视角。我们做出的道德评价也依赖于这种关系当中的个体的视角，在根本的意义上，我们做出的判断并非关于这个行为是不是道德上正确的，而是关于某人在某情境下的这个行为是不是道德上正确的。因为我们不能仅仅通过考虑一个行为是否或者在多大程度上符合抽象的、客观的道德原则，来判定它的道德性质，我们往往首先需要依据一个人在一个具体情境中依据什么理由来行动，判断他是否以恰当的方式尊重了道德原则，之后才能判定其行为的道德性质。如果一个人出于自私的原因做了依原则来看正确的事情，他的行为也不能被认为是道德上正确的。相反，如果一个人纯粹地出于义务而行动，那么即便因为预料之外的原因，造成了不好的结果，我们也不会在道德上谴责他。只有具体到特定情境下的个体，我们才能够考虑具体的动机，我们才能够做完整意义上的道德判断。

个人视角不会导致伦理论证的相对主义。作为伦理判断的基础的个体考虑也并不一定是偶然的。一方面，存在所有个体都必然具有的需要，例如，需要存活下来的必要条件；另一方面，主观性的考虑也不排除客观性和慎思。根据康德的观点，法则的普遍化恰恰意味着人必须被理解为个体而不是集体。道德地位的拥有者是一个在某一具体情境中需要做出抉择的个人，而不是具有某种共同特征或者受到相同目的驱动的一类人。各不相同的个体进入同一个共同体的方式，是把各自独特的理由均作为权威性的来源，在此基础上进行理性辩论。一直以来，自主是人们用以建构道德义务的核心概念。但人们对自主有不同的表述和理解，自主的发展如何能够达到普遍规范始终是一个困难的理论问题。将自主论证为一种理解理由并同他人交换理由的能力有助于回应这个问题，为调和个体自主的发展同对普遍性规范的追寻之间的矛盾，提供了重要的思路，推动了对于公共理由和普遍义务的论证。

以关系为核心的道德地位观念能够有效地推动规范伦理学相关问题的研究，也能比较合理地回应当代伦理研究中面对的重要问题。

第一，这样一种思想方法揭示了物种整体具有的道德意义。近 30 年以来，很多应用伦理研究提出，面对科技带来的伦理挑战，我们应当保护人类物种的完整性不受到技术的侵蚀。但关于物种完整性为什么具有重大道德意义，或者具有何种道德意义，则并没提供充分论证。本书中显示了彼此进行理由论辩的共同体完全可以扩展至人类整体，并通过对于中、西方重要伦理传统的分析，揭示了恰当地建构与其他人类个体的关系正是个体自我建构的前提，论证了作为一个整体的人类物种具有的道德意义，从而解释了某些强烈的道德直觉，并帮助我们识别出科技发展所带来的不易察觉伤害。当然，这种观点不同于物种主义，以道德自主性为典型特征的人工生物类别或人工智能的特定类别都可能拥有道德地位，如果它们的类别同样以交换道德理由作为其主要特征。

第二，作为共同体成员的道德地位概念推进了平等的论证。即便多数人已经接受了人类平等的观念，但对人类道德地位的平等进行论证却出乎意料地困难。基于感受痛苦的能力、理性能力，以及物种主义的论证都不能取得成功。本书中论证了道德共同体就是能够理解理由的物种的所有成员，成员之间应当就涉及彼此的行为交换行动理由，通过交换理由，成员之间同时地、对等地将彼此认可为规范性或权威性的来源。这一方案论证了为所有人类平等拥有的道德地位。那些不在意他人的理由的人类成员，或者应受谴责，或者显示了一种不足的状态。但这不会让他们失去道德地位。我们能够谴责或将之视为一种不足，恰恰因为他们具有道德地位。

第三，将道德共同体理解为相互交换理由的成员组成的共同体，推进了普遍义务的论证。自主，一直以来是人们用以建构道德义务的核心概念。但不同理论对自主有不同的表述和理解，存在于主要理论传统中的各种自主观念导致了多种理论困难。将自主论证为一种理解理由并同他人交换理由的能力，则能够比较好地避免已有的理论困难。在作为道德共同体成员身份的道德地位观念之下，自主仍是道德地位的基础，但自主的内涵得到了更明确的规定，即自主就是理解理由并同他人交换理由的能力，与他人之间相互认可的关系对于自我而言是构成性的。因而，自主的要求不会造成自我与他人的分裂，维护自主，珍视自主的价值，恰恰要求不仅仅维护自身，也要尊重他人。自主就是认可他人价值的能力。这一立场为调和个体自主的发展同对普遍规范的服从之间的矛盾，提供了重要的思路，推动了对于公共理由和普遍义务的论证。将道德地位解释为一个相互认可的道德共同体的成员身份是当代规范性研究中的一个重要的趋势，对道德地位的来源问题做出了很好的回应。

在当代的伦理和政治哲学研究中，道德地位的核心作用并没有得到充分显示。例如，罗尔斯在《正义论》中，并没有将道德地位纳入正义的概念。斯坎伦的义务理论为道德地位提供了富有创见的论证方案，并为人类道德地位的平等提供了论证，但在他本人并没有将道德地位当作一个核心问题。事实上，对道德地位这个基础概念的清晰阐述和充分利用，非常有助于上述理论的完善。在规范伦理研究的基础上构建一个对道德地位概念的系统论述，将会对人文和社会科学的研究方法提供新的启发。

后　记

如果我们认为根本性的道德原则本就是因文化环境而异的，那么，持有不同价值观的个体都可以合理地持有不同的道德原则，这将最终导致我们难以进行有意义的道德论辩，无法期待他人能够在理性论辩的基础上接受某种观点。只要道德观点的交流还是可能的，就必定存在某种处于不同文化中，或持有不同目标和信念的人都不得不认可的共同价值。这一价值是道德论辩的起点，是对道德规范性进行论证的必要条件，同时，这一价值的确立也具有重大现实意义。近年来新型冠状病毒感染的肆虐让世界面对共同的问题，人工智能和生物医学的技术的发展将呈现更多的共同问题，不同文明和不同的政治体系之间能否进行一种思想和价值层面的对话，事关每个个体的福祉，对于未来人类的发展至关重要。

我们不得不认可的共同价值就是人的价值。对于人的价值的论证显示了人性在道德思考中的核心位置，显示了人类物种成员身份具有的道德意义，也解释了当代技术对人的本质的侵蚀所带来的道德上的隐忧。通过对自身的深入反思，我们了解到人与人之间是如何相关的。对人的价值的追问，使我们能够在一个不确定性日益加深的世界中自主地做出抉择。当然，关于人的价值从何而来，如何描述，它要求我们如何行为等尚存在广泛争论，在对以上争论进行评判之前，我们至少要尝试确立处理相关问题的思想方法。这也就是写作本书的主要原因。有关人的价值的基础和来源，以及这种价值要求我们如何对待他人和自己，本书中探讨了多种具有前景的理论，分析了其中的论证方案，并提出了作者自己的论证。希望能够对未来关于这一主题的研究提供借鉴。

谁都不能否认，人类道德地位的论证是一个非常激动人心并且富有魅力的话题，和同事、朋友，以及家人探讨这一话题的时光就像原野上清晨的空气，让人忘记了现实生活的烦琐和平淡。没有这些令人回味无穷的探讨，这本书也不可能完成。我衷心地向各位师友表达诚挚的谢意。哲学研究所的甘绍平、李河、孙春晨、段伟文、成建华、杜国平、陈德中和吕超等老师曾对本书的写作给出过直接的指导，让我深受启发，你们出众的观点是本书中很多重要论证的灵感来源，非常感谢你们付出的时间和精力。李剑、朱科夫、魏伟和员俊雅是我身边最富有热情的同事，无论是在哲学所的楼道里、餐厅的饭桌前，还是在电话里，我们即兴的学术讨论总是让我收获颇丰。感谢大连理工大学的李伦教授、北京师范大学的李建会教授、河北医科大学的边林教授、大连医科大学的赵明杰教授，以及中国人民大学的王小伟教授，你们的帮助使这本书的研究工作能够顺利地推进。感谢伦理学研究室的龚颖、苑立强、徐艳东、张永义和王幸华等老师对我的工作和生活给予始终如一的关心和支持。

有关道德地位的探讨促使我们反思对于彼此的义务：这些义务是否真实、是否重要，以及它们在什么意义上是重要的。愿我们继续热衷于这样富有意义的反思，并满怀热忱地互敬与互助。

李亚明

2022 年冬于北京师范大学

图书在版编目（CIP）数据

道德地位的理论与实践研究 / 李亚明著. -- 北京：
社会科学文献出版社，2023.3
ISBN 978 - 7 - 5228 - 1295 - 3

Ⅰ.①道…　Ⅱ.①李…　Ⅲ.①技术伦理学 - 研究
Ⅳ.①B82 - 057

中国版本图书馆 CIP 数据核字（2022）第 253993 号

道德地位的理论与实践研究

著　　者 / 李亚明

出 版 人 / 王利民
组稿编辑 / 袁清湘
责任编辑 / 王玉敏　芮素平　郑凤云
责任印制 / 王京美

出　　版 / 社会科学文献出版社·联合出版中心（010）59367202
　　　　　　地址：北京市北三环中路甲 29 号院华龙大厦　邮编：100029
　　　　　　网址：www. ssap. com. cn
发　　行 / 社会科学文献出版社（010）59367028
印　　装 / 三河市龙林印务有限公司

规　　格 / 开　本：787mm × 1092mm　1/16
　　　　　　印　张：15.25　字　数：276 千字
版　　次 / 2023 年 3 月第 1 版　2023 年 3 月第 1 次印刷
书　　号 / ISBN 978 - 7 - 5228 - 1295 - 3
定　　价 / 89. 00 元

读者服务电话：4008918866

▲ 版权所有 翻印必究